Professional Sewing Techniques for Designers

Julie Cole | Sharon Czachor

服装制作工艺

服装专业技能全书（上）修订本

[美] 朱莉·科尔　[美] 莎伦·卡扎切尔　著

王 俊 译

东华大学出版社·上海

图书在版编目 (CIP) 数据

服装制作工艺：服装专业技能全书.上 / （美）朱莉·科尔，（美）莎伦·卡扎切尔著；王俊译.
—2 版（修订本）.—上海：东华大学出版社，2021.1
书名原文：Professional Sewing Techniques for Designers, 2nd edition

ISBN 978-7-5669-1810-9

I.①服… II.①朱… ②莎… ③王… III.①服装—生产工艺 IV.① TS941.6

中国版本图书馆 CIP 数据核字（2020）第 204179 号

责 任 编 辑　徐建红
装 帧 设 计　贝 塔
封面图片摄影　ALPHA 影像

服装制作工艺
服装专业技能全书（上）（修订本）

[美]朱莉·科尔　　[美]莎伦·卡扎切尔　著
王俊　译

出　　　　版：东华大学出版社（上海市延安西路 1882 号，200051）
本 社 网 址：http://dhupress.dhu.edu.cn
天猫旗舰店：http://dhdx.tmall.com
营 销 中 心：021-62193056　62373056　62379558
印　　　　刷：上海盛通时代印刷有限公司
开　　　　本：889mm×1194mm　1/16
印　　　　张：19.25
字　　　　数：670 千字
版　　　　次：2021 年 1 月第 2 版
印　　　　次：2021 年 1 月第 1 次印刷
书　　　　号：ISBN 978-7-5669-1810-9
定　　　　价：98.00 元

目录

第 1 章

服装设计流程：服装制作对于设计师的重要性

图示符号

 面料正面

 衬布反面（有黏合衬）

 面料反面

 底衬正面

 衬布正面

 里布正面

 衬布反面（无黏合衬）

 里布反面

缝制顺序

薇安·韦斯特伍德曾经说过："时装之苑的芬芳令人倍感心旷神怡，而这繁花似锦的背后是时装设计师们的辛勤耕耘。"本书将从服装设计的角度出发，介绍各种工艺制作的专业技法。本章将着重介绍精湛的服装制作技能对于服装设计师的重要性。一个全面成熟的服装设计师应对整个设计过程的知识融会贯通，包括从流行趋势的调研到系列服装的制作。

样板设计也是服装设计的重要环节，样板设计的合理性会影响衣片缝制的准确性。由于缝型设计会因服装所用的面料不同而变化，缝份与下摆折边的宽度也会随之相应改变，因此缝纫知识也是影响样板设计的关键因素之一。

服装缝纫技术是服装设计师必须掌握的技能。在整个职业生涯中，服装设计师会处理各种服装缝制问题。鉴于此，服装设计专业学生必须学好并掌握各种缝纫技法。

关键术语

系列作品
裁剪
设计师
设计
立裁
面料
时装
人台
制作
描样板
样板缩放
样板设计
生产进度流程
品质检验
流行趋势调研
样品
样品手工制作
服装制作
设计手稿

特征款式

图1.1展示了服装设计师工作中最常用的工具。挂在脖子上的是卷尺；面料用来实现各种设计构思；珠针也必不可少，帮助设计师在人台上塑造各种女装款式。

常用工具和材料

设计师在时装设计与制作中最常用的工具包括：面料、人台、珠针、剪刀与卷尺，如图1.1所示。本书第2章详细列出了设计专业的新生学习所需的各种工具。

现在开始

激情四射的服装设计师们热衷于不厌其烦的设计工作，他们善于捕捉创意，并为时尚产业注入勃勃生机。通过日复一日的创作，设计师们向世人奉献出一季又一季新作。除了有机会出名成家，对设计师产生极大吸引力的是他们能沉浸于充满创意的工作氛围之中，享受由设计带来的无限乐趣。这是设计师获得的最丰厚回报。

要点

人台的作用是替代人体。通常会使用两种人台，一种人台只有躯干部分，由底座支撑；另一种是四肢完整，悬挂在支架上。人台表面用织物包裹、内部有填充物，因此可在人台表面插针。人台具有各种不同规格，其高低也可以调节。

人台

图1.1 设计师

时装设计师

时装设计师就是一位艺术家。在许多设计专业学生看来，没有什么职业比时装设计师更具有吸引力，尤其对服装设计师拥有的艺术气质更是充满向往。想象自己在那些奇妙的工作室里，摆弄着各色各样的面料，为大牌时装秀绘制时装画手稿。在创作之余不停地穿梭于各个时尚都市之间，捕捉更多的时尚气息。

事实上这些并非是设计师工作的全部内容。除了少量顶级时尚大牌的设计师，绝大部分设计师必须参与整个时装设计与制作过程，与整个设计团队一起处理大量具体而繁琐的工作。

设计师是整个企业的设计神经中枢，企业会要求设计师解决生产中出现的各种各样与生产与品质检验相关的具体问题，包括面料的品质缺陷、样板的板型问题、面料的染色错误、缝制质量问题，还有服装的合体性问题等。所以设计师必须要具备以上领域的所有相关知识。图1.2列出了从创意概念到成衣制作，构成整个设计过程的所有步骤与环节。

时装设计专业教学包括大量的专业领域知识，涉及时装画、平面与立体裁剪、服装设计、服装面料、服装制作与样板缩放，计算机辅助设计。经过如此综合教学后，学生将掌握那些适应时装业工作要求的专业操作知识。这些操作知识并不能包罗万象，但对学生而言是多多益善。

完成一个完整的时装系列，设计师需要制作10~60多款服装。在整个设计开发过程中，设计师需要掌握的工作包括：生产进度、面料选择、样板制作、服装缝制与服饰配件等一系列环节。具体步骤如同图1.3所示。

对于缺乏服装缝纫实际经验的时装设计专业学生而言，学习掌握缝纫技术是一项比较辛苦的工作。本书就是向读者揭示整个设计生产过程的核心内容，让读者学会如何通过精湛的制作技法实现各种设计创作。当然这个学习与掌握的过程不是一蹴而就的，它离不开大量的投入与积累，更需要学习者具有充分的耐心。

服装制作知识的重要性

服装制作知识涉及所有与衣片缝制相关的制作技术，具体内容包含省道的缝制、口袋的缝制、接缝的处理、塔克与褶裥、绱缝拉链、腰身缝制、抽褶、绱缝领子、贴边的缝制、袖口与克夫的缝制、绱袖、下摆折边、里布的缝制、钉扣、缝扣眼等收尾工作。本书不仅覆盖所有服装制作相关内容，还介绍了关于时装面料、缝纫机械设备方面的专业知识，帮助读者更加全面地掌握服装制作专业技能。

有些学生的话曾经让人哑口无言。"设计与服装制作有啥关系！"显然，这种对设计的理解仅仅局限于画些草图，选下面料等前期环节，完全忽视了设计是个完整过程。其实，作为一名服装设计专业的学生不仅要掌握服装的基本缝制技术，还要学会如何在设计中加以合理应用。因为在实际设计过程中，设计师始终要考虑与回答两个具体问题：一个是怎么画样板？另一个是怎么缝制衣服？

赫雷拉是个典型的例子，她的母亲及祖母都从事时装业，她多次同她们一起去巴黎完成设计的实样制作。经验告诉她：设计师需要经常在现场指导样衣工完成设计初样，不懂缝制技术的设计师根本无法把握服装的品质。所以只有掌握了制作技能后，设计师才能掌控整个系列作品的制作与生产进度，做到游刃有余。伯森是位非常成功的设计师，为了能够直接参与整个设计与制作流程，他采用欧洲模式运作自己的设计工作室。他是这样介绍的："我工作室的特点就是设计师、样板师与样衣工共同协作完成服装的制作，因此我们可以充分掌控制作的品质。"

设计教学最有意思的莫过于在一门课上能够目睹设计的整个过程，从流行趋势调研开始，到服装最终完成，整个过程环环相扣。图1.2为整个设计制作过程中各个环节是如何相互协同配合的。首先是通过流行趋势调研获取设计灵感。设计师的灵感来自一切可能，如建筑、汽车、风景、色彩、不同文化，或是电影之类不胜枚举。然后是制作设计初样，包括筛选面料、绘制手稿、设计构成、样板设计与试样、衣片的裁剪与缝合，直到成衣。整个系列作品就是在这样一个循序渐进的过程中完成的。当产前样确认后，就可按规格缩放样板为后期批量生产作准备。

设计流程

本节内容介绍了设计流程的具体内容，以及流程中各个环节如何联系成一体的，如图1.2所示。

要点

了解面料——
观察面料、选用面料。
触摸感受面料。
裁剪面料。
缝合面料。
根据面料特征而设计。

了解与认识面料的唯一有效途径是在设计中不断处理各种面料，只有这样才能针对不同特点的面料，构思出与之相应的款式设计方案，成为一名经验丰富的设计师。第2章将对面料的各种特性作深入介绍。

面料对于设计的重要性

设计师犹如一位面料软雕塑家。服装设计专业学生应成为一位选择面料的专家，根据设计选择合适的面料是设计过程中最重要的一环。再好的款式设计也会因为面料选用不当而黯然失色。

只有在认识各种面料不同性能的基础上，才能在设计中合理应用面料。如：天然纤维与人工合成纤维的区别，各种面料结构（如平纹、斜纹与缎纹织物）的不同，梭织面料与针织面料的差异等。能否准确掌握面料的特点对设计的成败至关重要。鉴于每种面料的结构各不相同，只有彻底掌握其中奥妙，设计师才能因材施用达到最佳设计效果。如梭织面料形态是稳定的（加入弹力纤维的面料除外），而针织面料则有很大的弹性。这导致两种面料在设计上会有很大的差异。针织服装设计中应避免采用过多的分割线，这与梭织服装明显不同。设计师对面料的理解还包括面料的各种表面肌理与印花图案。对于这部分内容本书将在第2章作详细介绍。建议读者不妨先看一下图2.20，可对此有所了解，请注意设计师利用这块面料印花的方向性进行简约化设计。这个案例的特色在于设计充分展示了面料自身的特点。这个设计并不复杂，除了轮廓接缝线以外没有繁琐的结构线。这块面料如果设计了太多的结构线，就会破坏图案本身的完整性。

在掌握了面料特点后，设计师可将面料置于人台上判断如何处理褶裥、折叠、塔克或抽褶。还可以搓揉面料观察其是否易起皱。将两块完全不同面料，如真丝塔夫绸与真丝乔其纱，挂在人台上就可以观察出两者之间的差异。塔夫绸的手感脆，制作褶裥、塔克时易定型。乔其纱手感柔滑，能产生良好的悬垂效果。具体内容可见第2章中缝制准备相关内容。

设计师为何需要了解如何绘制设计稿

设计稿是时装设计的第一步，设计稿中绘制的内容可以转化为具体款式。设计稿是用来描述接缝、省道、袋口、拉链、车缝明线或钮扣等设计细节的有效工具。设计稿不止是种艺术创作，更应是周密考虑与表现设计细节的有效工具。

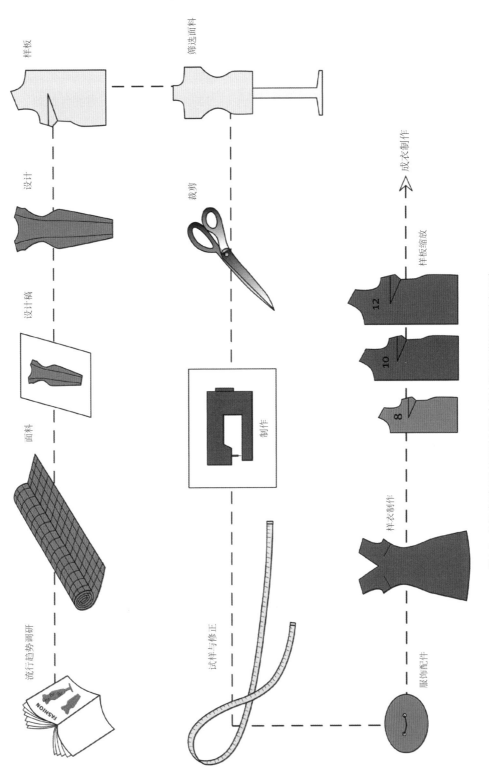

样板

筛选面料

设计

裁剪

成衣制作

样板缩放

12

10

8

设计稿

面料

制作

样衣制作

流行趋势调研

试样与修正

服饰配件

图1.2 从概念到产品的设计过程（设计师必须掌握的所有知识）

设计师为何要了解如何制作服装样板

在掌握制作服装样板的技能后，设计师可以在所需部位设置荷叶边、省道与袋口等设计细节，从而使设计能更好地展示优美的体型。制作服装样板犹如建筑房屋，通过板型构建造型。在应用样板构建造型时应充分考虑线条的比例、平衡因素。许多学生之所以觉得制作样板困难，原因就是在于制板时未对上述因素加以考虑。

设计师为何需要了解立体裁剪

有些设计师喜欢使用平面制板，有些设计师喜欢先用立体裁剪完成造型后，再将其转为平面样板。通过立体裁剪，设计师可以把握好服装的形态，以及如何更好地展示体型。立裁可以令设计师更好地把握好各种款式分割线效果。

设计师为何需要了解面料裁剪

裁剪时应掌握样板的面料丝缕方向，这点至关重要。面料丝缕方向应与面料布边平行。具体内容可见第2章面料裁剪相关内容。按某一方向裁剪可以改变面料外观。由于面料本身的条格、印花图案、肌理、绒面倒向等因素，裁剪时设计师需要把握好接缝、省道、褶裥等细节，明白按哪种方向裁剪后的效果会最理想。这部分内容可见第2章中面料表面相关内容。

设计师为何需要了解服装缝制

设计师应掌握缝制接缝、省道、袋口、拉链、车缝明线或钮扣等部件的技能。这些技能有助于提高设计师把握整体设计的能力。缝纫方法必须根据不同面料差异加以调整。简单化的工艺处理无法取得良好的效果。制作方法应根据面料的厚度与类型加以及时调整。具体内容见第2章相关内容。

面料

样板

成衣

服装制作

服饰配件

图1.3　设计师在构思设计稿时必须考虑以上设计环节内容

为什么设计师需要知道如何试衣

设计师必须培养敏锐的试衣观察力。服装穿上后常会出现太紧或太松、太短或太长，或在腰或臀部不适合等问题，设计师的工作就是辨别这些试衣问题，然后根据服装试穿效果调整样板。关于试穿内容将在第7章中介绍。

为什么设计师必须了解辅料与配件

除了面料，服装制作离不开各种服装辅料与配件，包括：揿钮、拉链、缝纫线、牵带、松紧带、丝带、珠片、衬里以及花边等。因此，设计师需要懂得选择这些材料，以艺术眼光来协调面料与设计。设计师还要知道怎样选择辅料与配件，如衬布的类型与厚度、拉链的类型与长度、钮扣的大小与式样，以及缝纫线的颜色等。

本书将介绍如何选择辅料与配件。例如，拉链粗细应与面料厚度相配，拉链需要足够长才能保证服装穿脱舒适。钮扣的类型(玻璃、金属、木材、织物或皮革)应与面料相匹配并适合护理与洗涤。衬布要与面料厚度相匹配。所有这些定型辅料的应用将在第3章中作进一步讨论。

要点

通常情况下，定型辅料常常无法在一家缝纫店里买齐。设计师必须花时间去专门的供应商或网店搜寻。

为什么设计师需要了解生产

参与生产是设计过程中一部分。时装设计师不能只在设计工作室里做设计。设计师在生产中参与程度决定于公司规模。大公司里设计师在生产中的作用可能是最小的，但学生如计划要在未来发展自己的设计业务就需要全力参与生产，高度关注服装生产的质量，尤其是制作质量。

随着系列的开发，设计师可能会参与设计过程的一些重要环节：如订购面料与辅料。在一些公司，设计师也可能在生产准备阶段参与样板放码。一旦服装发生缝纫或面料问题，质监员会找设计师征询他们的专业意见。

服装系列的生产要遵循严格的计划，并按期完成，这些实践有助于你未来成为一个成功的设计师。

为什么设计师应知道服装的功能、结构与装饰设计

在服装设计中，设计师需要涉及功能性、结构性与装饰性三个方面的设计。这三个方面同样重要。如果忽略了其中任一因素都会影响产品的销售。没有了销售，设计师就将失业。

设计师的责任是开发具有穿着舒适、功能适用的服装。服装包括有趣的设计、优良的制作、优质的面料与穿着舒适，这些是人们想要的东西。同时可以让设计与设计师脱颖而出。可可·香奈儿是时尚界最著名的设计师之一，她深谙此道。香奈儿说："我让女性可以住在时装里面，感觉很舒服，看起来更年轻。"她的革命性设计改变了女性的穿着方式。作为设计专业的学生，让我们继续香奈儿的传统。

图1.4~图1.6中的每件服装展示了不同的设计特点：功能性设计、结构性设计与装饰性设计。

功能性设计

功能性设计是指服装在人体上发挥的作用，这是设计师必须要关注的。服装的服务对象是人体(如警察或消防员的工作服、舞会礼服、泳装等)。

- 服装应由理想的面料制成，使身体感到舒适。
- 服装还应提供足够的运动余量并保持形状。

- 面料的类型与厚度应适合服装款式，并具有防护、保暖或散热等作用。

服装款式设计如何与功能结合是设计师的职责。一旦顾客试穿那些与自身特征不配的服装，如服装穿起来很复杂，或不舒服，或太紧运动不方便，那么客户会离开试衣间，换其他品牌。人们不喜欢那些开口复杂并且穿着不适的服装。女影星卡梅隆·迪亚兹理解礼服对奥斯卡的重要性，她说："那些礼服是技师的作品，它们是如此合身，犹如人的第二层皮肤，当你穿上它就知道这件服装是谁做的。"

针织套头衫穿脱适宜

钮扣与扣眼大小适宜

插袋与手掌大小适宜

长裤余量适宜便于运动

上衣穿着舒适

后开衩坐下后打开

裙衩运动时打开

图1.4 功能性设计：上衣、裙子与长裤

以下是关于功能性设计的实用提示，设计师应在设计时注意：

- 服装应可以简单有效地包裹人体。扣眼应与钮扣大小相符，不紧不松，既能方便解开又能安全扣上。服装不易扣合或容易脱开就会导致销售困难。图1.4～图1.6 中所有服装有不同的开闭方式。

- 口袋应定位在手能方便进出的部位。口袋大小应可容得下手甚至一些现金。图1.4中的裤子与图1.5中的风衣的口袋大小合适且舒适。第8章会对口袋的位置与大小作详细介绍。

- 裙子开衩应满足舒适走动的需求。坐下时，上衣的开衩应顺势张开。功能性对于上衣与裙子开衩设计的重要性可见图1.4。详见下册第7章开衩部分内容。

衣领宽度应满足保暖需求

面料必须防水，服装应能包容内部着装

服装以优质的车缝、手工与配件制作而成

衣长应足以保护身体

图1.5 结构性设计：风雨衣

- 无肩带上衣必须加底衬与鱼骨，这样才能确保着装者在跳舞时服装不会滑落。客户不希望在整个晚会期间不停地向上拽服装，这表明功能性设计出了问题。开拉链的位置是从服装的顶部到腰围下18cm的范围内，这样客户可以轻松穿脱服装（见图1.6）。底衬与鱼骨部分内容可见第3章与第4章。
- 领圈部位开口与领子应足够大，无论针织或梭织面料都不能感觉太紧。大部分女性不想在穿针织上衣时弄乱发型，男士也不想感到窒息。许多学生忘记了设计的功能性，导致服装完全无法扣好扣子。图1.4的针织衫穿着舒适且很好搭配外套。图1.5的领圈线设计得很流畅，领子伏贴舒适。

舒适性是服装穿着时产生的感觉。客户无论是坐在办公室、遛狗，还是高兴地跳起来、跑去赶火车、蹲下抱孩子或伸手去拿放在架子上的糖果时，他们的运动都不应受限制。为了使服装穿着运动时伸展自如，制板阶段服装应加入宽松量。宽松量是穿着服装后两侧产生的余量。因风格、廓型、面料与目标客户年龄不同，加入的宽松量各有不同。如图1.6中的露肩衣礼服应紧身，不能加任何松量。与之相反，图1.5中的风雨衣需要很多松量，因为它是穿在其他服装外面的。

结构设计：衣身部分加底衬与鱼骨，结合优质的制作

珠片与蝴蝶结是装饰设计元素之一

功能设计：拉链长度适宜确保礼服穿脱方便

图1.6 功能、结构与装饰性设计：露肩夜礼服

面料选择应适合服装的功能性需求。服装的类型会影响面料的选择。功能性设计是设计师的责任。详见以下案例：

- 风雨衣是为了挡雨，所以面料需要防水。外套必须足够大与长，可以穿在其他服装外面。领宽应足以挡住雨水。这是功能性设计的例子（见图1.5）。

- 冬装应该用保暖型面料制成，穿后保护身体免受寒冷侵袭。羊毛、羊绒、皮毛或皮革等材料都是理想的选择。外套的衬里也能增加其保暖性。详见第3章底衬部分内容。

- 夏季夹克上衣需要用透气面料，使穿着者保持凉爽。天然纤维如棉、亚麻、丝绸是理想的选择。

- 当设计商务系列服装时，面料选择也很重要，尤其是当出差成为工作的一部分时。采用合成面料使服装不易破损并抗皱，这体现了时尚与服用性的结合（见图1.4）。

- 做运动服装设计时，如针对游泳、跑步、或者户外工作等，应考虑面料性能，面料必须在横向与纵向可以伸展，方便人活动。针对不同的运动，使用的面料应具有利于热量与水气调节、在潮湿情况下稳定、具有良好的空气与水蒸气渗透率、低吸水率、排湿性、快速干燥(防止感觉冷)、耐用性、容易保养、手感好等各种不同特点。然而任何单一纤维织物的结构是不可能实现所有这些特点的。如速干面料需具有体温调节与运动舒

适等方面的性能。因此合适的面料应用于相应的功能性设计上。简单将纤维混合是不会实现这个目标的，但是复合结构纤维却可以。通过最靠近皮肤的一层面料吸收蒸发，将水分从身体排出去。

图1.7是一款泳衣。客户期望其具有弹性，所以设计师选择了具有纵向与横向弹性的高弹化纤针织面料。氨纶是种弹性纤维，生产中常与其他纱线混纺，如尼龙/氨纶、棉/氨纶。氨纶带给服装与面料弹性功能，使其具有优良的拉伸与恢复性能，可以保持服装的形状不变。泳装面料通常是尼龙/氨纶，它具有高度的贴体性能，且快速干燥，运动时能有充分的灵活性而不变形。氨纶面料服装不需要拉链；但是需要可伸缩的接缝(参考第5章伸缩缝部分内容)。

尽管泳装等运动型服装是用氨纶面料制作，仍需要在边缘部位加松紧带使服装能穿着时贴身。泳衣弹力松紧带(尤其是经过耐氯处理)已经得到应用，见图1.7(第5章的伸缩缝部分)。

氨纶不仅用于针织面料，它也被添加到梭织面料中。如图1.4中的上衣、裤子、裙子可用棉/氨纶材料。这些面料中的氨纶的添加比例与泳装面料不同，只要少量添加就能使这些服装穿着时产生很好的舒适性(参考第2章添加莱卡的梭织与针织面料)。

结构性设计

接缝设计是需要服装设计师关注的第二个方面。接缝设计是指所有将服装接合在一起的线缝。在选择缝纫线时，必须考虑服装的使用与磨损。

首先是控制接缝质量。衣片会以一定针距缝合，针距太稀会导致缝合不够充分，太密会导致产品不平整。具体见第2章针距部分内容。服装用弹性面料时应采用可拉伸的缝型缝纫，这样穿着时接缝有弹性。无法伸缩的接缝会裂开，服装会因此被退货。伸缩缝内容详见第5章。

另一个例子是钮扣，钉扣应用优质的缝线与紧密的线迹。这样能保证钉好的钮扣不易脱落。具体见下册第9章的钮扣部分内容。

装饰性设计

装饰性设计是指面料表面增加的装饰。装饰设计是设计的重要内容，因为与众不同的装饰细节能吸引客户购买。刺绣、花边、缎带之类都可用于装饰性设计。

结构性设计泳装的弹性体现在泳装的所有边缘，有助于泳装贴合人体

面料图案装饰设计

功能性设计是根据服装用途选择合适的面料

图1.7 功能、结构与装饰性设计：泳装

选择合适的装饰材料时应投入时间与耐心。装饰性设计包含面料的颜色、质地、印花图案等元素的再设计。图1.4中上衣布料与颜色组合就非常引人注目。图1.5是接缝部位的装饰性设计。图1.6是花边珠片的装饰设计。图1.7是泳衣一片式整体图案。

当功能性设计、结构性设计与装饰性设计实现有机的结合后，人们会赞叹："哇！那件服装是如此的舒适与漂亮，那串珠片花边设计使服装脱颖而出！"可见，三个方面共同努力可以创建一件令人难以置信的服装。

复习列表

√ 是否理解了制作是服装设计的必要组成部分？

√ 是否理解了制板与缝纫能增加服装设计专业学生的专业技能？

√ 是否理解了设计师需要了解服装设计与生产过程？

√ 是否理解了制作品质对于设计的重要性？

√ 是否理解了设计师需要监督整个系列作品的设计与生产过程？

第2章

图示符号

 面料正面

 衬布反面
（有黏合衬）

 面料反面

 底衬正面

 衬布正面

 里布正面

 衬布反面
（无黏合衬）

 里布反面

缝制顺序

缝制前的准备：避免出现意外事故

任何缝纫前的准备工作十分重要。许多学生因准备不足而影响他们的制作发挥。本章概述了准备工作的重要性，详细介绍了应该如何做好准备工作。各种面料，如真丝乔其纱或针织面料的特点各异。真丝乔其纱是种柔软、悬垂、轻薄、细腻的面料；而羊毛针织布是中厚型弹性面料。理解面料有助于顺利完成后面的缝纫处理。面料是设计的载体。各种处理方法的选择受到面料特点的直接影响，没有一种方法能适合所有面料。因此需要针对每种织物采用适当的处理方法，并根据各种面料的不同特征有针对性地作准备。

本章重点是在正式缝制前找出适合不同面料特征的处理方法。如发现针型或缝型不对，可再尝试其他大小或类型，直到找出与面料相适合的方法为止。样品试制完成后应做出清晰明确的工艺单，从源头杜绝错误。

即使拥有多年的缝纫经验，也不能忽略前期准备工作。请接受我们的建议做好准备工作，避免以后出现麻烦。

关键术语

接缝厚度	烫袖板
燕尾夹	烫垫
刀片	套板
省尖点	蒸汽熨斗
绣花剪	烫枕
面料丝缕	纱剪
下摆贴边	防极光针板
烫衣板	羊毛面料
针织面料	
莱卡	
对位点	
针板	
刀眼	
样板丝缕线方向	
烫布	
圆盘刀/垫	
剪刀	
缝份	

特征款式

缝纫所需的工具见图2.1。

工具收集与整理

以下是必不可少的用于制板与缝纫的工具:

- 珠针：将面料与样板钉在一起，缝制准备。
- 手缝针：做手工粗缝，缝裙摆。
- 缝纫机针：用于缝纫机缝纫(见图2.25)。

- 开扣眼凿：切开扣眼。
- 拆线刀：拆除缝线。
- 绣花剪：精确修剪。
- 裁缝剪刀：裁剪布料。
- 纱剪：修剪线头。
- 卷尺：测量样板与衣片。
- 缝纫线：缝合面料。
- 梭芯：与面线一起用于缝纫。
- 缝份量规：测量缝份宽度。

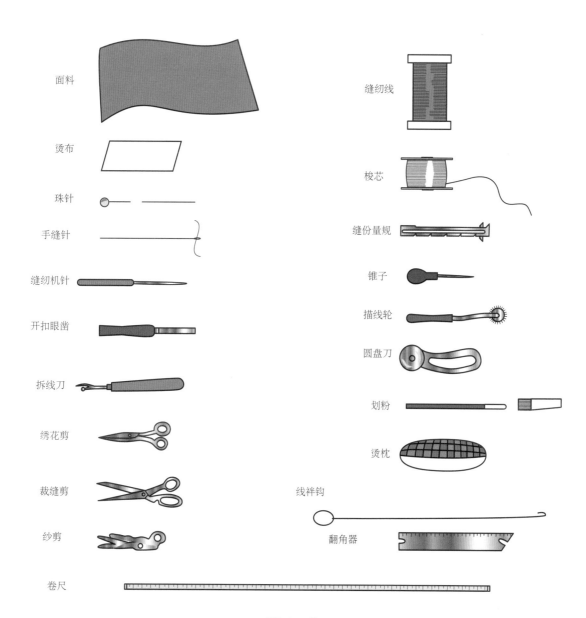

图2.1 工具

- 锥子：在样板或面料上标注省尖点与对位点。
- 描线轮：以实线或虚线描出样板的轮廓与缝份线。
- 圆盘刀：裁剪面料。
- 面料用记号笔或划粉：画省道、边缝与对位记号。
- 线袢钩：用于线袢翻面。
- 翻角器：用于领角、袖克夫等尖角部位得到完美翻面。

服装人台

学生们将很快熟悉人台。这是重要的工具，如图1.1所示。它是立裁设计时使用的工具。在制作过程中，用来在上面试验各种面料与服装。

现在开始

设计过程开始前，学生需要用卷尺测量人台并在人台上贴标记线。不可忽略这个环节，因为清楚的标记线能使设计更准确。人台标记线的准确性会直接影响到服装的合体性。

标贴人台

制板前设计师需要测量人台。人台贴标记线前应准确确定前/后中线、胸高点、腰线、臀线，后背宽线(见图2.2)的位置。这对制板至关重要，人体尺寸见图2.3。在标注人台前，需要购买以下用品：

- 两卷5mm宽的斜纹涤纶带。
- 珠针(不易弯曲的大头针)。

标贴人台步骤：
压平标贴牵带。将针插入人台固定牵带位置，保持人台表面平整（见图2.2）。

1. 前/后中心(从顶部到臀围)。
2. 沿最丰满部位贴出胸围线，必须与地面平行。从一侧缝开始到另一侧，两端位置要保持一致，牵带应与地面平行，如图2.2所示。
3. 腰围线平行于胸围线。
4. 臀高是从腰部到臀部的长度。
5. 沿臀部最丰满处贴出臀围线。
6. 背宽部位。
7. 前后公主线（见图2.2）

测量人台

按下列步骤测量人台：
- 胸围：胸部最丰满部位（见图2.2）。
- 肩线中点到胸高点（见图2.2）。
- 肩线中点到下胸围线。
- 胸间距必须确定胸高点（见图2.2与2.3）。
- 腰围：将卷尺舒服而固定地围在腰上　（图2.2）。
- 臀围：测量臀围最丰满处（见图2.2）。
- 内缝长：从胯底部到脚踝（见图2.3 B）。
- 袖长：手臂微曲，测量从领圈穿过肩膀到手背（见图2.3）。
- 肘围：手臂微曲测量肘部（见图2.3）。
- 手腕围：卷尺围在手腕感觉舒适不紧（见图2.3）。

注意： 测量个体尺寸的方法见图2.3。

裁剪与车缝面料时, 学生应了解所用面料的纤维材质与特征。这些将决定服装缝合的方式及使用的辅料。

了解面料

设计始于面料, 面料是设计师的艺术媒介。选择合适的面料是设计过程中最重要的一环。面料选择与款式开发应结合。如选择的面料特点与服装不合适会导致设计无法实现。

设计前设计师必须了解不同品种与品质的面料。设计师应该是面料选择方面的专家, 能理解哪个面料适合哪种款式。经验丰富的设计师是面料的雕塑家, 他们能筛选面料, 感觉与想象某种面料适合哪种设计。设计师通过不断尝试与实践发展这方面的能力。有些设计师的工作直接用面料, 而另一些是先画设计稿, 然后寻找合适的面料做设计。必须了解面料并使用它!

每章中都有如何处理特殊面料的详细方法, 详见各章关于如何制作棘手面料部分内容。

表2.1列出了一些面料的分类, 以及它们的特性、用途与护理。

了解织物结构: 针织与梭织

学习了解面料起始于织物结构, 这应在画设计稿之前。

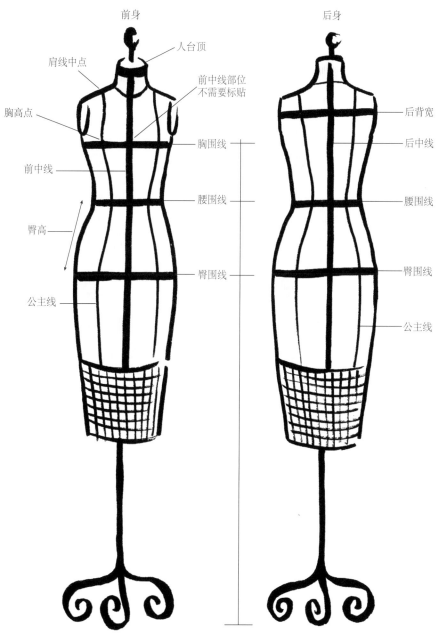

图2.2 标贴人台

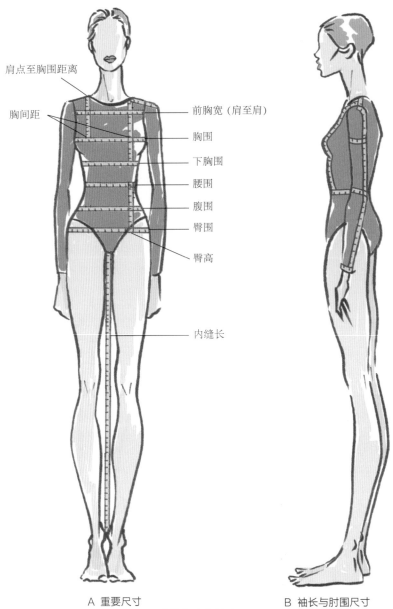

肩点至胸围距离

胸间距

前胸宽（肩至肩）

胸围

下胸围

腰围

腹围

臀围

臀高

内缝长

A 重要尺寸

B 袖长与肘围尺寸

图2.3 人体尺寸

面料可分为两类：梭织与针织。两种面料差异很大。一种有弹性，另一种没有。面料的类型会影响设计、制板、裁剪、缝纫、线与针，以及面料后整理。

梭织面料经纬纱交织成直角，图2.4A是平纹布。梭织面料也有斜纹与缎纹，面料表面看起来略有不同。

针织面料是由线圈连续循环形成，然后一行一行反复循环，就像编织毛衣一样。因为是循环结构，针织面料可以拉伸，但并非所有针织面料的拉伸性相同。针织面料的弹性取决于所用的纱线、纤维成分，如是否添加氨纶以及编织厚度和组织结构等因素。针织物可以有极小弹性、中等弹性或很大弹性。针织面料的

结构见图2.4 B。

添加氨纶纱的梭织与针织面料

添加了合成纤维后，针织与梭织面料可以变得有弹性。目前使用最广泛的是氨纶纱。当梭织物添加了氨纶纱后就具有了弹性，但这些拉伸量不足以消除省量与收腰缝。当针织布添加了氨纶纱，就像面料里添加橡皮筋。有了氨纶纱的针织面料具有良好弹性使服装能更紧身。氨纶纱还能使梭织面料与针织面料不起皱。因为氨纶纱具有良好的弹性，因此这种面料可以与身体很好贴合。氨纶纱可使面料保持形态，改善针织与梭织面料的抗皱性能。

梭织面料与针织面料的差异

- 梭织面料的弹性不如针织面料。虽然梭织面料在纬向可以稍微拉伸，但这不同于弹性面料。
- 针织与梭织面料在斜向都有弹性（见图2.5）。
- 针织与梭织面料的差异在于样板的不同，以及服装的贴身性能。通常针织面料不需要加余量、省道来实现合体效果，而是通过侧缝实现贴合人体。因为面料本身的弹性代替了余量的作用。制作样板时应考虑不同针织面料在弹性方面的差异。用梭织面料制作合体上衣时应加入余量。
- 下摆与接缝必须根据针织或梭织面料调整。梭织面料的接缝应收口以防面料脱散。针织面料必须用弹性线迹缝纫，虽然针织面料不宜脱散，但是通过包缝可提高产品品质（具体内容见第5章缝制针织面料相关内容）。

- 针织与梭织面料缝纫时必须根据面料厚度与特征选择缝线与机针（见表2.4）。

了解纤维

掌握面料的特点对设计而言相当重要。如果设计专业学生不了解自己手上在用的面料是不可思议的事情，就如同画家不清楚自己用什么材料进行绘画创作一样。只需看一下每卷面料头上的标签就可以了解面料成分。若没有信息，可以去询问销售人员。

- **天然纤维**来自动植物。包括棉、麻、真丝与羊毛。教室里用于缝纫练习与制作布样的坯布通常是全棉布料。
- **合成纤维**是经化学制造产生的。包括聚脂纤维、腈纶、氨纶、尼龙以及超细纤维。

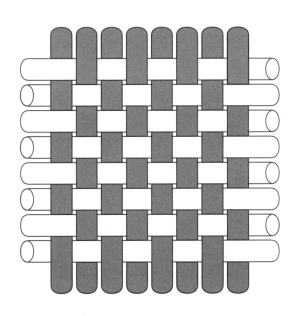

图2.4A 梭织面料

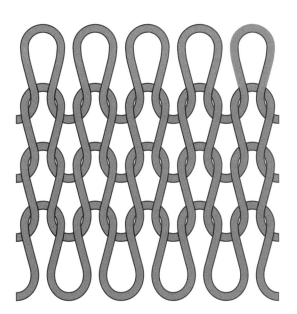

图2.4B 针织面料

表2.1　面料类型：特性、用途与护理

面料类型	特性	用途	护理
天然纤维			
棉	强度高，吸水性好，易染色，可织成不同厚度与肌理的面料，组织结构多样。不会产生静电。适合与其他纱线纱混纺	适用于各种厚度的服装，床单、家纺产品，被子等	水洗，热水，手洗与机洗，漂白，柔软剂处理，烘干
羊毛	保暖性好，吸水性好，不易起皱，易皱易缩。潮湿时强度降低并易拉伸，可织成不同厚度的面料，可染各种颜色。会起球	外套、套装、长裤、裙子，特别是正装款式	干洗，部分羊毛宜用中性洗衣液、冷水手洗，小心蒸汽熨烫，冷却后穿着
麻	具有耐火性与吸水性与抗水性。不当整烫易损伤面料，易缩。穿着舒适，可制成各种厚度的面料，强度高，手感好，边缘易破损，易起皱易缩。可与棉混纺以抗皱	夏季服用面料，女式衬衫与连衣裙，长裤与套装	干洗，如易缩可逆干洗店洗涤
真丝	吸水性好，强度高，有光泽，易染色，可能渗色。可以织成不同的厚度与组织结构，中厚型面料具有抗皱性。经常与麻混纺	连衣裙，套装，女式衬衣，晚装与婚纱，内衣	干洗，可小心手洗；必须测试渗色效果
再生纤维（以各种天然材料为原料）			
醋酯纤维	发明于1924年。有光泽，垂感好，穿着舒适，可用于制作多种服装，会缩。抗污性好，抗污染好，可用于制造多种面料如绸缎、纱罗、双针织，针织布，塔夫绸等	礼服，婚纱，会缩，连衣裙，裙子与里布	遇高温熔化。根据不同的面料和染色方式采用干洗或洗衣店清洗
竹纤维	取自竹子，柔软，吸湿排干。可与其他纤维、如棉纱或氨纶纱混纺织成织针织面料	休闲裤，T恤，连衣裙，薄型上衣，套头衫，童装，方巾	冷水机洗，轻柔洗涤。避免使用烘干机干燥
黏胶纤维（人造棉）	有良好的悬垂感，适合与其他织物混纺成检织品。强度不及天然纤维，有吸水性，快干，易缩，易拉伸导致收缩	用于织造具有丝质感的面料，如锦缎、双绉、罗缎、绸缎织物。制作女式衬衫、连衣裙、内衣与里布	干洗，手洗必须先测试，否则会导致黏胶纤维熔化
黏胶短纤维	由棉花或木头合成，是无法加捻的短纤维，可用于制作里布，薄型毛织物，或织造仿麻、仿丝、仿棉面料。易脱散，易熔融	连衣裙，女式衬衣，内衣，运动服，裙子，套装，外套，领带	必须根据服装标签指示操作，一些梭织面料可手洗，不可机器烘干，用塑料衣架晾干，以中等温度在反面熨烫，正面熨烫必须垫烫布
溶解性纤维（天丝）	柔软，吸水性好，抗皱，棉，黏胶纤维，聚酯纤维，会起球。可与真丝，尼龙或羊毛混纺	柔软，具有垂感的服装，连衣裙，长裤，裙子，宽松衬衣	机洗，手洗或干洗皆可
纤维素纤维（商业名莫代尔，以灌木制成的木浆为原料）	相对柔软，常与棉纱，弹力纱混纺。不易缩，适合印染，会起球，起球	浴袍，内衣，毛巾与床单	热水洗涤时易沾染颜色，洗涤后必须整烫
合成纤维/人造纤维			
腈纶	轻薄，柔软，抗皱，有吸水性，易穿着。会起球	与其它纱线混纺织造薄型面料与针织布，用于连衣裙，毛衣，运动服与工作服	可干洗，洗衣店清洁，滚筒烘干，温熨烫
尼龙	强度高，不吸水，光滑，光滑，抗静电产生静电	可与各种纱线混纺，制作女式衬衫，连衣裙，泳装与里布	手洗与机洗，晾干或低温烘干，谨慎熨烫
聚脂纤维	强度高，不易吸水，快干，抗皱，耐磨，有弹性，会起球，会起球。尼龙或羊毛混纺	可与各种纱线混纺，制作各类服装	根据混纺的其他成分机洗，根据处理可减少静电
超细纤维	耐用，高密度织造，纤维细腻，可制作防水面料	通常为聚脂类纤维，可制作所有款式服装	低温机洗，低温熨烫，谨慎熨烫

- **再生纤维**是用天然材料，如木浆经化学处理制成的纤维。包括醋酯纤维、竹纤维、黏胶纤维、溶解性纤维、莫代尔等纤维。
- **混合纤维**是由两种或两种以上不同纱线混纺而成，从而充分发挥纱线柔软、抗皱、易洗涤、穿着舒适等不同特点。如涤棉、莱卡、羊毛、丝麻、黏胶丝等。

以下是服装缝制中常见的面料。

常见材料

- 羊毛女衣呢：缝制方便，优质女衣呢不易起皱，其结构稳定、面料垂感好。女衣呢适用于制作套装、正装长裤、斜裁服装与连衣裙。
- 羊毛法兰绒：缝制方便手感柔软，表面富绒感。精纺法兰绒挺括、强度高、表面平整。不同厚度的法兰绒用途不同，厚型双面羊毛法兰绒适合制作外套，薄型法兰绒适合制作正装上衣、长裤、裙子与连衣裙。服装必须加里布，避免变形。
- 真丝双宫绸：缝制方便，面料稳定、挺爽。布面带有结子花肌理，具有各种不同的颜色。面料适宜制作上衣、连衣裙、短裙、长裤。面料易脱散，缝制时边缘应包缝。
- 锦缎：缝制相当容易，布面美观，有不同的厚度，能给设计带来理想的效果。在正装、休闲装，如上衣、外套、背心等款式使用皆宜。
- 家纺面料：此类面料通常用于家庭装饰，适合制作结构型服装的装饰部分。经水洗或其他处理后可去除面料浆水，使面料变得柔软。可用于制作上衣、外套、包袋等。
- 牛仔布：牛仔布是斜纹面料，质地坚固，适合制作不同类型的服装。牛仔布风格粗旷，有不同厚度，可加以不同的表面处理。牛仔布可加入其他纱线混纺，如加氨纶纱可使其具有弹性。牛仔布易脱散、缩水，因此服装缝制前必须预处理。牛仔布裁剪必须沿直丝方向，避免成衣后出现扭曲。机针必须更换粗针避免车缝时跳线，缝纫线、尤其面线宜用粗线车缝。

- 单面羊毛针织、双面羊毛针织与羊毛毡：缝制方便。具体缝制方法见第5章部分内容。

认识面料丝缕线

丝缕线是指面料的纱线方向。时装面料可分为梭织与针织面料两类，按布纹方向可分为：直丝缕、横丝缕、斜丝缕。了解面料的丝缕线对于服装裁剪与面料的垂性特点相当重要，同时也会影响服装的缝制。根据面料与设计可确定丝缕方向（见图2.5）。

直丝缕方向

由于直丝缕方向不易拉伸，梭织面料通常按直丝缕方向裁剪。通常竖直方向的接缝，如侧缝、公主缝等，沿直丝缕方向裁剪可避免接缝出现拉伸变形。沿直丝缕方向裁剪的面料利用率最高。相比横丝缕方向的幅宽，面料沿直丝缕方向更长。面料直丝缕方向两侧皆为布边。布边更加紧密（见图2.5）。

横丝缕方向

横丝缕方向的垂感与直丝缕方向不同。沿横丝缕方向裁剪的服装与直丝缕方向相比，垂感会有明显差异。通过观察可以发现其中的差异。如图2.21所示，通常可根据面料的特点来定服装是否必须按横丝缕方向裁剪。必须注意的是，若以横丝缕裁剪时，下摆贴边的宽度应增加。由于没有后中缝，因此不会影响衣身整体性。左侧缝必须绱缝拉链、领圈尺寸必须满足套头的需要。设计时应同时考虑功能性。图2.5中纬纱横穿面料的即为横丝缕方向。

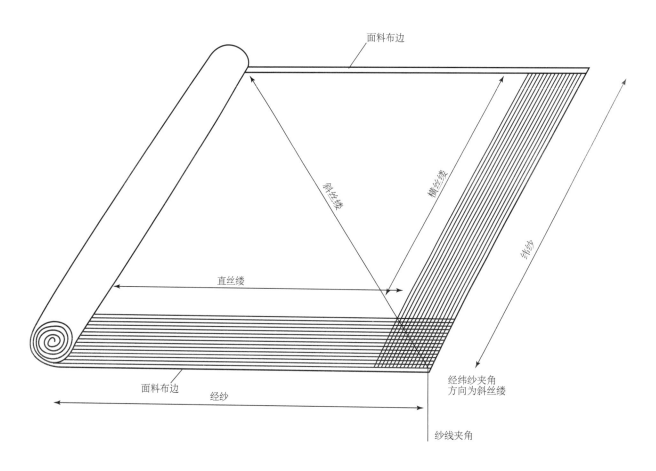

图2.5 面料丝缕方向：直丝缕、横丝缕与斜丝缕

斜丝缕方向

斜丝缕方向具有良好的弹性，因此裁剪与缝纫时会有难度。斜丝缕面料，尤其是轻薄型面料的悬垂性很好，能产生美观的效果。如图2.5所示，斜丝缕即经纬纱线呈45°夹角的方向。针织面料也有横丝缕与直丝缕，但这些术语通常用于指梭织面料。

- 针织面料沿罗纹方向是直丝缕，如第5章图5.3所示，线圈纵行的数量影响面料的厚度与规格。
- 针织面料沿线圈方向是横丝缕。
- 针织面料可按斜丝缕方向裁剪，但是这不会像梭织面料那样影响面料的悬垂性。

样板

样板会直接影响缝纫。合格的样板应标出裁片的丝缕线方向，若面料未能按合理的丝缕方向裁剪会导致服装的缝制效果不理想。之所以在缝制上产生这样或那样的问题，关键在于样板的标注不清晰。这会导致裁剪时，将时间耗费在调整样板方向上。由于任何样板问题会最终导致服装的缝制问题，因此在制作样板阶段需加以慎重考虑。

关于规格

对于设计专业学生而言，无法用卷尺准确测量是最大的问题。这会严重影响样板制作与服装缝纫的效率。切莫忽略这点，测量对于准确制作样板与车缝相当重要。显然，一位总在测量上出问题的设计师是难以胜任其职位的。

图2.2中是各种常见的尺寸规格。在制作样板前必须掌握这部分内容。如有必要可请教专职教师。

在裁剪前，样板应加放缝份。缝份与下摆的加放量会影响服装的缝制与成衣外观。缝份过窄会导致车缝困难，而缝份过宽会增加接缝厚度、破坏成衣外观。

样板丝缕线

对于样板而言，丝缕线至关重要，会影响服装的悬垂效果。丝缕方向将指示衣片的裁剪方向。如图2.6所示，丝缕线必须与布边平行，在裁剪样板上也必须相应标注清晰。（具体信息详见表2.2。若裁剪样板丝缕方向未加注，会导致衣片裁剪不准确，缝制后衣身扭曲，成衣不合体。

直丝缕方向

- 直丝缕方向与样板的后中/前中线平行。
- 丝缕线应在两端加箭头以指示方向（见图2.6）。
- 若样板必须单向裁剪，在丝缕线一头加T形以区分裁剪方向。有些面料只适合单向裁剪，有些面料有绒毛倒向，必须在裁剪时按统一的方向裁剪与缝纫。关于定向裁剪的信息，详见图2.20。
- 带T形标记的丝缕线同样适用于不对称样板，裁剪时可避免方向颠倒，导致无法正确缝纫，具体如图2.7A所示。

横丝缕方向

横丝缕方向与前后中线呈直角方向（见图2.6）。

表2.2　设计的规格

样板制作中所用的规格

缝份

2cm	1.5cm	1.2cm	1cm	0.5cm	0.25cm

1cm —— 封口接缝、贴边过面、衣领、针织
1.5cm —— 侧缝、肩缝、公主缝、其他缝
2cm —— 后中缝
2.5cm —— 试样缝

下摆贴边宽

1.5cm —— 弧形下摆
2.5cm —— 里布车缝下摆
3.5cm —— 波浪下摆
4cm —— A形与直线下摆
5cm —— 直线下摆

丝缕方向

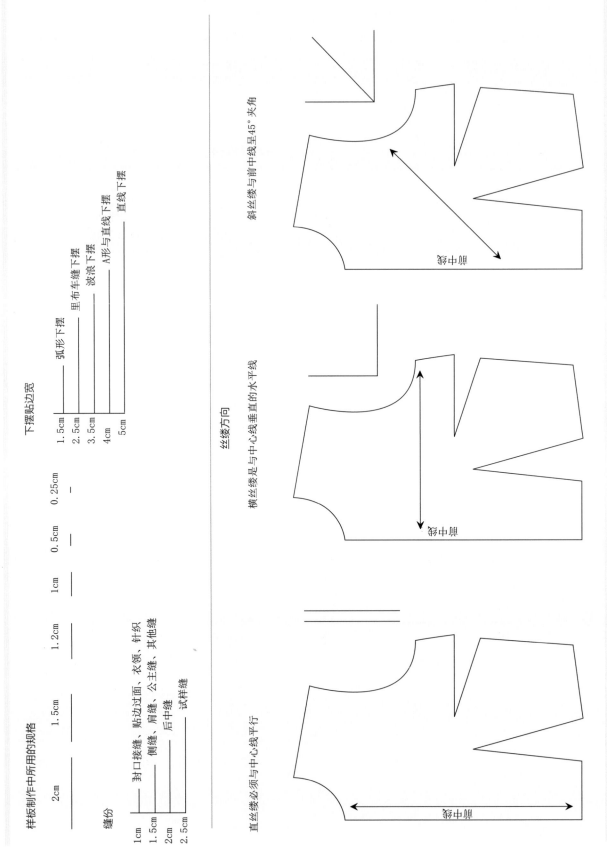

直丝缕必须与中心线平行

横丝缕是与中心线垂直的水平线

斜丝缕与前中线呈45°夹角

斜丝缕方向

斜丝缕与前后中线呈45°夹角。

刀眼

样板完成后必须加刀眼。刀眼是0.5cm长，与边线垂直的铅笔标记。刀眼可用于标记省道宽度、缝份宽度、下摆贴边宽度，如图2.7A所示。样板袖窿加双刀眼用来标注后身（见图2.7B）。长接缝需多加刀眼。在接缝不同部位加入刀眼用来对位，以确保车缝正确（见图2.7A）。为了确保样板对折时能正确对位，可在样板上加入刀眼。

在将两片衣片缝合时，应将缝份一端以珠针别住，然后将刀眼部位以珠针别合，再将中间部位别住。

刀眼在样板上的重要作用不容忽视，其可以确保车缝正确。样板上的刀眼应在裁片上标出，从而确保正确车缝。这样制成服装才能有漂亮的外观。

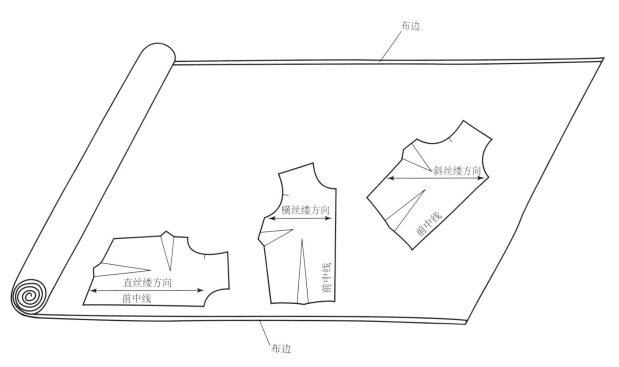

图2.6 样板丝缕线必须与布边平行

省尖点

省尖点是省道的末端。在样板上可用锥子距离胸高点1.5cm处钻孔。工业板是在面料上钻孔标注省尖点与对位点。省道缝合后可盖住钻孔，缝纫师傅车缝省道会超出1.5cm处的钻孔（见图2.7）。

对位点

对位点能在缝制接缝或绱缝口袋与荷叶边时，准确标出接缝的对齐点。对位点可用锥子或铅笔在样板上标出。准确标注有利于缝纫。如图2.8所示，样板上标出了右侧贴袋的位置。

制板提示

如果样板上未能标出刀眼位置，随后裁片上也未加标注，将会导致缝纫师操作时无法确定缝份的准确宽度。如果裁片上未能标出刀眼位置，可能会导致衣片方向颠倒、或者接缝拉伸变形。由此会导致裁片丝缕偏斜、成衣发生扭曲等一系列缝制问题。无论是课堂制作一件服装，还是工业化批量生产都会产生不良的制作结果。

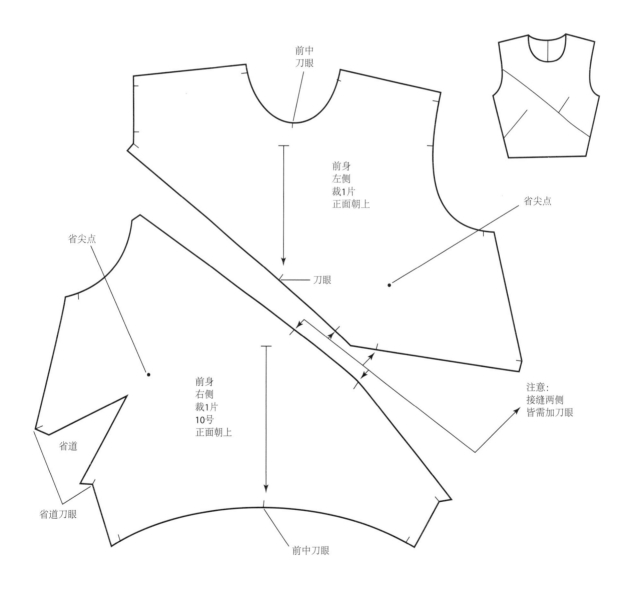

图2.7A 不对称服装裁片的标注

样板标注

　　每片样板的标注信息相当重要，包括样板的部位、规格、以及裁剪数量。

　　如图2.7A所示，衣身不对称，因此每个裁片的形状与裁片数量不同。这些应详细标明，包括裁剪方向，如"正面朝上"。以避免因裁剪方向颠倒，导致服装无法缝合。样板上也可标注"反面朝上"，表示样板应置于面料的反面裁剪。如何放置样板的信息也应标注清楚。

　　图2.7B是对称服装裁剪样板应标注的信息。注意由于左右两侧对称，因此两侧的信息是对称、相同的。

每片样板必须包括以下信息：

- 样板名称（前身、后身、前侧、后侧、袖子、领子等）。
- 样板的规格。
- 样板的裁剪数量（如图2.7A与图2.7B所示，裁1片、裁2片）。
- 面料裁剪时是否必须折叠放置（通常折叠放置的样板上标注裁1片，见图2.7B）。
- 衬布是否用面料样板裁剪，以及裁片数量。（如标注面料样板、裁1片或裁2片，衬布、过面、衣领样板。见图2.9A与图2.9B）。

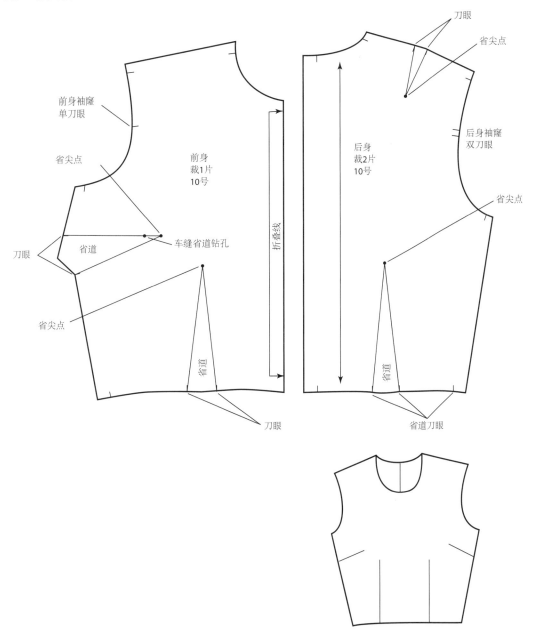

图2.7B 对称服装款式样板信息标注

有些服装的衬布样板与面样板不一致。因此需要制作单独的衬布样板，图2.9C为长裤的衬布样板。衬布样板必须有清晰明确的标注。

缝份

缝份是位于缝迹线与样板边缘之间部分。车缝后缝份部位被覆盖，除非有些款式缝份外露。如解构设计的式样，其缝份边缘的面料脱散，而缝份起到保护车缝线的作用，如图2.10所示。缝份可令服装贴体。如果服装过于宽大可通过增加缝份宽度的方法调整。反之，可减少缝份放出松量。

在实际设计业务中，应将缝份宽度标准化。缝份宽度不一致会令缝纫技师无所适从。因此无论是在校学习、还是在企业设计中，缝份宽度必须保持一致。

样板加放缝份

图2.11是服装缝制中常见的四类缝份。在弧线部位，如领圈或衣领部位的缝份宽度为1cm（见图2.11A与图2.11B）。在弧线部位减小缝份将便于缝纫。若在领圈与袖窿部位采用1.5cm的缝份，则必须花费额外工时将缝份宽度修剪至1cm，以减少接缝厚度。缝份仍需根据面料厚度小心做剪口，并加以修剪。在翻转之前车缝暗线（详细信息见第4章接缝相关内容）。

贴袋
裁1片

对位点
正面朝上

衬衣前身 裁2片

10号

注意：贴袋位于右侧，
必须在样板上标注清
晰并正确裁剪，以确
保车缝正确

图2.8 裁剪样板上的对位点尤为重要

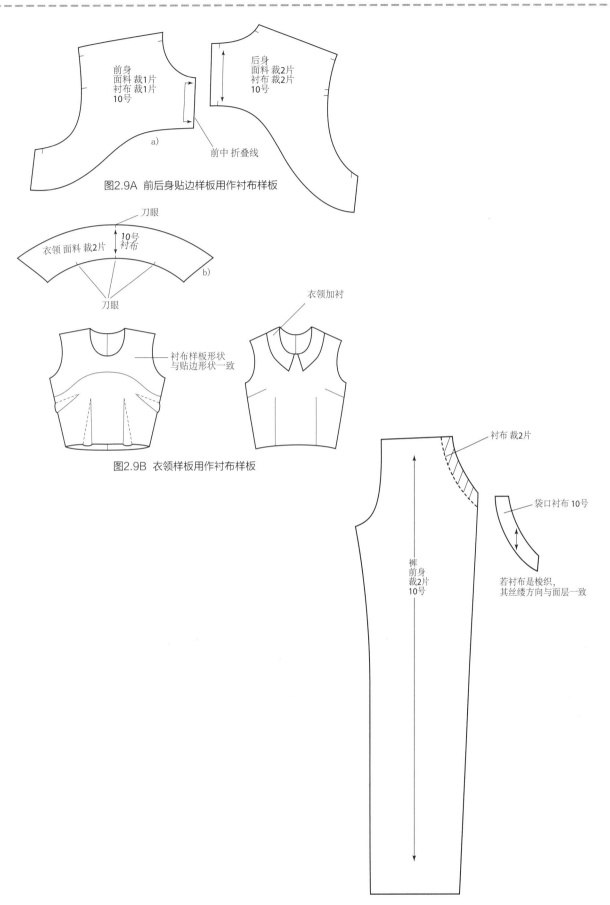

前身
面料 裁1片
衬布 裁1片
10号

a)

前中 折叠线

后身
面料 裁2片
衬布 裁2片
10号

图2.9A 前后身贴边样板用作衬布样板

刀眼

10号
衬布

衣领 面料 裁2片

b)

刀眼

衬布样板形状
与贴边形状一致

图2.9B 衣领样板用作衬布样板

衣领加衬

衬布 裁2片

袋口衬布 10号

裤
前身
裁2片
10号

若衬布是梭织,
其丝缕方向与面层一致

图2.9C 标注衬布专用样板

- 梭织面料侧缝、肩缝、袖窿、腰线、公主线与育克，以及其他款式线部位缝份宽度均为1.5cm（见图2.11）。
- 领圈与衣领贴边部位缝份宽度为1cm（车缝好接缝后，不需要将缝份从1.5cm修剪到1cm）。
- 后中缝与绱缝拉链部位的缝份宽度为2cm（见图2.11B）。侧缝缝份的常规宽度为1.5cm，若服装侧缝绱缝拉链，缝份做成阶梯状，拉链部位缝份宽度为2cm，其他侧缝部位缝份宽度为1.5cm。
- 试衣时，应加宽缝份。
- 由于针织面料不易脱散，其缝份宽度为1cm。针织面料必须作包缝，其理想缝份宽度为1cm。对于厚重的针织面料，如羊毛双面针织，其缝份宽度与梭织面料一样，同为1.5cm（针织面料车缝技术详见第5章相关内容）。

表2.3是英制与公制缝份宽度对照。缝份宽度对于车缝质量的影响至关重要。

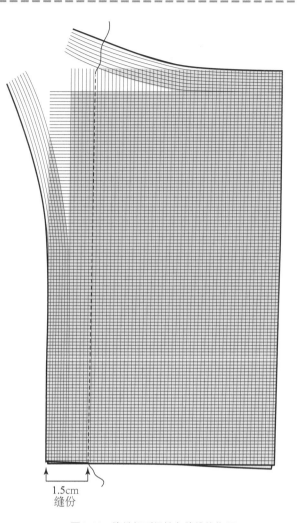

1.5cm
缝份

图2.10　缝纷起到保护车缝线的作用

表2.3　缝份

	合并缝	所有接缝	后中拉链	试衣
梭织与厚重面料				
英制	1/4″	1/2″	3/4″	1″ 或以上
公制	1cm	1.5cm	2cm	2.5cm 或以上
针织面料				
英制	1/4″	1/4″	弹性面料不需要拉链	3/4″
公制	1cm	1cm		2cm

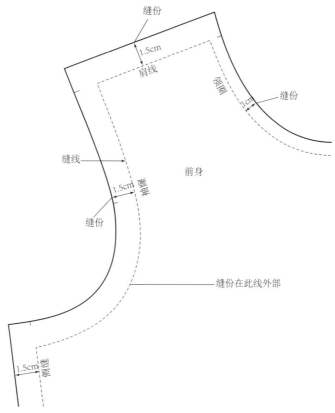

图2.11A　前身缝份

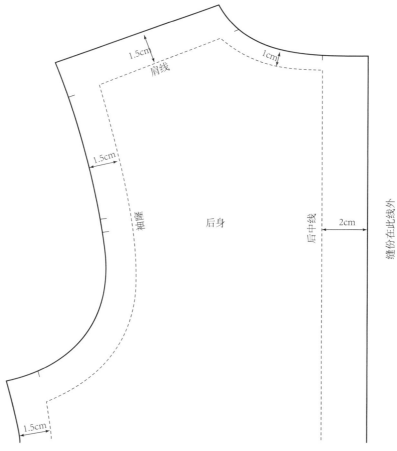

图2.11B　后身缝份

下摆贴边

下摆贴边是在下摆线与边缘线之间的部分。下摆贴边的宽度取决于面料厚度与款式廓型（见图2.12）。下摆折叠向面料反面，折光后的下摆为下摆线位置。有些解构设计，在下摆部位留毛边作为设计细节。下摆车缝时，应根据款式廓型与面料确定下摆贴边的宽度。下摆过厚会有损成衣外观。若下摆正面出现贴边的印痕也会有损成衣品质。总之，裙子下摆越是宽大，其贴边越窄，这样可减少贴边厚度。以下是一些如何根据不同廓型的服装，减少贴边厚度的方法。具体可见下册第7章下摆相关内容。

样板加放下摆贴边

图2.12是裙子下摆贴边，这些方法同样适用于长裤与连衣裙。

- 中厚面料的直裙下摆贴边宽4~5cm（见图2.12A）。
- A型裙下摆贴边宽度为4cm，以减少下摆厚度（见图2.12B）。
- 波浪裙下摆贴边宽度为2.5cm（见图2.12C）。
- 大圆摆裙下摆贴边宽度为1.5cm，下摆宽度减少后其宽度可忽略。若是薄料，则不会出现阴影（见图2.12D）。
- 针织面料，无论何种款式，其下摆贴边宽度为1.5~2.5cm。
- 上衣或A型下摆贴边宽度为2.5cm。

排料与裁剪

在裁剪面料前，必须完成准备工作。只有做好充分的准备，方能准确裁剪，从而实现出色缝纫，最终完成一件理想的服装。由此可见面料准备工作相当重要。

面料准备

面料预缩

如果面料未经处理直接裁剪，会导致严重的不良后果。如服装洗涤后缩水变形。通常全棉、毛呢、亚麻、黏胶纤维与针织等面料都会出现缩水。经预缩的面料可避免后期洗涤时出现缩水。

- 预缩机洗面料，将面料放入滚桶洗衣机，以最低水位水洗后烘干预缩。
- 预缩手洗面料，必须用冷水手洗面料。
- 预缩羊毛面料，将整匹面料置于平面上，以蒸汽熨烫面料。待面料干透后取下。或根据布长裁下面料后，送去洗衣店预缩。
- 针织与羊毛面料易出现收缩，因此必须事先作预缩处理。
- 干洗面料不需要水洗预缩。
- 真丝、腈纶以及涤纶等化纤面料不需要预缩。如真丝必须手洗则必须事先以水洗预缩。

面料丝缕规正

在摆放裁剪样板前，必须先将面料纵向与横向丝缕规正，相互成直角。先由横丝缕开始，由一侧布边至另一侧布边规正面料丝缕。横丝缕规正的方法有以下几种：

a) 直身裙   b) A型裙   c) 波浪裙   d) 大圆摆裙

图2.12 下摆贴边的宽窄应由服装的廓型决定

方法1

沿横料方向撕开面料。这是种准确的方法。由于撕开会损伤一些面料，因此并非所有面料适合这种方法。化纤面料、全棉面料适合用撕开的方法，其效果最理想。但对于那些松结构的、粗纺面料则不适用这种方法。尤其是那些精纺面料会因面料撕开后出现纵向抽丝而受损。针织面料无法撕开。在撕开之前必须用小样作测试。撕开面料前，先剪断布边一侧后撕开面料，再剪断另一侧布边。否则易引起直料方向出现抽丝。

方法2

粗纺面料应目测后，仔细沿横丝缕方向裁开面料，再确认面料是否规正。

方法3

沿横丝缕方向抽出一根纬纱。这种方法适用于粗纺面料。具体方法：先剪断布边，然后用珠针挑出纬纱后，再沿抽纱方向剪开面料。

方法4

　　如面料扭曲，则意味着出现纬斜。必须拉扯面料将其规正。具体方法如图2.13所示，沿斜料方向拉伸面料。不能过度拉伸面料，这会引起面料变形。最后应观测面料外观，若面料平整，则说明面料已经规正。若面料仍有扭曲或不平，则意味着仍然有纬斜，应重复以上步骤。

　　如横丝缕方向理想规正，则面料折叠后，横丝方向对齐，如图2.14所示。

铺料

　　在铺料与裁剪前，如面料有折痕可将其熨平后再铺料。在购买面料前，应事先练习排料，从而精确计算出用料量。

排样板

　　无论样片按直丝缕、横丝缕或斜丝缕裁剪，所有裁剪样板的丝缕线应与布边平行。如图2.6所示，所有样板丝缕线与布边平行。

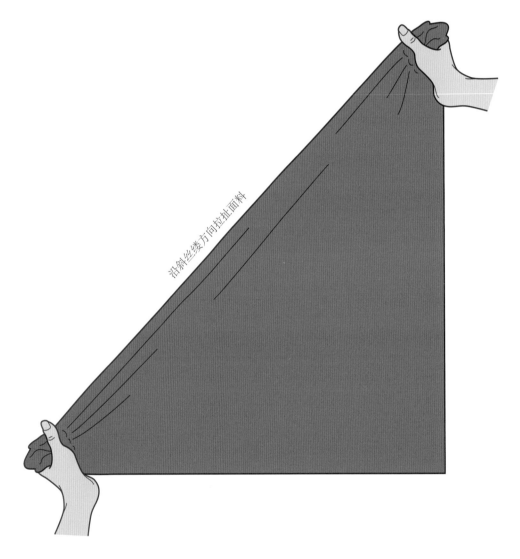

沿斜丝缕方向拉扯面料

图2.13 规正面料丝缕方向

- 若面料折叠，则将样板平行置于折叠线（见图2.14）。

- 用卷尺或长尺测量样板丝缕线到布边的距离，确保其与布边平行。只有所有裁片丝缕方向正确，服装才会有理想的形态（见图2.15）。

- 用珠针沿缝份，将样板与面料别合。珠针有的置于转角部位，有的置于中间，如图2.15所示。切勿过度使用珠针，这既费时，也不必要，别合数量够用即可。

- 若服装斜裁式样，每个衣片丝缕线必须与布边平行，如图2.16所示。条纹面料的斜裁，最终会影响服装外观。

- 横丝缕裁剪的裁片，丝缕线同样必须与布边平行。

- 裁剪前，先用镇铁压住样板。

面料折叠裁剪

铺料时，面料可以沿直料方向折叠，对齐布边。

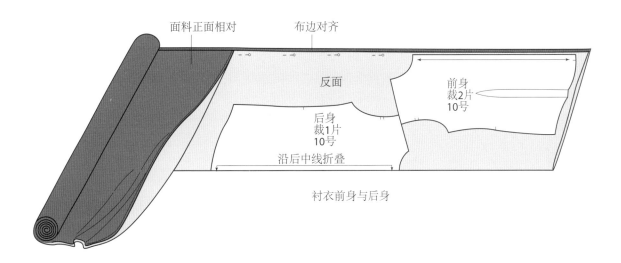

图2.14 折叠裁剪对称款式服装

图2.14是单件对称款式的理想裁剪方式。

- 面料正面相对，珠针每间隔10~12cm别合布边一针。
- 面料折叠后靠桌子边缘5cm。
- 以镇铁压住面料。

单层裁剪

若服装为不对称款式，或面料图案必须在排料时对齐，则需用单层裁剪的方法（见图2.16）。

- 确定样板按指示放置，如"正面朝上"或"反面朝上"（见图2.7A）。
- 裁片的丝缕必须与布边平行。

精致面料

对于精致的面料，应谨慎小心地加以排料与裁剪。应按以下方法确保衣片裁剪准确。

- 如面料精细或易滑移，如雪纺、乔其纱、真丝双绉等面料裁剪时都易滑移，则应先在样板纸上用珠针别合，画出裁剪样板，以此作为裁剪样板使用。

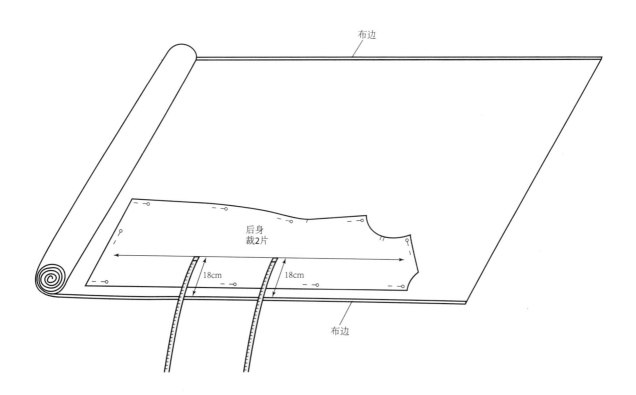

图2.15　面料规正后放置裁剪样板

- 如图2.18所示，在裁剪桌上放置一张样板纸作为铺底。
- 将面料正面朝上铺在纸上，避免精致面料出现钩丝。
- 将裁剪样板置于面料上，由于面料夹在两层纸中间，可固定住面料以便准确裁剪。
- 裁料前，用珠针将三层别合。
- 剪刀应锋利。

观察面料表面

有些面料，如单向花型、条格面料，其排料时应加以特殊处理，因此观察面料表面尤为重要。

有些面料的图案没有方向性，在排料时样板无特殊要求。但当发现条格印花图案出现纬斜现象时，则应考虑是否将裁剪样板根据条格图案适当调整衣片丝缕方向。

有时为了对花、对条格，用料量会增加。小格子图案应加长约1cm，中格子加长1.5cm，大格子加长2.5mm。直条与横条图案加放量与格子相同。对于有循环图案的面料，应测量两个图案循环单元间的间距。将样板根据图案位置排料，尤其是当两个图案间距较大时，必须增加用料量。如果无法直接测出增加的用料量时，可增加一个衣长的面料。设计应有充足的备料，以备不时之需。

条纹

条纹面料是种有意思的素材，可以产生各种不同的设计变化。条纹面料可以直裁、横裁或斜裁。处理宽条纹时必须对条，这需花费额外工时，细条纹图案不需要对条。

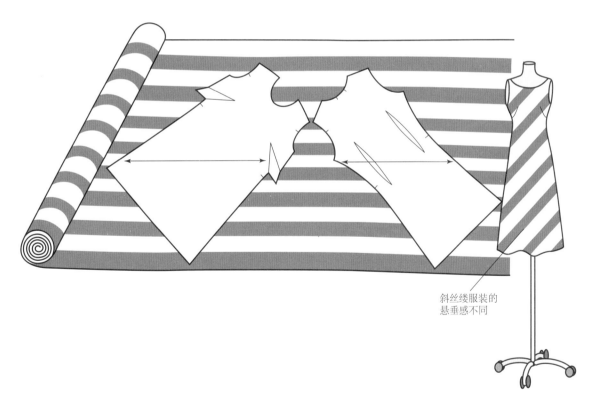

斜丝缕服装的
悬垂感不同

图2.16 斜丝缕服装裁剪

- 横向条纹在侧缝处必须对条，对条裁剪的衣片，缝制时必须对条。
- 条纹面料可斜裁。图2.16中的连衣裙利用了斜裁，并在侧缝部位对条。
- 可根据设计变化条纹方向，采用直条纹、横条纹或斜条纹，此时不需要考虑对条问题。图2.17中的款式采用了三种不同条纹方向。

格子图案

应谨慎裁剪格子面料，以确保其横向与纵线图案能对齐（包括肩缝与其他水平接缝部位）。格子面料的准备工作相当费工时。格子面料未加对齐会影响整件服装的外观。不规则的格子无法同时对齐横向与纵向。

- 图2.19中的面料是规则的格子图案，排料时肩缝与侧缝都必须对格。图中中线部位也对格。

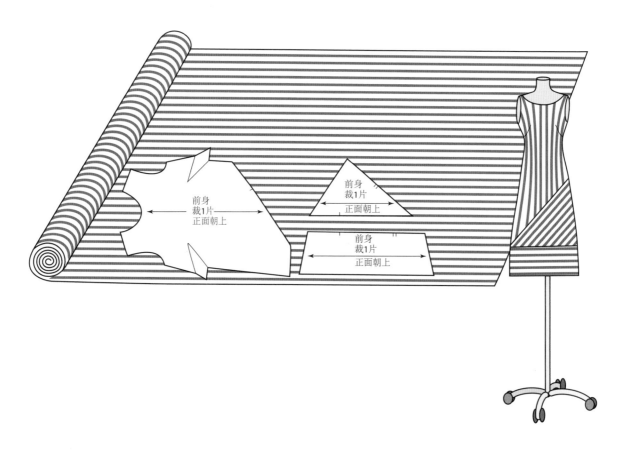

图2.17　裁剪条纹面料

- 排料时确认所有刀眼都已标记，各个裁片的格子已对齐。
- 袖身与大身腋下缝部位的格子必须对齐。但是前后袖的腋下缝部位格子是无法对齐的。由于存在省道，侧缝部位省道无法完全对齐。因此对格从下摆部位开始，到第一个省道结束。

图案

裁剪带有图案的面料应格外谨慎，分割线过多的设计会破坏图案的完整性。图2.20中的款式采用侧缝拉链设计。后中分割会破坏图案的整体性美感。

- 若裁剪时裁剪样板颠倒会破坏图案构成，因此此类样板应按单一方向裁剪，样板必须标明丝缕裁剪方向。
- 通常将图案置于裁剪样板的中心位置，这样符合设计的审美要求（见图2.20）。

- 面料的图案在水平方向也必须对齐。

循环图案

对于循环图案面料，排料时应尽量做到所有接缝部位都能对齐。图2.20为循环图案面料。

单向印花图案

图2.20为单向印花图案，其面料的印花是单向的。

- 必须保持设计简洁，突出面料自身花型特点。
- 图2.20中的前后身衣片按统一方向放置。

大花型图案

排料时应避免将花型置于前胸或后背部位。图2.20中的设计避免前中线，拉链绱缝在侧缝以免破坏花型美感。

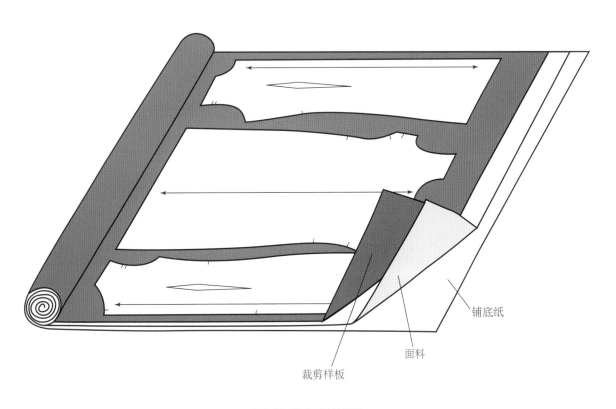

铺底纸

面料

裁剪样板

图2.18 精致面料的裁剪

带绒面料

带绒面料，如丝绒，应单向排料。带绒面料表面带有绒面、手感柔软。由于绒毛有倒向，因此必须单向裁剪。带绒面料不同方向的手感有差异，顺毛面光滑，反向则感觉毛糙。同时不同方向的折光效果也有差异。

- 手持面料，顺毛方向色泽较淡，倒毛方向色泽较深。通常按倒毛方向裁剪颜色较深。

- 虽然面料可按顺毛或倒毛方向裁剪，但是带绒面料必须单向裁剪，即所有裁剪样板按一个方向裁剪，如图2.19与2.20所示。即使是条格面料也可按带绒面料方式单向裁剪。

布边

面料布边带有装饰图案。通常布边是波浪形，或如图2.21所示的印花面料。布边会有绣花图样，带针眼与波浪边。

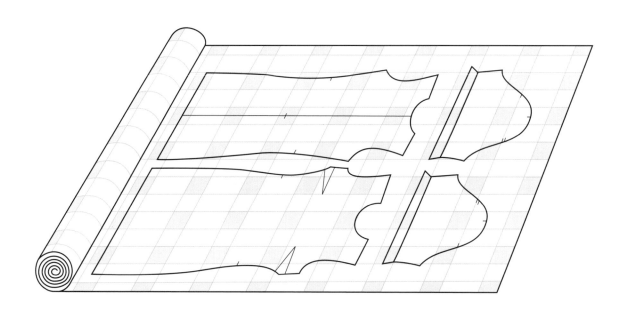

图2.19 格子面料服装裁剪

- 根据设计合理利用面料。
- 通常可通过横丝缕裁剪的方式利用布边。

满底印花图案

满底印花面料排料方便，沿直丝缕方向，样板不需要按单向排放。满底印花图案没有突出需要对齐的主花纹图案，如图2.22所示。许多满底印花面料可按此方法裁剪。

- 图2.14中的面料按折叠方式裁剪。由于面料是平纹，样板排放可按双向排料。
- 图2.18中的面料不带绒，且不需要图案对齐，裁片样板可在单层面料上双向排料。

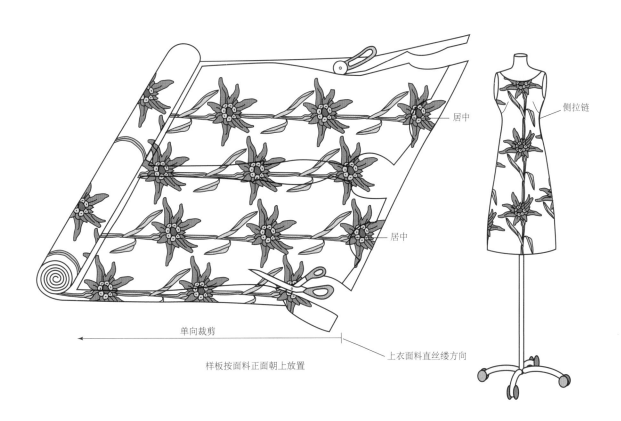

图2.20 单向循环图案面料服装裁剪

裁剪工具

图2.1为手工裁剪面料、衬布、衬里、里布与线所需的工具。

剪刀

裁剪前应准备一把面料裁剪用的裁缝剪，裁缝剪不宜裁剪纸张。裁缝剪的握手根据面料裁剪要求设计，使用时更舒适。初学者可购买7~8号剪刀，专业人士适合使用10~12号剪刀。裁缝剪刀需保持刀口锋利以便裁剪准确。

圆盘刀

裁剪时，圆盘刀是种使用方便的工具。圆盘刀有各种规格，裁剪之前必须确认圆刀片可以裁断面料但不会过深，否则会导致刀刃变钝、并损伤裁剪桌桌面。如果是精致面料，可能会出现勾丝。

图2.21 按横丝缕方向放置裁剪样板，将边缘部位作为下摆的设计特色

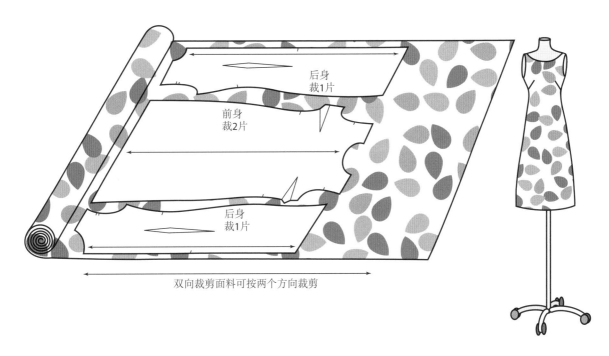

后身
裁1片

前身
裁2片

后身
裁1片

双向裁剪面料可按两个方向裁剪

图2.22 满底印花面料的裁剪：裁剪样板可双向放置

绣花剪

绣花剪长约10~15cm，用于裁剪细节部位，如尖点或开钮孔。小剪刀比大剪刀容易控制。

纱剪

缝纫时手边必须常备一把纱剪。车缝、剪口、整烫时常常会用到纱剪，如修剪线头。可将纱剪置于缝纫机边，以便随时方便使用。初学者需逐步养成使用纱剪的习惯。用大剪刀做此类修剪易出现失误。当然纱剪也不适合面料裁剪。

面料裁剪

铺料完成后可以开始裁料。裁剪时不能移动面料，只有裁好后方能移动。坐着裁剪面料，并在裁剪袖口、领圈等困难部位时弯曲面料，是极其错误的裁剪方法，应当避免。裁剪时应站立、而非坐下操作。

如果裁剪时角度不易操作，操作者可移动位置，而非移动面料。面料移动会使丝缕线偏斜或无法对齐。

用剪刀或圆盘刀裁料时，应沿裁剪样板外缘裁剪面料。避免刀口裁入样板内侧或偏离样板，这样会改变服装的形状。准确裁剪相当重要。

裁好面料后，可在裁片上描出服装的车缝位置，但并非所有裁片反面都需要描出车缝线。

标记刀眼位

省道、接缝、下摆贴边以及必须对位的接缝都需标出刀眼。

- 刀眼剪口长度不能大于0.5cm。
- 刀眼剪口过长会影响基本接缝的车缝。

标注省尖点与对位点

省尖点指示省道车缝位置（见图2.7）。对位点指示面料接缝两侧对齐点位置。面料，可与刀眼一起结合使用。对位点还可指示出表面贴袋等部件的位置（见图2.8）。

裁剪样板上的标记可用以下几种方法拓转到面料上：

锥子钻孔

样板完成后，在省道与对位点部位用锥子钻孔标识。如图2.7B所示，前身样板胸点向内1.5cm部位。袋口向下0.5cm部位作了钻孔（见图2.8）。这些钻孔在车缝完成后会被遮挡住。

钻孔时只需用锥子轻轻钻出小孔即可，应避免钻孔过大。

面料记号笔标识

省尖与对位点还可用纺织面料专用记号笔在面料反面作标识（见图2.23B）。

- 将两层面料（如果是对折裁剪）用珠针别合，若是单层裁剪，则只需钉一层即可。
- 根据珠针位置，用记号笔标出省尖点或对位点。

描线轮

另外一种拓转省道与接缝的方法是用描线轮或样板复写纸（见图2.24A）。样板复写纸有单面或双面两种，可以用来单面或双面拓转样板。用这种方法拓转的样板，在面料的表面不会留有印痕。

- 复写纸置于面料反面、裁剪样板下面，用描线轮将样板描到面料上（见图2.24A）。

描线轮有针点或直线两种（见图2.1与图2.24B）。面料裁剪与样板拓转完成后，下一步是车缝与包缝。

要点

使用样板复写纸前应事先试样，确认印痕是否可以用湿布、毛刷或面料擦擦除。熨烫会将这些印痕印在面料上。

在学习缝纫机与包缝机穿线前，应先了解如何选择合适的缝纫机机针型号与缝纫线类别。

缝纫用线

只有机针型号、缝线类型与面料相符，缝纫才能取得最理想效果。因此事前试样显得尤为重要。若缝线质量不佳会导致缝纫线张力不均匀，缝纫线迹的线圈不稳定。为了拆除有问题的接缝，不得不耗费大量时间并重新缝制。

缝纫机用线

通常缝纫机的底线与面线相同。

- 工业缝纫机缝线的线圈上下线应均匀平整，常用颜色有黑白两种。
- 家用缝纫机使用家用机缝纫线的效果最理想。在工缝机上使用此类缝线应确定其是否适用。用配色线或撞色线车缝面线时，若没有配色线，可用颜色略深的缝线，以产生良好的配色效果。撞色线可用光泽的缝线车缝。
- 事先用面料、机针与缝线制作试样，并做好笔记记录，以备今后查阅。

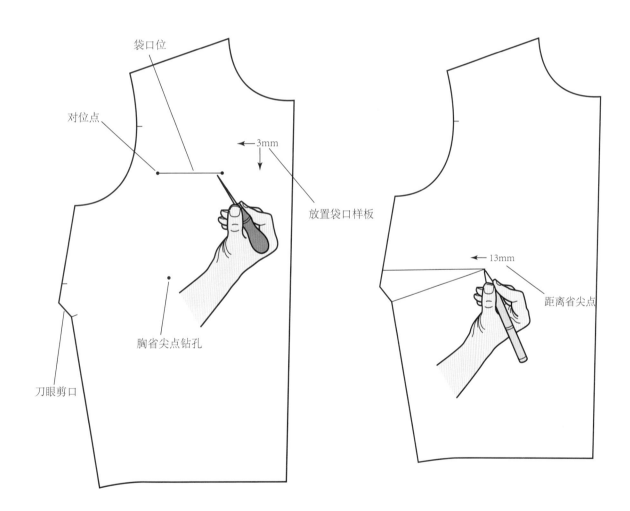

袋口位

对位点

←3mm

放置袋口样板

胸省尖点钻孔

刀眼剪口

←13mm

距离省尖点

图2.23A 刀眼与对位点钻孔　　　　图2.23B 以记号笔标出省尖点位置

包缝机用线

　　包缝机用线有各种类型。包缝线必须均匀平整。不能忽视事先试样的重要性。常用的包缝线：

- 涤纶或尼龙线——这是最常用包缝线，其强度与弹性皆优。
- 棉涤包芯线——此类缝线的涤纶线芯强度好，而外层包棉具有天然纤维的特点。

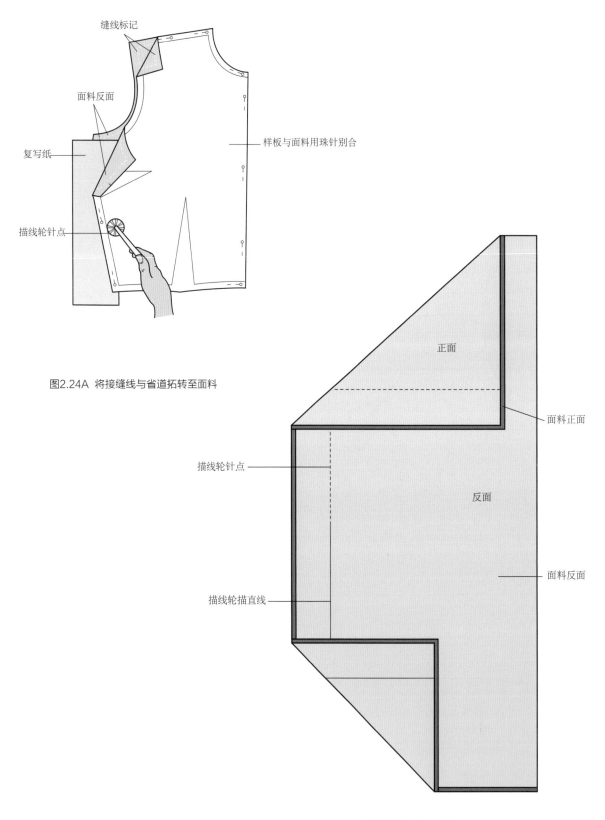

图2.24A 将接缝线与省道拓转至面料

图2.24B 以描线轮标记车缝线

- 棉线——适用于薄型与中厚型天然纤维面料包缝。
- 仿毛尼龙线——这种起绒尼龙卷线可产生特别的包缝线效果。包缝后会产生独特的毛绒效果，可覆盖缝线间的空间，并完全遮盖住包缝部位的面料。因此，用这种缝线可在下摆部位产生特别的圆形边缘。对于弹性面料，这种缝线的效果同样理想。该缝线强度高，适用于运动服与泳装缝制。由于其仿毛效果，因此贴体穿着时，感觉舒适。仿毛尼龙线适用于包缝线起圈部位。若在标准工缝机上使用该缝线，可将其手工绕线至梭芯。对下摆车缝双针的效果最理想。
- 多功能线——这种线较普通包缝线更粗，每支多功能线长度较普通缝线短。其适用于中厚型面料。使用时必须事先调节包缝线张力。
- 花色线——纱线或窄的绣花织带，用于线圈部位起装饰作用。
- 缝线配色——浅色面料可与象牙色缝线搭配；灰色可与中度色泽的面料搭配；黑色、藏青或深褐色可与深色面料搭配。

提示： 使用3线或4线包缝时，为了控制成本，只需面线（机针部位缝线）与面料色相配即可，除非是薄料或无里布上衣，其起圈部位的缝线也需与服装面料颜色一致。如果是四线包缝，最左侧机针缝线颜色应与面料一致，其余缝线用常规色即可。

如何根据面料选择合适的缝线？

缝制质量的关键因素之一是选择合适的缝线。缝线质量不良会导致张力不均匀，并影响线迹。线迹不稳定会导致接缝强度差，并最终影响成衣质量。

- 应根据缝线的颜色与粗细，以及缝型选择缝线。
- 缝线粗细应与面料厚薄相配，例如：真丝双绉面料与牛仔线是不配的。
- 不同的缝线具有不同的功能，一件服装上可以用多种不同的缝线。
- 应根据面料、机针与缝线事前制作试样。
- 缝线质量不良会导致张力不匀，线迹不平整。
- 随时做好工作记录，以便今后查阅。

缝纫机针

机针对于缝纫的重要性毋庸置疑，缝纫的成败首先取决于机针，而其关键是机针型号。针号不合适会在缝纫过程中损伤缝线，或使面料破损出现针孔，导致接缝毛开脱散。

机针的结构如图2.25A所示：

- 针柄——机针上部安装在缝纫机的部位。
- 针杆——机针中间细长部位。
- 针槽——家用机针槽在正面，工业机针槽在背面。
- 针孔——机针上缝线穿过部位。
- 针尖——机针尖头部位，其尖锐度有各种变化。
- 缺口——位于针孔背面，不同型号的机针，缺口形状各不相同，可防止出现跳线。

机针类型

缝纫机针类型因面料不同而异，关键是选择正确的机针号。应避免机针过粗导致面料破洞或损伤缝线。缝线过粗会滑出针槽，导致跳线或断线。缝线过细会引起面线过松。

优质的缝线应搭配优质机针。廉价机针会损伤缝线与面料、甚至缝纫机。若机针变钝必须更换。连续缝纫4~8小时后需更换机针。化纤面料如摇粒绒、家纺面料会使机针磨损加快。刺绣设计需机针保持锋利。

机针的号型选择可参见表2.4。

通用机针: 通用机针的针尖为圆珠形，适用于大部分针织与梭织面料。其针尖锋利，可避免出现跳线。可选针号8~19号。

球点机针: 球点机针适用于针织与弹性面料，其针尖会从纱线之间穿过，而不是刺穿纱线，因此缝制效果比尖头机针更好。可选针号10~19号。

皮革机针: 皮革机针针尖适宜缝制皮革。但切勿用此类机针缝制人造革或梭织面料等材料。这样会严重损伤面料。可选机针号10~19号。

牛仔服与牛仔布机针: 针尖锋利、强度高，能刺穿厚重面料，如：牛仔布、帆布、人造革等材料。其针孔长，适用于车缝面线。可选针号10~18号。

明线机针: 其针尖锋利，但与通用机针的圆珠针尖不同。其针槽与针眼深且长以包容明线用的缝纫线。可选针号10~16号。

金属线机针: 适用于装饰性缝线。该类机针针孔与针槽大且长以包容装饰性金属缝线。可选针号11~14号。

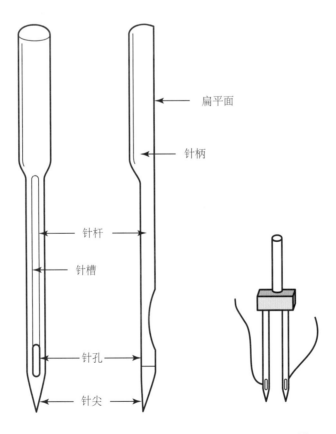

图2.25A 机针　　　　　　图2.25B 双针

绣花机针：专为精细的绣花机缝纫线设计。此类机针稳定，适合于高速绣花缝纫机。可选机针11~14号，适用针织与梭织面料。

双针：双针是由两根机针并排，面线是两行直线，底线是锯齿形线迹（见图2.25B），适合制作梭织与针织面料。这类机针有两个参数，其中第一参数是两根机针之间的距离，第二个参数是针号。例如，4.0/80是指80（12）号机针，间距4mm。双针可用以上各种类型机针。间距1.6~8mm，可选针号70~100号。

其他特殊机针：有些机针具有不同的特种功能，如三针车、下摆线迹、弹性线迹、自动穿线、特弗龙涂层机针等不同技术要求。因此必须根据设计要求与面料选择具体的缝针类型。

要点

双针仅能用于前后方向车缝、带有锯齿线迹的缝纫机。机针应与针板宽度相配，双针线迹见图5.6E。

针号

工业缝纫机可用不同号数的机针。每种机针适用于某一种缝纫机。针号范围为1~400号。家用缝纫机与工缝机机针不可互换。因此在购买机针前应仔细阅读产品说明。

建议准备通用机针与一些特殊用机针，针号应完整。虽然机针看起来不少，但是须知缝纫机针是易损耗物品，应经常更换。

- 在包装上的两个数字为机针的品名与规格。
- 欧洲型机针号60~120，与之对应的美国型针号为8~19，如60/8和70/10表示欧洲型机针号60和70，对应的美国型针号分别为8和10。

如何根据面料选择合适的机针？

在实际制作时应将面料、机针与缝线等因素综合考虑，选择最佳的针号。如果机针选错号会导致缝制效果不理想。表2.5中为如何根据不同类型的棘手面料选择机针号。

- 应根据面料特点选择机针。
- 应根据面料厚度选择机针号。
- 确定针号后，必须根据面料特点选择机针针尖类型。
- 根据不同缝型要求选择不同机针。如车缝面线、服装基本接缝的缝制等，见第4章具体内容。
- 教学用工缝机应根据缝制具体要求选用不同的机针。家用缝纫机的机针长度比工缝机短，因此无法在工缝机上使用。
- 每次开始新的缝纫时应更换新的机针，并及时做好记录。

表2.4　不同面料的缝纫线、机针与针距

面料厚度	面料类型	缝线	机针型号	针距（mm）
纤薄面料	细棉布、雪纺、经编尼龙、蕾丝、欧根纱、网布	涤纶线、丝线、绣花线60/2	通用机针或细线机针 60/8、65/9	2.0
薄型面料	细亚麻布、纤薄绉纱、巴里纱	丝光棉线 50/3 丝线	通用机针 70/10 棉线 80/12	2.5
	细亚麻布、棉纱罗、乔其纱、色织布	涤纶线	通用机针 60/8 或 65/9	2.0
	针织、双针织、丝绒	底线或起圈线为仿毛尼龙线	弹力线机针 75/11	锯齿线迹 0.5/2.5
	绸缎	细棉线	细线机针 70/10	2.0
	塔夫绸、真丝	涤纶线、丝线	通用机针 70/10	2.5
	薄型印花毛料	涤纶线、细棉线	通用机针 80/12	2.5
	超细纤维	绣花线	细线机针 70/10	1.5
中型面料	锦缎	涤纶线、丝光棉线 50/3	通用机针 70/10	2.5
	灯芯绒、亚麻、白坯布、府绸、羊毛、羊毛绉纱、粗花呢	同上	80/12	2.5
	山东绸	同上	70/10	2.5
	汗衫布	涤纶线	弹力线机针 75/11	锯齿线迹 0.5/3.0
	游泳衣	涤纶线	弹力线机针 75/11	0.75/2.5
	仿麂皮	涤纶线	牛仔服机针 75/11	2.5
	毛圈布、凡立丁	涤纶线、棉线	通用机针 80/12	2.5 或 3.0
厚型面料	外衣毛料	涤纶线	通用型 90/14	3.0~3.5
	牛仔布	涤纶牛仔线、涤棉包芯线		2.5~3.0
	人造毛	涤纶线、棉线	80/12 或 90/14	3.0~3.5
	毛毡、摇粒绒、华达呢	涤纶线	80/12	3.0
	薄型、中厚与厚型皮革		牛仔服机针 70/10 皮革机针 90/14	3.0
	人造革、麂皮	涤纶线、棉线	弹力线机针 75/11	2.5
	纺织针织	涤纶线、棉线	纺缝线机针 75/11 或 90/14	3.0
	毛衫针织	涤纶线	弹力线机针 90/14	锯齿线迹 0.75/2.5
厚重面料	家用纺织用布	装饰线、棉线	牛仔服机针 90/14	3.0
	家用纺织用布、厚重型牛仔布	涤纶线、装饰线	通用机针 100/16	3.0
	双面涂层	涤纶线、丝线	通用机针 90/14	3.0~3.5
	厚帆布	涤纶线、装饰线	牛仔服机针 100/16 或 110/18	3.5

- 若在缝纫过程中，机针缝制面料时产生不正常声音，说明机针针尖可能已变钝，或者机针号不合适。可更换不同号的机针后试样。
- 薄型面料应配细针，厚重型面料必须配粗针。
- 缝纫机转速过快会损伤机针，导致机针针尖变形。尤其是初学者在缝纫时拉拽缝纫线，或机针碰到固定面料的珠针，以及缝制十分硬厚的布料等，都会导致机针变形。
- 机针型号不当会导致缝纫效果不佳。
- 切莫在缝纫时拉拽布料，这会导致机针变形或接缝质量不良。

包缝机针

包缝机针属于特种缝纫机针。无论是家用型还是工业用型包缝机都需要使用与之相配的机针。根据面料不同特点，可使用不同类型的包缝机针。

- 工业包缝机必须按说明书要求安装适用型号的机针。
- 家用包缝机应按说明书要求安装机针。
- 机针型号错误会损坏包缝机。

表2.5 棘手面料的机针和缝纫线

面料类型	机针型	缝纫线类型
纤薄面料	通用机针 60/8 或 60/9	涤纶线、丝线、细绣花线 60/2
蕾丝	弹性料机针 75/11	涤纶线
绸缎	通用机针 60/8~80/12，根据面料厚度而定	涤纶线、丝光棉线、手缝丝线
珠片面料	通用机针 60/8~90/14，根据面料厚度而定	涤纶线
针织布	球点机针 130/705H SUK 弹性料机针 130/75H-S（号型 60/8-90/14） 双针（号型 2.5/75 或 4.0/75）	弹性涤纶线、起毛尼龙线（用于包缝线迹起圈部位
丝绒或弹力丝绒	通用机针 60/8-80/12（弹性料机针 75/11）	涤纶线 手缝丝线
皮革	皮革机针与通用机针号型必须与面料厚度相配 手缝针 三角针尖手缝针钉钮扣	涤纶线（-明线不宜用全面线车缝） 手缝线 蜡光线（-钉钮扣） 家纺用线
人造毛	通用机针 80/12(-短毛型)	涤纶线
	通用机针 90/14(-长毛型)	明线车缝线
厚重型面料	通用机针 90/14	涤纶线、丝线

手缝针

虽然车缝可以完成服装的大部分缝制，但有些部位仍需要用手缝方式完成。手缝针也需根据不同的要求选择适合的型号。图2.26是各种类型的手缝针，其应用方式见下册第7章。

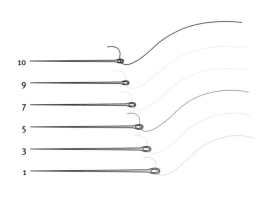

图2.26 手缝针

缝纫机

缝纫机用缝纫线缝合各种材料。缝纫机的缝纫线分为底线与面线，它们共同构成线圈。缝纫机有不同的功能与价格。家用缝纫机是种基础的缝纫工具，可完成家庭日常缝纫。而服装企业使用的工业缝纫机是专业、高效的缝纫设备。

缝纫机穿线方法

缝纫机穿线方法基本相同，不同品牌缝纫机会稍有差异。图2.27是缝纫机的穿线方法。

穿线前，先以一个角度剪断缝纫线，以便使缝线更易穿过针孔。否则可能会因为缝线过粗而难于穿过针孔。

可使用穿线器：

- 将金属勾穿过针孔。
- 将缝线置于勾子一头，绕一圈。
- 轻轻将金属勾拉过针孔，同时将缝线带过针孔。

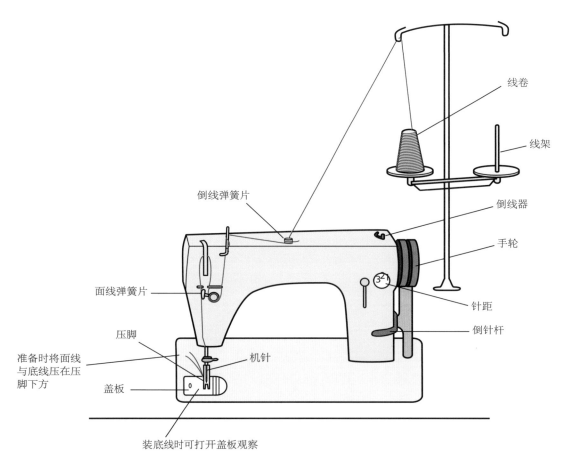

图2.27 缝纫机穿线方法：不同工业缝纫机穿线方法基本一致，但所用的机针会稍有差异

梭芯

梭芯上绕约50m的底线后装入梭壳，再装入缝纫机（见图2.1）。各种缝纫机的梭芯类型会有差异。

梭芯绕线

工业缝纫机的梭芯倒线器在机器外侧（见图2.27），由倒线器与弹簧片压住梭芯。底线张力由压线弹簧控制，确保缝纫线能均匀的卷绕在梭芯上。如倒线不当，会导致绕线松弛、缠绕，最终导致车缝线迹不良。绕线速度不宜过快，会导致绕线不匀。许多缝制问题源自底线绕线不良。解决的方法只有拆卸下梭芯，重新绕底线。

缝线张力

1. 检查梭芯张力。如同2.28所示，手持缝线使梭芯梭壳下垂。

2. 抖动缝线后，梭壳稍有下滑。

如果抖动后梭壳无反应，说明底线张力过大。若梭壳快速下落，说明底线张力过小。

安装底线

1. 将梭芯装入梭壳，将缝线穿过弹簧片缺口。

2. 如图2.28B所示，梭壳上有一个短小弹簧柄，可以通过手握此柄将梭壳安装于梭床上。

3. 将梭芯、梭壳安装到缝纫机上后，听到"咔嗒"一声说明梭芯梭壳安装到位。

4. 如果梭芯梭壳安装不到位，会导致缝纫时无法形成理想线圈、断针、梭壳损坏等问题。由于每种工缝机各有差异，必须根据不同的要求调节梭壳与底线张力。

5. 逆时针方向转动手轮一周，引出底线后，将底线与面线压在压脚下，作好准备工作。

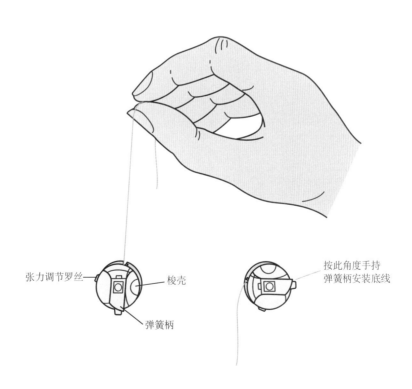

张力调节罗丝　梭壳　弹簧柄　按此角度手持弹簧柄安装底线

图2.28A 检查梭壳张力　　　　图2.28B 安装底线

要点

　　有些缝纫线专用润滑油可以改善缝纫线的质量，如发现缝纫线车缝时不够顺滑，可在梭壳部位加些润滑油，这对那些装饰性缝线尤为有用。

包缝机

　　包缝机用于对面料毛边切光，并用缝线包光边缘（见图2.29）。

　　包缝机带有刀片可修剪毛边。送料齿将面料向压脚差动送料。送料齿前后差动送料可避免上下层面料出现松紧或拉伸（见图2.30A）。由于面料布边修剪的同时向前送料，因此控制面料前进方向对于包缝机操作相当重要（见图2.30B）。应紧盯面料边缘，保持面料向前直线移动。一旦面料裁剪断后就无法改变，除非整个衣片换片。初学者经常会在包缝时切掉衣片的部分缝份。

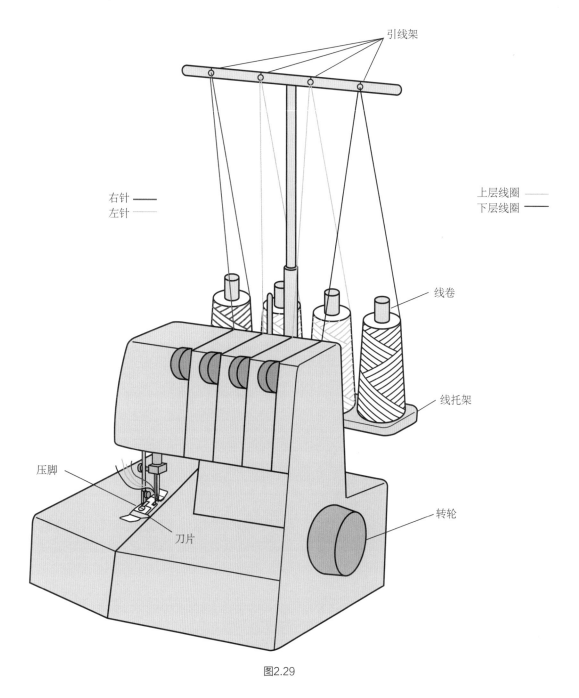

引线架

右针

左针

上层线圈

下层线圈

线卷

线托架

压脚

刀片

转轮

图2.29

开始车缝

车缝应按照以下步骤进行：车缝、修剪、整烫。在整个缝制过程中应始终保持这种步骤，直至最终形成固定的缝纫习惯。

- 缝纫——车缝接缝。
- 修剪——修剪缝线。
- 整烫——整烫接缝。

要点

制作服装前，应对缝纫线、机针与面料事先试样。

正确车缝方法的重要性

- 严格按"缝、剪、烫"三步可制作出专业的服装。因为根据这种方法可制作出平整光洁的产品。

- 每条缝份缝合后应小烫。但制作细褶不需要整烫缝份。在缝合接缝后，对其加以小烫可使缝线与衣片充分结合成一体。根据缝纫方向对接缝加以整烫效果更理想。

- 按以上步骤制作的服装，完成后只须作简单熨烫整理即可。尤其对初学者而言，遵循"缝、剪、烫"三步可令服装制作更从容。

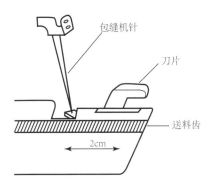

送料齿将面料送至压脚下

图2.30A 面料在距离机针2cm处修剪

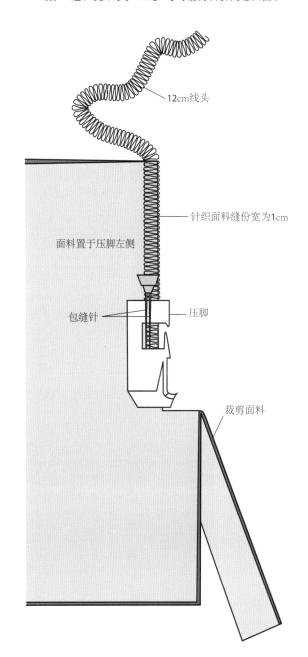

图2.30B 车缝包缝线迹

针距

　　并非所有接缝用同样的针距车缝。针距密度应能够充分固定接缝，同时针距密度会影响接缝强度。大针距适合于临时性固定，小针距的强度更高。应根据不同目标确定针距密度。图2.31为缝制白坯布的各种针距：

- 暂时性粗缝线迹（见图2.31A）。
- 抽褶线线（见图2.31B）。
- 永久线迹（见图2.31C）。
- 固定线迹（见图2.31D）。
- 明线车缝线迹（见图2.31E）。

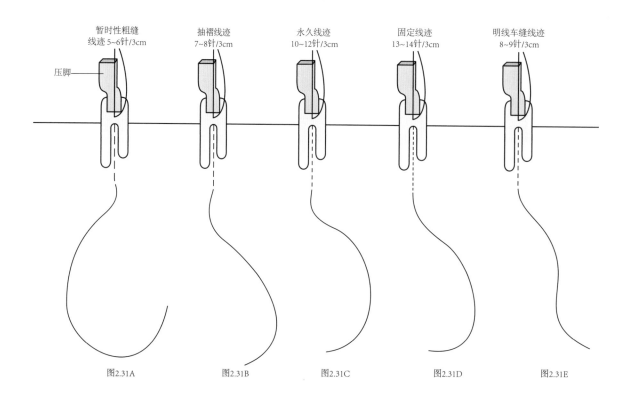

图2.31A　　　　　图2.31B　　　　　图2.31C　　　　　图2.31D　　　　　图2.31E

图2.31 A~E 白坯布车缝线迹

针距是产品质检环节中的重要因素。导致产品退货的原因之一是针距过稀，接缝不牢固。这会大大增加企业的成本。因此针距对于成衣产品质量，相当重要。

车缝接缝

表2.4中列出了各种不同机针型号、面料厚薄与特点、缝线的合适针距。虽然该表无法面面俱到，但试样时可作为参考数据使用。

安装与面料特点及厚薄相配的机针。

- 确认缝纫机穿线正确，缝线粗细与面料相符（见图2.27）。
- 确认底、面线张力调试平衡。可按图2.28A所示的方法测试底线张力。
- 可用坯布作为练习。坯布是种理想的练习面料。试样制作时将面料正面相对（见图2.32）。
- 选择针距（见图2.31）。

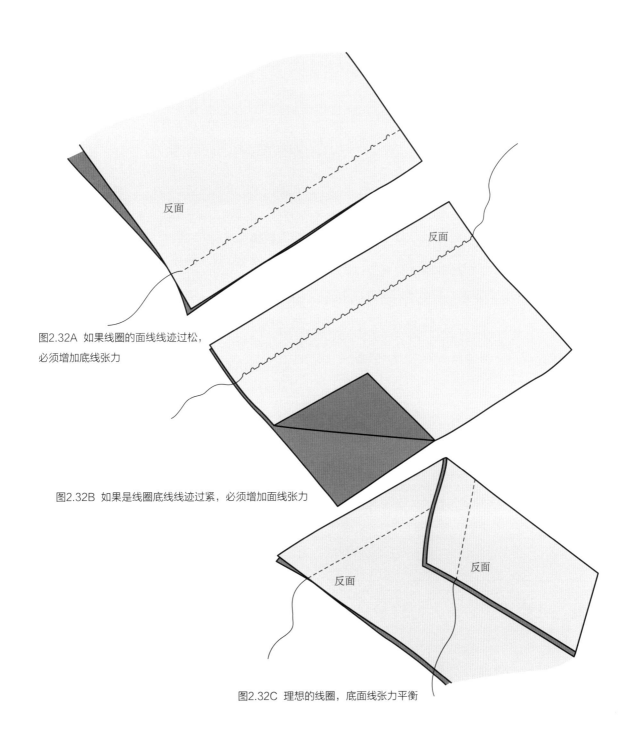

图2.32A 如果线圈的面线线迹过松，必须增加底线张力

图2.32B 如果是线圈底线线迹过紧，必须增加面线张力

图2.32C 理想的线圈，底面线张力平衡

- 试样制作后，可如图2.28A所示，调整底线张力。
- 如出现如图2.32A所示的线圈问题，应调整底线张力。
- 如出现如图2.23B所示的问题，应调节面线张力。
- 平衡的线圈接缝两侧应平整均匀。
- 车缝时应确定机针不会面料钩丝。若出现此类情况需立刻更换机针。适用不同面料的机针型号见表2.4。
- 可尝试图2.31A~E 所示的各种针距。
- 根据不同的面料与设计，实验后找出最理想的缝型制作方法。接缝收口方式应与面料相匹配，形成一个整体。若收口方法不理想，必须继续实验，直至找出最理想方式。

包缝接缝

接缝在缝制之前可包缝处理。面料包缝后可以包裹其边缘。

1. 抬起包缝机压脚，面料置于压脚左侧（超出刀片部分面料会被切除，见图2.30B）。

2. 放下压脚，小心包缝。

3. 包缝完成后，若线圈未能包裹边缘到位，可稍稍调整面料位置。若仍未见改善，则需调整缝线的张力。

包缝完成后，必须留长约12cm的线头（见图2.30B）。

修剪接缝厚度

接缝过厚未作修剪会在表面产生不美观的印痕。因此在缝制过程中应同步修剪缝份，而非事后返工。有时事后根本无法在接缝内修剪缝份。

根据面料不同的厚度，可分为厚重型、中厚型、薄型面料几类。根据不同的面料厚度与缝型差异，接缝的厚度也各不相同。有些接缝厚度大，必须修剪，如领尖部位、褶皱部位、交叉缝等。以下内容是接缝修剪的方法：

1. 图4.29A为十字交叉接缝的修剪方法。

2. 图4.34B是平接缝的修剪方法。

3. 图4.18D是嵌条缝的修剪方法。由于有四层面料层叠，因此必须加以修剪。

4. 下册图3.9F是修剪领角缝份的方法。

5. 下册图7.26A是修剪波浪形下摆缝份的方法。

6. 下册图7.7是如何修剪下摆，避免其在正面出现印痕的方法。

拆除缝线

在缝制过程中难免出现缝纫错误、缝线质量不良、针距不正确等各种问题，因此必须拆除缝线。为了避免在拆线时损伤面料，应小心使用拆线刀。

拆线刀是非常有用的缝纫工具。拆线刀应大小合适，拿握方便。拆线刀应锋利、有效地切割缝线。

长段直缝线迹的拆除

1. 小心将拆线刀刀尖伸入线迹下方，稍稍将线圈抬起离开面料后，以拆线刀弯曲部位切断缝线，如图2.33A所示。

2. 循环反复上述步骤。

3. 在另一侧拆底线时，小段缝线易于拆除。

4. 切勿用猛扯缝线的方式，企图一次性将缝线拆除，这会损伤面料。

5. 切勿用拉扯面料的方式拆除缝线。

包缝线的拆除

用拆线刀拆除包缝线的方法如下：

1. 每隔数厘米，用拆线刀割断面线一次，如图2.33B所示。

2. 用镊子将面线除去。

3. 再用镊子拆去线圈部分，见图2.33C。

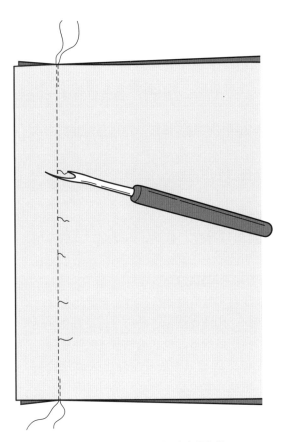

图2.33A 用拆线刀拆除直线缝份

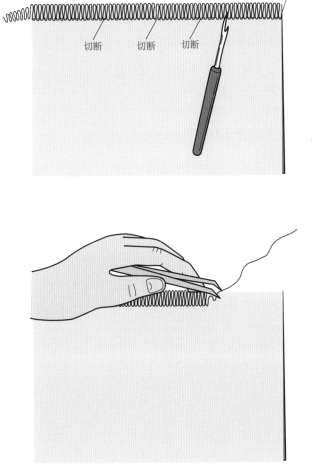

图2.33B、C 用拆线刀与镊子拆除包缝线迹

缝制准备

任何服装缝制项目都应事先做好准备，尤其是初学者。如事先未作充分准备会导致后期制作时出现混乱与无序。因此事先应对整个服装缝制加以缜密的思考与计划，这样可避免出现所购买的拉链长度不够、衬布过硬、钮扣遗漏等问题。而制作试样与事先准备可大大提高缝纫效率。

通过制定工作计划与进度表，可对缝纫所需的各种材料加以充分而具体的考虑，包括拉链、衬布、面料的厚度、缝型、钮扣等等一系列问题。

要点 ✂

准备过程中，可确定采购缝纫所需的各种材料。

以下清单有助于指导服装的缝纫:
- 衬布与各种定型料。
- 缝型、接缝车缝与整烫。
- 下摆的处理与整烫。
- 配件。

工作手册中还需列出缝制顺序。这样可以明确缝纫的先后，先完成哪个部位，再完成哪个部位，依次排列。当然这些最笼统的排序应根据实际制作加以调整。例如: 袋口可在最初完成，也可以在最后完成。因此必须根据每件服装加以调整。

任何试样制作都可以夹入工作手册，以便查阅。这些信息可以降低缝制出错的几率。

棘手面料的处理

棘手面料在裁剪前应仔细加以考虑。通常需要加不同的衬布、专用机针、特殊钮扣或缝线。许多非常规的材料必须定购，用料也会更多，对缝制有更多、更高的要求。

纤薄面料

许多薄料易发生滑移（如雪纺、欧根纱、薄纱）。裁剪与缝制时应谨慎处理。有时需加入附加样板、单层裁剪。
- 在样板纸上描出裁剪样板。在面料下方铺一张样板纸，防止面料发生滑移（见图2.18）。
- 可用镇铁压住裁剪样板，防止其在裁剪时移动。
- 在车缝时可用薄棉纸对纤薄面料定型。

蕾丝

蕾丝外观漂亮，有不同的厚度，其绣花也有不同的厚度。在缝制蕾丝面料时，必须记住蕾丝有循环的单元纹样。
- 蕾丝面料不宜折叠裁剪，适宜单层裁剪。
- 车缝时，用薄棉纸包住面料，防止发生送料齿钩丝。薄棉纸颜色必须与蕾丝颜色一致，以免部分薄棉纸被缝在服装上未能及时去除。蕾丝成本较高，不宜大面积使用。
- 排料时应谨慎，尽量提高面料的利用率，避免将蕾丝花型放置在胸部位置。

绸缎

任何色泽与厚度的绸缎都需要谨慎对待与处理。缝制前应制作试样。制作绸缎必须耐心，同时应掌握技能。

- 记号笔会在面料上渗开，而用水洗会弄脏面料。
- 在反面别珠针易引起面料钩丝，应尽量使用细针。
- 裁剪时，应用样板纸或薄棉纸小心覆盖绸缎。
- 裁剪时，样板按单一方向排列，以避免出现折光差异。
- 避免因机针型号不对引起钩丝或破洞。
- 绸缎不宜过度整烫。

珠片面料

珠片面料通常是在真丝雪纺的基布上车缝或手钉珠片。缝制珠片面料应掌握专门技能。通常珠片会钉成图案。

- 裁剪与车缝时，面料下应垫放薄棉纸或样板纸以免钩丝，同时方便送料齿送料。
- 固定珠片的线迹裁剪完成后必须加固。
- 缝制前，必须去除缝份部位的珠片。
- 应根据基布厚度，选择合适的机针。
- 为避免整烫时损伤珠片，应在面料反面用手指拨开缝份并整烫。

丝绒

丝绒面料表面带的绒毛层是将线圈割断后形成的。绒毛具有倒向。以手掌逆向抚摸面料时，其手感粗糙，色泽偏深。而顺毛方向手感顺滑，色泽偏淡。丝绒面料质量不一，优质丝绒面料适合制作服装。

- 在设计时应确定丝绒倒向：顺毛或倒毛方向。一旦确定，所有裁片应保持一致。如图2.19所示，裁剪样板单向排料。
- 绒毛面是丝绒面料的特色，因此在缝制中切勿破坏绒毛面。
- 画裁剪样板必须清晰，但不能破坏正面。
- 丝绒易滑移，裁剪与缝纫时必须包裹薄棉纸，或在下方垫放样板纸。
- 可用丝线手工粗缝，避免出现面料滑移。丝线不会在表面留下针孔或痕迹。
- 珠针在面料上固定时间过长会留下一些不起眼的凹痕。一旦出现此类情况，可用蒸气喷接缝使其复原。
- 丝绒面料服装应加里布，所有接缝由里布覆盖。
- 用熨斗直接熨烫丝绒会在表面留下不可恢复的烫痕。

关于丝绒面料的整烫，可参见之后关于棘手面料熨烫的相关内容。

皮革

皮革坚韧，由各种动物皮制成，有各种不同的厚度，颜色、肌理各异。许多皮革表面有各种疵点与质量问题，这会影响服装样板。

- 服装部件应用整块样板裁剪。
- 皮革不能对折裁剪，只能单层裁剪。
- 皮革没有丝缕方向，但是长度与宽度方向差异明显。将裁剪样板置于正面，以便及时发现皮革上的疵点。

- 裁剪样板尽量沿着纵向，即背脊方向放置。
- 画样时，用镇铁压住样板，以避免其移动。
- 在皮革反面，用记号笔标注省尖点、对位点等标识。
- 可用燕尾夹、胶水之类代替传统的粗缝线。
- 手缝时应用专用针，钉钮扣应用蜡光线。
- 根据皮革厚度，选择正确号型的皮革机针，以避免缝制中出现跳线。
- 车缝应将压脚换成尼龙压脚，以避免缝制时压脚与皮革粘连。
- 皮革不需要倒针，否则会损坏皮革。车缝接缝后，将线头打结即可。用皮革胶固定接缝，并用橡胶垂敲打压平缝份。

人造毛

人造毛基布为化纤面料，背面加针织或梭织的全棉或化纤纱线。其表面为各种天然裘皮的肌理。应根据服装的设计，以及水洗还是干洗的护理方式，选择人造毛。

- 鉴于人造毛必须按倒顺毛方向裁剪，其用量比常规面料要多出50~70cm。人造毛必须单向铺料、单层裁剪。
- 可用刀片在人造毛背面切割，避免正面裁剪导致边缘不自然。
- 人造毛接缝可用包缝机缝合，或车缝后分开缝方式制作。
- 可先手工粗缝，避免车缝时出现接缝不平整。
- 分开缝必须用三角针固定，车缝方向应按顺毛方向定向缝制。
- 对承受张力部位应加牵带加强，弧线部位应做剪口。

- 用厚薄反差大的面料，如绸缎、塔夫绸或边缘加里布的方法，减少贴边部位接缝厚度。

厚重型面料

厚重面料应加以特别处理，以减少接缝厚度。通常此类面料手感挺括，应根据面料特色设计服装款式。一些款式，如驳领，其缝纫与整烫效果会受制于过厚的接缝。多层面料缝合在一起会导致接缝过厚。

- 铺料时应用整块样板、单层裁剪。采用多层面料的裁剪方式，会导致面料移动，上下层有大小差异。
- 裁剪时应用镇铁固定样板，珠针无法准确别合厚重面料。
- 可用0.5cm深的刀眼作标识。划粉、记号笔等方法也适用。可事先在面料上试样，比较并选择效果最理想的方法（见图2.23）。
- 缝纫应根据表面绒面倒顺单向车缝，如可能，应调整压脚压力，以更好地压住面料。
- 其贴边部位应采用薄型面料制作，或为服装加里布。

以上是一些缝制中常见的，具有代表性的棘手面料处理方法。由于棘手面料种类繁多，本书无法一一阐述。

本书这部分内容将会对各种代表性棘手面料的制作，作出具体而细致的指导。例如，若想了解如何用棘手面料制作腰身，可见下册第1章的腰身。对各种棘手面料的整烫，可见本章相关内容。

整烫设备

各种整烫设备是完成服装整烫必需的工具（见图2.34），而整烫是缝制中一重要环节。对初学者而言，需要花些时间准备齐全各种整烫工具，但他们会逐渐发现，这些工具将成为完成专业整烫必不可缺的要素。

烫衣板

烫衣板有各种式样。其表面覆盖一层耐热烫垫，表面以棉布包裹。包裹布破损后必须及时更换。

蒸汽熨斗

蒸汽熨斗可熨烫下摆、接缝部位，以及最终成衣大烫。熨斗底板为金属，可在面料上滑动，其温度可调节。通常其调节旋钮标识多个档位，有些以面料标注，如"棉/亚麻、羊毛/真丝、化纤"。还有以数字标注，如："1、2、3、4、5"。其中1表示低温；2适用于真丝类面料，不可加蒸汽；3适用于羊毛类，可加蒸汽；4适用亚麻类；5档温度最高。应根据不同温度，设定熨斗温度，并事先用样料作测试。

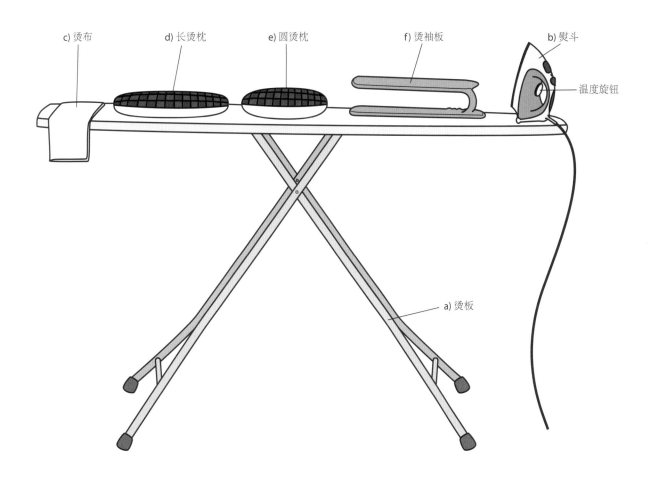

c) 烫布   d) 长烫枕   e) 圆烫枕   f) 烫袖板   b) 熨斗

温度旋钮

a) 烫板

图2.34 整烫设备

烫布

烫布是一块如手帕大小的全棉坯布，如用手帕作为烫布的效果最理想。整烫时用烫布覆盖面料表面，可避免面料因熨烫出现极光印痕。实际熨烫前，先用烫布作测试。

熨烫粗花呢面料与针织面料时，可用羊毛织物作烫布，以免将面料的绒面烫平。具体做法是：将一块方形羊毛面料与一块坯布缝合在一起，并将边缘部位包缝。

长烫枕

长烫枕形状呈长条圆柱形，一面用棉布，另一面用羊毛布包裹。长烫枕适用于整烫长接缝如裤子的内侧缝与外侧缝，以及袖底缝。棉布侧适用于大部分面料的熨烫，羊毛侧适用于毛呢面料的熨烫。用烫枕可避免整烫缝份时正面出现印痕。

圆烫枕

圆烫枕适用于省道、公主线、衣领与驳头、袖山，以及其他曲线部位的熨烫。圆烫枕用羊毛与棉布包裹。

烫袖板

烫袖板是一个小型的木质烫板，上面覆以烫垫。烫袖板最适用于整烫袖缝与其它在常规烫板上整烫的局部接缝。其圆头部位也可以用于袖山的熨烫。如制作1∶2的坯布小样，用烫衣板整烫的效果最理想。

压凳

压凳用于压平接缝、减少厚度。在接缝整烫完后用压凳压平接缝，直至接缝温度冷却后移走压板（见图2.35）。压凳压过的接缝相当平整，尤其在十字交叉接缝部位，可提高车缝质量。

坯布试样

就如同写作需要对草稿多次修改一样，时装制作时也须经历相似步骤。设计师应先用坯布在人台上进行多次试样后，对接缝、长度、袖子等加以调整，得到满意的效果。

试样时通常会使用全棉坯布，做坯布样即坯布试样。

试样时应选择与实际面料厚度相似的坯布。如果坯布与最终面料之间差异过大，则难于获得准确的板型。

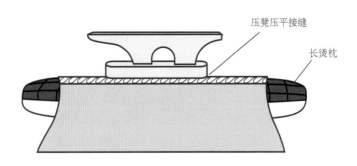

压凳压平接缝

长烫枕

图2.35 用压凳压平厚料接缝

当坯布样效果令人满意后，再用实际面料制作。但是整个调整过程并非止步于此。整件服装的制作过程，即一个不断调整与改善的过程。

整烫

在整烫前应了解面料特性。根据面料特性掌握好面料熨烫温度是处理好服装的关键。许多初学者在服装制作过程中，尤其在匆忙完成时，会遭遇面料烫坏的经历。服装制作中整烫起到关键因素。而理想的整烫离不开正确的方法。

整烫的基本要领：

1. 确认熨斗底部光洁无污物，特别是一些黏合衬黏结物，在整烫前应清理干净。可关闭蒸汽，提高熨斗温度后在坯布上反复摩擦去除这些黏结污物。
2. 根据面料将熨斗调节到合适温度。
3. 熨烫前应事先在一块样布上测试熨烫温度。
4. 熨烫时表面覆盖烫布。
5. 整烫时应拔去所有珠针。粗缝建议使用丝线，这样可避免表面出现印痕。
6. 整烫方向应与车缝方向保持一致。
7. 整烫后应将服装放置于平面上，避免将服装卷曲或塞入口袋。否则应重新整烫。
8. 应避免反复过度熨烫服装，这会损伤服装面料。

熨烫与造型

熨烫可塑造服装的廓型与细节。切勿忽视这一环节，这会有效提高缝制与造型的效果。如衣领、袖克夫、袋盖与过面部位的造型根本离不开熨烫。三分做七分烫，熨烫在服装整体制作中扮演着相当重要的角色。

1. 接缝缝合后应及时熨烫，熨烫方向应与车缝方向保持一致。
2. 接缝分烫时应压烫平整。
3. 熨烫时，应将衣片置于烫枕或烫板上。
4. 分烫缝份时，应沿横料方向熨烫，熨斗尖头部位应沿着丝缕方向移动。在正面熨烫时需加垫烫布。

服装部件熨烫

- 曲面部位——将胸省、公主线部位置于烫枕上，根据其造型小心熨烫（见图6.3B）。
- 省道与塔克褶裥——整烫时应在省道下方垫放纸张，以免在服装正面产生印痕。
- 胸省尖——如图6.3B所示方法熨烫。
- 枣核省——从最宽位置剖开省道，并将省道分烫（服装必须加里布以覆盖内部结构与省道，见图6.5B）。
- 袖肘省——将省道向袖口方向烫倒后，车缝袖子。如下册图6.5C所示，在烫袖板上熨烫袖底缝。
- 厚重面料上的省道——将省道剖开至距离省尖点1.5cm处，将衣片置于烫枕上分烫缝分。如图6.3B所示方法再次熨烫车缝线。
- 腰省与肩省——将其向前中或后中方向烫倒。

- 肩缝——沿横丝缕方向熨烫,熨斗沿肩线弧线方向,由领圈向袖窿方向分烫肩缝。后身部位置于烫枕上,按直丝缕方向熨烫。

- 腰身接缝——将缝份向衣身方向烫倒(见下册图1.4B)。

- 袖窿接缝——将袖山部位缝份(前后刀眼之间的部位)与袖窿边缘合在一起。再将其置于烫袖板上,袖子置于上方,用熨斗尖头部位熨烫缝份。

- 褶裥——从反面熨烫褶裥之前,应先用粗缝将褶裥部位固定。熨烫后,从正面拆去粗缝线。在每个省道下应垫放纸条以免出现烫痕。

- 抽褶——如下册图2.18所示,将抽褶置于烫衣板末端,用熨斗尖逐个熨烫抽褶。应避免将抽褶烫出印痕。

- 过面——将缝份向服装内侧烫转,逐步烫出过面理想的形状。

- 袖山余量——如下册图4.7所示,先熨烫出袖山形状后车缝。

- 下摆——在下摆反面熨烫,熨烫时应上下按压下摆,应避免用熨头搓下摆,避免下摆变形。

　　完成熨烫后,将衣片置于架子上以备缝纫。

成衣大烫

　　将服装翻转到正面,最后的大烫应在服装正面进行。熨烫较费时,应小心处理。如图2.36所示,整烫应用烫布,在地下放置样板纸,以免面料落下后被弄脏。

- 拉链——拉合拉链,并拆除粗缝线。

- 袖子——应避免在袖身烫出印痕,并使用烫袖板。

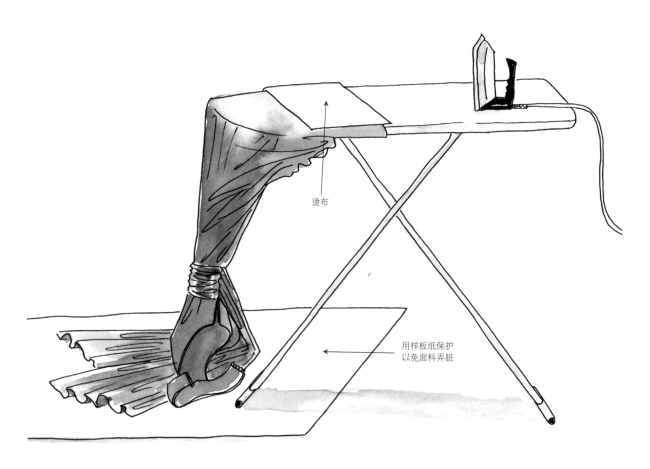

烫布

用样板纸保护以免面料弄脏

图2.36 服装熨烫

- 连衣裙——熨烫部位包括衣领、领圈、袖子、肩线、过面、前身、后身与裙摆部位。通常直接整烫接缝部位，并将褶皱烫平。
- 长裤——先确定裤子挺缝线部位。如果在腰部有褶裥，则从腰部褶裥开始熨烫至裤脚口位置。熨烫挺缝线时应谨慎处理，避免挺缝线歪斜，重新整烫很费时。钮扣、门襟与拉链能保持裤形。
- 衣架——服装整烫完成时仍有温度，应将服装挂起冷却定型。
- 套衣袋——套衣袋用于包装服装。避免挤压套衣袋，否则会破坏之前的熨烫。

棘手面料的整烫

- 珠片面料——直接熨烫会损伤珠片，因此在反面用喷蒸汽结合手指按压的方法熨烫面料。
- 丝绒——在面料反面用蒸汽熨烫，结合使用针板。面料吃透蒸汽后用手指分开接缝，并拍打缝份至冷却。服装需彻底冷却后方可取下。化纤丝绒面料应用低温蒸汽熨烫，但应避免熨斗温度过低，导致水珠滴落在面料上出现水痕。丝绒服装可置于人台上熨烫，但应谨慎小心处理，避免损伤毛绒层。一旦毛绒被压平将难于复原。
- 皮革——用熨斗加牛皮纸熨烫皮革，不可使用蒸汽。
- 人造毛——人造毛的绒毛层不适用常规的熨烫方法。可用针板结合手指按压的方法，或者针板结合烫布、熨斗尖头部位轻按的方式整烫。熨烫温度不宜过高，以免损伤化纤基布。
- 厚重面料——熨烫厚重面料需施加大量蒸汽，用力挤压，并用木压凳压平接缝，还必须避免在正面出现印痕。

要点

修剪线头与良好的整烫对于提升服装的整体品质大有帮助。

融会贯通

在学习掌握了坯布样的制作技能后，应将其加以拓展应用至其他类型的面料中，不要局限于坯布一种材料的制作。

创新拓展

通过不断地练习可使创造力得以提升。对不同类型的面料可采用各种线迹、各种颜色的缝线与装饰线迹制作。

先制作设计稿，再从布料样卡中选择合适的面料。通过查阅工作记录，整理适合的设计方案，从功能、结构与装饰等几个方面对设计加以综合考虑。

疑难问题

缝纫机操作时，过于紧张，感到手足无措

首先放松，然后复习本教材的相关内容，必要时可去问老师。通过不断反复练习操作，最后达到熟练掌握相关内容，没有其他捷径！

按"缝、剪、烫"的步骤制作服装看起来太麻烦

"缝、剪、烫"三步确保服装产品的制作品质。

缝纫机为什么会出现跳线？

　　首先确认机针是否锋利，或更换不同型号的机针。重新穿线，缝纫机穿线方法错误也会导致跳线。确认缝线正确穿过各个弹簧。如果未被弹簧压住，也会出现跳线。

车缝时为什么会接缝不平整？

- 机针是否安装正确？
- 面线张力是否正常？
- 底线张力是否正常？

缝线为什么总是断线？

- 穿线是否正确？
- 机针是否正确？
- 机型针号是否正确？
- 张力是否过大？
- 压线弹簧是否绕线正确？

自我评价

√ 是否认识到"缝、剪、烫"三步骤对于服装制作的重要性？

√ 是否学会了接缝、省道与其他服装部件的熨烫？

√ 是否理解了缝纫时熨烫的重要性？

复习列表

√ 服装制作前是否准备好所有缝纫所需的材料与工具？

√ 是否掌握好穿面线与梭芯、梭壳的安装方法？

　　在准备制作服装之前应准备好所有的设备与工具，应了解各种不同类型服装不同的制作方法，通过不断地练习掌握制作技法。前期的准备是制作服装必不可少的环节之一。所有前期试样制作的样品是设计师设计创作的宝贵资源，为后期服装的实样制作提供了实样素材与参考资料。设计师应养成勤于积累工作记录与实样记录的好习惯。

第3章

定型辅料：
服装的基础构成

图示符号

 面料正面

 衬布反面
（有黏合衬）

 面料反面

 底衬正面

 衬布正面

 里布正面

 衬布反面
（无黏合衬）

 里布反面

 缝制顺序

本章是关于服装制作中定型辅料(下简称定型料)的应用。定型料对于改善服装的轮廓与造型相当重要。我们对服装的第一印象是廓型，这是服装表面的形态。无论服装廓型是宽大的还是贴身的，其基础结构都不容忽视。有些学生作品秀中的服装，因为没有合理应用定型料，整个设计显得无精打采。为了防止这种情况发生，设计师应知道如何从服装的基础结构角度合理设计服装的内部构造。服装的基础结构由各种定型料组成，如衬布、底衬、牵带、鱼骨、固定线等。

在缝制省道或接缝前，首先应考虑服装的基础结构，然后合理选择定型料的类型、厚度、颜色与质地。增加一种定型料就会增加服装成本，同时也将提高服装的质量与使用寿命。所用的定型料会最终影响成衣效果。

关键术语

黏合型

手工粗缝

衬布

针织衬布

非黏合型

无纺衬

缝份滑脱

接缝牵带

缝入型

廓型

定型料

底衬

梭织衬布

特征款式

特征款式中的服装作了不同方式的定型处理，从而使服装的形态与构造得以保持（见图3.1）。有些面料需要完全的定型才能保持服装的外形轮廓；有些款式只需在衣领或克夫部位作局部定型即可；还有些服装则需要在下摆或边缘部位使用牵带，以防制作过程中面料发生拉伸变形。图3.1中的每一款式的定型程度各有差异。内视图展示了每件服装构造，以及定型料的使用方法（见图3.1B、图3.1D与图3.1F）。本章内容围绕这些特征型款式的定型料应用方法展开。

工具收集与准备

服装制作之前应计划购买各种黏合与非黏合型定型料。建议购买些（不同厚度与颜色的）衬布与（斜丝缕的和直丝缕的）牵带，这是非常明智的。除了附近的面料市场，还可以在网上寻找产品，

用高品质的定型料十分重要，因为服装部件的质量会最终影响成衣效果。

现在开始

服装的基础构造是服装最重要内容。切记：定型料是服装构造的基础。

定型料是什么？

服装的构造包括各种材料。犹如一幢建筑物会需要建造地基来支撑它。对于服装也一样。定型料这一术语是指任何可用来塑造面料形态的材料。定型层可以包括衬布、帆布、面料、薄纱、网纱、网眼布、鱼骨和线等材料，为面料提供各种不同形式的支撑。

定型料可以在服装制作前或过程中塑造面料形态。当一些面料不够挺括时，就需要考虑如何保持保持衣身造型。如图1.6中的裙子如采用中厚型塔夫绸制作，就能产生挺括的廓型，反之，如用飘逸的乔其纱来做，则无法达到这样的效果。很显然，面料的垂感大不相同。定型料可对服装加以不同方式的定型。

为何要用定型料？

定型料可让一件貌似平凡的服装变成一件与众不同的服装。

定型料：

- 保持服装廓型。
- 通过增加支撑，稳定性与强度，以提升服装的外观与性能。
- 提高质量，延长寿命。
- 可增加柔软性、稳定性，使服装外观不呆板。
- 防止服装起皱。
- 提高服装合体性。
- 防止因服装下垂与拉伸导致服装廓型破坏。
- 防止在缝纫过程的拉伸与起皱，定型处理后的接缝会更漂亮。
- 对结构疏松面料起加固作用。
- 可以防止缝份滑移。
- 保证服装挺括，不会塌陷。
- 对剪口部位加固。

图3.1中的三件服装采用不同程度的定型处理。定型料可强化整件服装的结构，如图3.1B中的大衣。

定型料可用于所有服装部件上，如衣领，克夫与图3.1D的羊毛格子花呢裙的腰带部分。

牵带会给服装提供轻度支撑，从而使边缘挺括，如图3.1F中袖窿或领圈部位。

✂ 要点

如果服装遗漏了必不可少的定型料，最终成品会令人非常失望。切勿忽略这一步，这非常重要！

图3.1F 黑色小礼服内视图

加牵带固定

图3.1E 黑色小礼服

领子加衬
加底衬
袖克夫加衬
下摆加衬

图3.1D 格子裙的内视图

图3.1C 羊毛格子花呢裙

前过面加衬

全身贴衬

衣领加衬

图3.1B 大衣内部视图

图3.1 加定型辅料服装

袋盖加衬

图3.1A 羊毛花呢大衣

应用要点

　　图3.2展示了服装定型的重要性。

- 裙子与裤子的腰身以及腰部装饰带必须稳定在腰线位置，从而达到合体效果（见图3.2A、图3.2B与图3.2D）。

- 衣领与袖口有助于保持服装的结构（见图3.2C与图3.2F）。

- 服装的任何部分，包括钮扣与扣眼都应作定型处理。如果面料未作定型，扣眼易被拉扯。图3.2展示了扣眼的位置：图3.2B中腰身后部；图3.2C衬衫前襟；图3.2D中的腰身；图3.2F上衣的前身。

- 领圈线与袖窿贴边需加衬或牵带，防止其在缝纫过程中发生拉伸变形（见图3.2E）。

- 异形袋口，尤其是采用斜料裁剪的袋口应作定型处理。如图3.2D中的裤子设计。上衣的口袋边也要加衬定型（见图3.2F）。

- 上衣下摆如面料不够，应作定型处理（见图3.2F）。马甲或背心的下摆也应作定型处理，见图3.2E；裙开衩也是如此，见图3.2B。

- 图3.2F中，前后肩部加帆布衬，以保持上衣的肩部形状。

- 未装拉链之前，马甲的前身加衬。这可防止面料发生拉伸变形（见图3.2E）。

- 马甲与上衣是否需要加衬取决于面料的种类与厚度（见图3.2E与图3.2F）。

- 注意：图3.2D裤子的门襟也需要定型。门襟是否需要定型由面料厚度决定。

　　在服装缝制前要决定加衬的位置。

定型料类型

　　服装加衬布是最常用的定型方法。衬布按织物结构可分为三种：梭织布、针织布与无纺布。任何一种类型都有不同的厚度、幅宽、手感、颜色可供选择。衬布通常为基本色，如黑色、白色或中性色。一些衬布可以达到150cm宽，一些是75cm宽，其他在两者之间的宽度。应注意生产说明书所示的衬布应用方法。

面料的衬布还可分为黏合式和缝入式衬布。衬布可在局部细节部位加以应用，或是作为牵带用于缝份定型。本章会详细讨论每种类型的应用。

黏合型

　　黏合衬是最普遍的加衬方法。黏合衬基布可以是梭织、针织与无纺的。黏合衬使用方便，只需熨斗加热即可应用。图3.3中设计师正在烫下摆黏合衬。黏合衬的功能来自其中一面上发光发亮的树脂颗粒。

- 加热后，树脂溶解渗入面料。

- 黏合颗粒的粗细决定衬布与面料的结合方式。通常薄料用小颗粒效果好；厚料用大颗粒的黏合衬比较好。

- 有些面料的耐热性不佳，高温高湿处理会破坏面料的肌理。如遇到此类面料，就应尝试其他类型的衬布，或改成缝入式衬布的处理方式。

缝入型（非黏合型）

　　如果定型料不是黏合的，这类就属于缝入型定型料，因为在其背面没有用以黏结的树脂颗粒。缝入型定型料可用于轻薄型、中厚型或紧密型面料上。

　　一些如丝绒、人造毛皮、蕾丝类的面料，一些绸缎，一些透明薄织物，部分丝绸、针织面料和饰有金属装饰片与珠子的面料、金属的、塑料的、防水的面料等，必须使用缝入型衬布。本章的棘手面料部分会对这类面料作详细介绍。由于这些面料的耐热性不好，如果使用黏合衬布，其表面就会被损伤。

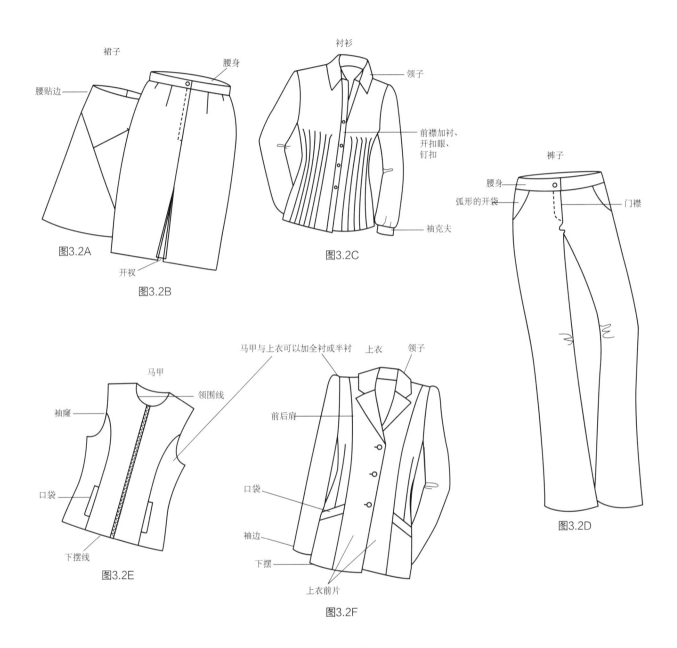

图3.2A

图3.2B

裙子

腰贴边

腰身

开衩

衬衫

领子

前襟加衬、开扣眼、钉扣

袖克夫

图3.2C

裤子

腰身

弧形的开袋

门襟

图3.2D

马甲

领围线

袖窿

口袋

下摆线

图3.2E

马甲与上衣可以加全衬或半衬

上衣

领子

前后肩

口袋

袖边

下摆

上衣前片

图3.2F

图3.2 定型料应用要点

- 缝入式衬布应采用缝纫机粗缝或手工粗缝的方法固定于裁片上（见图3.4B）。手工粗缝技术是服装制作中暂时缝合的方法，这些缝纫线之后会拆掉。缝制前应作缩水处理，除非那种只可干洗的。
- 处理缝入式衬布时，缝纫过程应特别小心，缝制过程中应注意衬布位置，切不可让衬布毛出。

以下是常用于服装定型的衬布：

- 欧根纱是种透明硬纱、质地轻薄的支撑材料；在增加挺括感的同时，又不会增加重量。100%的薄丝绸比涤纶硬纱更容易利用。
- 毛鬃衬有轻型、中型、厚型。对于定制服装，它可以取得格外理想的服装造型。衬布可用混纺面料制成。例如，纤维含量为41%腈纶、19%鬃毛、15%聚脂纤维、15%黏胶纤维与10%棉，这种混纺面料意味着其必须干洗（黏合式衬布也是可用的）。

温度

蒸汽

应用

压力

调节温度的表盘

图3.3 设计师在面料上烫黏合衬

- 棉麻衬布也可给予轻度的支撑（可用黏合式的麻布衬）。
- 网布作为一种定型料，有助于维持服装廓型。裙子与袖子可用网布作为支撑，如图3.5A中的无肩带礼服。注意图3.5B的裙子是如何呈现出球状轮廓。图3.5C中的裙子是在里布上缝了三层网布。里布作为保护以避免网布刺激皮肤。
- 平纹坯布不仅用于服装试穿，也可用作缝入衬布。坯布有薄型、中厚与厚型几种。一些用作窗帘的面料有良好的垂感，可当作很好的缝入衬布。

- 其他材料包括丝绸、缎纹织物、棉衬、窗帘里布、法兰绒、填充棉、阔幅布、硬麻布或是两层服装本身料。
- 新雪丽棉、棉絮、抓绒布可作为保暖并增加体积的衬布，在冬装中使用。

定型料品种不胜枚举。初学的学生还应询问指导教师，以获得更多信息。

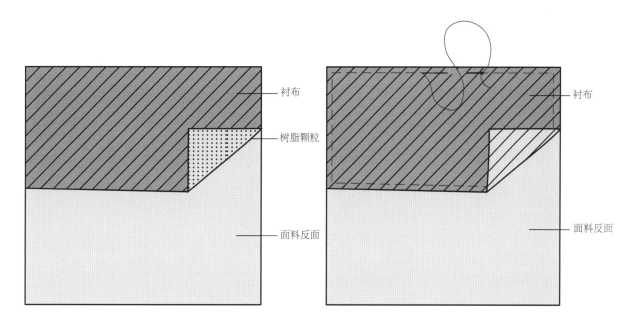

图3.4A 黏合型　　　　　　　　　图3.4B 缝入型

图3.4 衬布样品

梭织衬

梭织衬与其他梭织织物的组织结构相同。经纬纱相互垂直编织。正如面料有多种纤维构成，衬布也可以由原色毛纱、合成纤维或两种纤维混合而成。梭织衬非常稳定，而且长度与宽度都不易被拉伸。裁剪时，应按面料丝缕线裁剪，这点是非常重要的。梭织衬布有薄型（包括轻薄型）与中厚型可供选择。

采用变形纬纱交织的黏合衬适用于粗花呢、双宫绸与珠皮呢等面料。衬布的纹理不会影响面料的表面肌理。这类衬布伏贴不僵硬，是用作上衣与大衣的理想内衬。

马尾衬与棉衬也是梭织衬。

有些梭织物也可以用作衬布。如透明硬纱、平纹细布、棉麻布、丝绸、法兰绒、阔幅布、羊毛绒与毛绒布。

无纺衬

无纺黏合衬是用化学与热处理方法，以高温将黏胶纤维压缩制成。它没有丝缕，可确保服装最大的稳定性。无纺衬最适用于厚型梭织服装的定型，如衣领、腰身、袖口部位（见图3.11）。

针织衬

针织衬大部分为化纤成分，且可以黏合。针织衬比梭织衬的手感更柔软。并非所有针织衬都有相同的弹性。有些横向有弹性，有些横向、纵向都有弹性。制作之前，应先测试针织衬与针织面料弹性是否匹配。

要点

准备些常用的各色衬布。成卷的衬布可放在衣架上以免被压皱。通过坚持不懈的实践，设计师可成长为定型料应用的专家。

针织服装用针织衬定型时，在敷衬后需要拉伸服装的所有部位（见图5.4B）。针织衬不只限于弹性织物，它也是梭织面料的理想衬布（当用作梭织面料衬布，针织衬的弹性会消失）。针织衬可确保服装的手感柔软，同时兼顾厚度适中。

市场上流行的两种针织衬是：
- 经编针织物（只能横向伸展）。
- 四面弹针织布，各个方向都有弹性的衬布（向各个方向可拉伸）。

牵带

牵带是为接缝提供轻度支撑的窄布条，宽度在1.2~1.5cm。它可以按照斜丝缕或直丝缕方向裁剪，可以是黏合式或缝入式的。如果买不到能与面料匹配的牵带，则可以自己裁牵带。牢记定型料应与面料结合使用，这点是非常重要的。

黏合牵带

- 全棉牵带可以成卷购买，分直丝缕与斜丝缕牵带两种，通常有黑色与白色的。
- 针织牵带是用四面弹衬布，按照1.5cm宽度裁剪而成的薄型材料。它很灵活而且定型性能好，可用于针织或梭织服装的领圈、袖窿、直边等部位定型。

缝入式牵带

- 斜纹牵带是种耐用的梭织直丝缕牵带，可按卷购买，只有黑色或白色两种。但是它有很多不同宽度。你会发现1cm的牵带是定型缝份的理想宽度；宽一点的牵带会增加接缝厚度。涤纶斜纹牵带没有全棉牵带那么厚重。缝份部位使用斜纹牵带后的效果如图3.20所示。其制作方法将稍后在缝合顺序加以说明。

- 因为斜纹牵带比较牢固，对于合体的梭织面料服装而言是种极好的定型料。采用斜纹牵带定型的缝份不会因洗涤或使用发生拉伸变形。

- 异形缝份周围不宜使用斜纹牵带，如领圈线与袖窿。因为这会导致这些部位穿着时死板。但是它可用于轻微弯曲的接缝，如裙子与裤子的弧形腰身。图3.2D中弯曲形袋口部位加缝了斜纹牵带。

- 面料织边对于薄纱而言是种极好的缝入牵带。当轻薄的纱料需要牢固的支撑，织边可以完美的代替斜纹牵带。运用织边的优点是：它可与面料颜色与厚度完美匹配，不增加接缝厚度。小心地从梭织面料边缘裁下1cm宽的布边。

- 经编织物是纯尼龙的轻型牵带。有白色与黑色两种。它是轻薄型梭织面料与针织面料的理想定型料。其优点是手感轻柔，不会增加厚度或在面料正面鼓起而产生阴影。经编牵带有直丝缕与斜丝缕两种。如果附近的商店买不到这种牵带，则可按所需规格用经编衬裁剪牵带。

- 经编牵带并不能满足腰身或者无带紧身上衣边缘紧贴身体所需的支撑强度。不建议用经编牵带实现这种目的，因为它是种轻型定型料，可代之以斜纹牵带或织边。牢记定型料、面料应与最终用途结合起来。

　　如何正确使用定型料是学习服装设计的重要内容，因为选对定型料与能否做出一件成功的设计作品息息相关。

定型料使用部位

　　本章节会介绍三种服装造型及定型方法。从服装的内视角观察各种定型料的特点。图3.1的特征款式中，每张图片都提供了特殊的服装内视角。当这些部位用衬布、里布或牵带固定后，会稍微变厚、变挺一点。其程度取决于所用定型料的类型与厚度。

表3.1　牵带表

定型料类型	匹配面料	支撑
缝入牵带		
直丝缕斜纹牵带	需要高度贴合身体的梭织面料	中厚度支撑；缝在腰身与无带紧身上衣的上边缘以及服装其他边缘
1cm 宽的织边	纤薄的梭织面料	牢固的支撑；缝在无带紧身上衣的上边缘以及服装其他边缘
直丝缕经编布条	纤薄的梭织面料与针织物	轻量的支撑；缝在直缝或者稍微弯曲的缝份，也用于防止缝份滑脱
斜裁牵带	纤薄的梭织面料	轻量的支撑；缝在针织物已有的缝份处；稳定斜裁拉链缝口
黏合牵带		
直丝缕牵带	梭织面料	轻度中度与厚度支撑；只能黏在直缝或者稍微弯曲的缝份，也用于缝份滑脱
斜丝缕牵带	针织物与梭织面料	轻中厚度支撑；黏在异形接缝处；代替衬布，用在无贴边服装中，防止缝份滑脱
针织牵带	针织物与梭织面料	轻度与中度支撑，对直缝与异形缝，如领围线与袖窿部位定型

本章讨论的定型料三种类型是：整件服装、局部与服装边缘。

底衬：构造整个服装

底衬是整件服装或者部位面料下增加的一层衬布，它可在不增加厚度情况下改善服装的结构甚至提高保暖性。底衬也可在背部支撑面料。图3.1B中整个羊毛粗花呢大衣都加了衬。以下是服装加衬的优点：

- 可使服装外形与性能得以更好的展现；它能增加支撑、强度、稳定与伏贴。底衬可让西式上衣看起来裁剪得体。
- 可作为下摆线迹基础，确保织物正面不出现线迹露底。
- 可作为稀松组织面料与网眼布的打底层。
- 可改变透明织物或透明外套面料的色泽，通过阴影影响颜色。带有图案的底衬，比如条格，印花织物，可创造出有趣的表面效果。

底衬选择

关于底衬选择，没有规定用哪一种定型料是"正确"的，唯一一点是底衬必须与面料、服装款式相配。应对底衬与面料制作试样后，找出最适合的底衬。

有很多底衬可供选择：黏合型的与缝入型衬布，直丝缕欧根纱，棉麻布与其他中厚棉织物、丝绸、法兰绒、填充棉、阔幅布、羊毛绒、棉毛绒、硬麻布、网眼织物或用两层服装面料。新雪丽是种可以保暖但不增加厚度的衬里。

衬布：构造细节部位

这里包含了服装的加衬部分。衬布厚度取决于不同服装部位的结构与所用面料厚度。服装加衬的部位包括衣领、袖口、腰身、扣眼与领围线，以及袖窿贴边。衬布可以维持服装形状、加固缝份，并防止车缝过程中发生缝份拉伸变形，使服装更牢固。要了解定型料在服装中的应用要点，可参见图3.2。

牵带：服装边缘构造

牵带适用轻薄型与中型织物服装的结构造型，它的优点是不会增加厚度。多种黏合牵带与缝入牵带可用于缝份定型（见表3.1）。牵带可成卷购买，或按规格从黏合型或无黏合衬布上按直丝缕或斜丝缕方向裁剪。从3.1F中的小黑裙可见，它在缝纫前就在领圈与袖窿部位加了牵带。

以下是使用牵带的优点：

- 牵带可以对服装边缘定型，确保其在制作过程中不被拉伸变形。裙子缝制时不需要加贴边，面料与里布直接缝合在一起。裙子内部结构会被里布遮盖。见下册第8章中开口式无贴边里布相关内容。
- 接缝滑脱是使用定型牵带的另一个原因。当接缝份部位的纱线断开、并拉开时，接缝会出现滑脱。滑脱常出现在沿纬纱方向裁剪的部位，以及穿着中受到外部张力的接缝，如袖窿与在袖子部位的接缝。接缝滑移最可能发生在一些平滑纱织物如超细纤维与涤纶面料，以及松弛的梭织面料中。如果认为可能发生滑脱，应先测试面料。裁剪两个10~15cm的样卡，缝1.5cm宽的布条，然后烫平；将布样丝缕按垂直方向固定，用双手同时拉样品（如何减少缝份滑脱可见图3.19）。

其他类型定型料将会在以后章节中介绍。包括：第4章中接缝部位的鱼骨；下册7章中下摆部位定型。关于如何应用黏合型与缝入型底衬、衬布与牵带等，可阅读本章中如何应用定型料部分内容。

预备一些牵带，黏合型与缝入型的，直丝缕与斜丝缕的，黑色与白色的。

如何判断服装是否需要定型料

服装制造业中，有专人负责判断是否应在服装中使用定型料，以及在什么部位使用。可见本章内容是多么重要，因为设计师必须对定型料的应用作出判断。设计师必须了解定型料，以及它可对服装起什么作用；需要了解与掌握面料特性。

如果一种面料要用定型料，应由设计师选择定型料的类型与位置。学会判断何时要用定型料是学习服装设计的重要内容，因为定型料有助于制作服装廓型。

定型料是影响设计成败的至关重要因素。虽然并不存在一个关于定型料使用的明确规定。但设计师如能形成自己的判断准则，那么他们的工作将会变得更加高效。

是否需要使用定型料对服装而言是头等要事，它将会影响服装的缝制顺序。以下三个步骤有助于设计专业学生掌握服装中是否需要使用定型料。

设计分析

第一步是分析设计稿，然后构思一个清晰而整体的服装廓型。当服装上身后，其在人体上展现的形态。然而人体不可能将服装完全地支撑起来。服装与人体不贴合的部分就要考虑用定型料。一些用于服装造型的面料硬挺性不佳。因此要用各种定型处理方法支撑服装构造。图3.5A是无肩带礼服的设计稿。礼服上有脱离人体的裙褶。图3.5B是件透视裙，展现了人台与服装轮廓间的空间。设计师应认真考虑如何定型无带紧身上衣，使其符合人台，以及该裙子如何定型与构造才能保持这种形状。

以下是这些问题的解决途径。

- 图3.5B中，整件服装都加了底衬。
- 注意紧身上衣接缝部位是如何用鱼骨来改善服装结构。
- 无带紧身上衣边缘用牵带加固。
- 图3.5C中的无带紧身上衣加衬垫后，进一步巩固结构。
- 衬里上缝了三层网眼织物，用以支撑裙子的轮廓结构。

面料分析

设计师创意构思的对象是面料。因此认真学习面料是第二步。

设计师用面料来呈现不同的形状。面料的类型、厚度、悬垂性会影响服装的展示形态。

手持面料，体会其手感，折叠、抓揉它，评估其厚度是否适合设计需求。在人台上悬挂面料，观察其是否硬挺牢固，能否满足设计需求。如果不是，应考虑用定型料支撑布料。如图3.6所示，设计师用长条印花布料实现布料下垂的效果。

通过抽缩、塔克、挤压、打褶与披挂等方式，可增加布料体积感。虽然这种额外的体积可改变服装的形状，但其效果仍然不够理想。图3.7中的裙子是用中厚型棉布制成，许多三角插片加入裙子下摆增加裙子体积。保持裙子廓型的关键是裙子的体积与布料的特性与厚度应合理搭配，该款裙子里面不需要定型料。一些贴身的服装因为面料无法构成令人满意的形态而使用定型料，关于其原因可见前文中为何要用定型料部分内容。

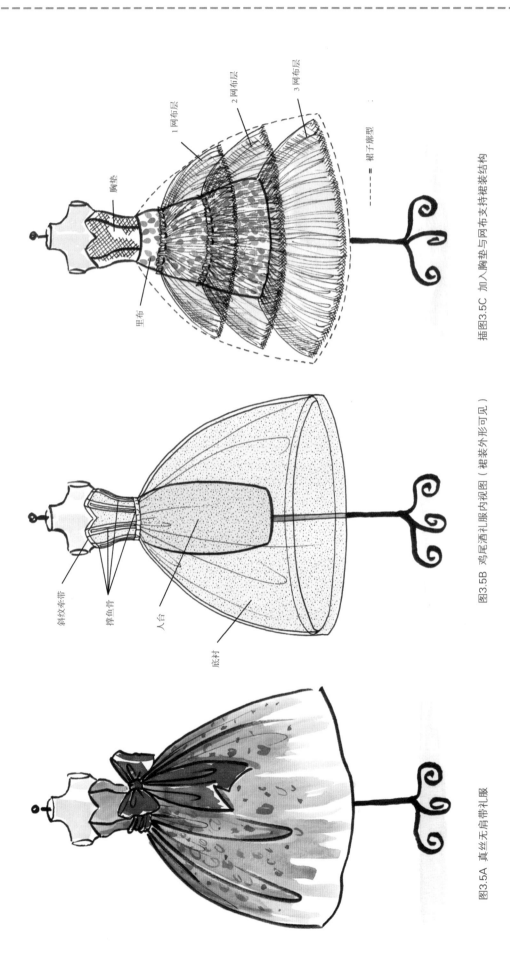

图3.5A　真丝无肩带礼服

图3.5B　鸡尾酒礼服内视图（裙装表外形可见）

插图3.5C　加入胸垫与网布支持裙装结构

图3.5　真丝无肩带鸡尾酒会礼服结构

斜纹牵带

撑鱼骨

人台

底衬

胸垫

里布

1 网布层

2 网布层

3 网布层

裙子廓型

　　纪梵希设计的黑色裙装，首先由奥黛丽在电影《蒂凡尼的早餐》中穿着。该裙装激发了许多设计师的灵感，创造出各自不同版本。图3.1E中的高雅合身黑色小礼服就是其中一个版本。

　　这款裙子用图3.1F中所示的轻薄牵带制作构造。以下将详细介绍该款黑色礼服。其实下面所讲制作该款裙子的方法不是唯一的，另外还有两种构造黑色小礼服的方法。

- 图3.8A是全部使用底衬的方法，使裙子平滑无褶。裙子更加合身的同时，避免裙子产生皱褶。
- 图3.8B裙子贴边加衬是另一种定型方法（因为这条裙子无里布，其缝份、下摆、贴边边缘都用包缝的方法收口），究竟是全身还是部分使用定型料取决于裙子的面料。

三角插片布

图3.6 设计师垂挂面料并观察其效果　　　　　图3.7 用三角插片裙子自然形成体积，不需要用定型料

分析服装边缘

第三步，看一下图3.9中三个服装裁片，一个前身两个后身，缝合形成图3.1的小礼服。尤其要观察袖窿与领圈部位。注意图中这些部位是如何按斜丝缕裁剪的。任何斜裁的服装部件都是有弹性的，在制作过程中可能发生拉伸变形。

为了防止这种情况发生，每片需要定型处理。设计师需要考虑如何定型处理。有几种选择：加固缝、加底衬、加内衬，或使用牵带。

如何选择最合适的定型料

应该如何选择最合适服装的定型料呢？

- 选择定型料时候，以面料为线索。感觉布料的厚度与重量，将布料挂到人台上。
- 定型料的颜色、厚度与类型必须适合布料厚度与类型。

- 事先用定型料与布料试样，然后选择出合适的定型料。

以下内容为设计专业学生提供一些技巧，有助于合理选择与应用定型料。

类型

与面料一样，内衬应根据其纤维、厚度、后整理与质地分类。定型料不能改变面料外观。定型料应与服装布料厚度、手感与弹性相配。比如，如果面料是针织氨纶的或梭织的，应选择弹性衬布。为了更好地理解为什么内衬类型与面料特征之间的匹配是如此重要，让我们以丝绒来举例。丝绒是带短绒面料，这种布料不能直接熨烫，否则会损坏布料表面。这种情况下不可使用黏合型衬布，而代之以缝入型衬布。

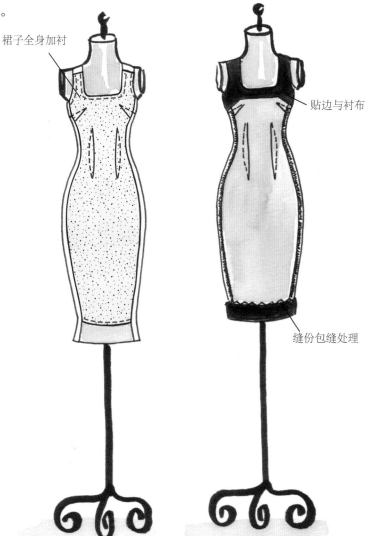

裙子全身加衬

贴边与衬布

缝份包缝处理

图 3.8A 加底衬   图 3.8B 贴边与衬布   图 3.8 黑色小礼服裙的衬里制作

厚度

布料与定型料厚度需匹配，这是基本原则。面料与定型料的最终厚度不能改变面料厚度与外观。选择衬布时，应始终记得面料的厚薄很大程度上决定了使用衬布的类型。比如，如果轻薄面料用厚重内衬定型，两者会因互相排斥而不匹配。不要选择比面料更厚重的定型料，而应相互匹配。没有关于哪种内衬与面料厚度相配的明确规则可循，最好的方式是去尝试。

颜色

定型料的颜色也很重要。如颜色选择不当，则会改变服装面料颜色。定型料的颜色要与面料整体色调协调。如果面料总体颜色是深色，应选择深颜色定型料；如果总体颜色是浅色，应选择白色或米色定型料。白色面料适合用中间自然色定型料，白色定型料放到白色面料下会看起来更白。

要点

服装扣眼周围的内衬非常容易露底。

护理

通常应选择与服装面料护理方法相同的定型料。如果是水洗面料，那么选择可水洗的内衬。有些面料与衬布互相结合时需要预缩处理。如果面料必须干洗，那么定型料与面料就不需要预缩处理。

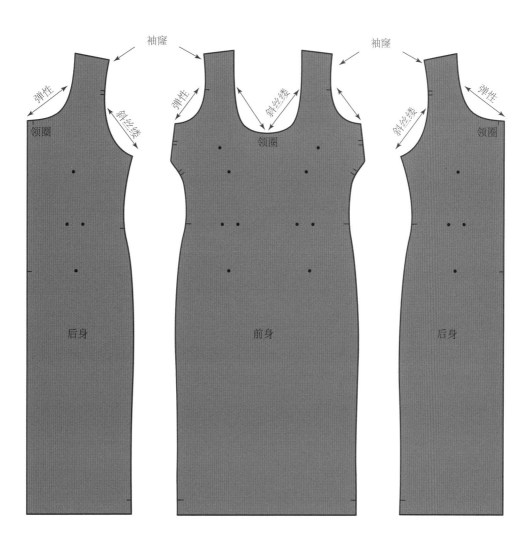

图 3.9 制作图 3.1E 中的黑色礼服裙样板

同件服装可采用多种类型的定型料

定型料的选择也取决于服装的目的与功能，以及最终想要达到的效果。使用定型纱时，不同厚度与类型的定型料可混合用于同件服装上。有些服装可能同时需要多种衬布与底衬，这没有一定之规。任何决定取决于面料与设计要求，如图3.1A所示的特征款式。这件外衣以多种定型料结合的方法适应不同的目的与功能。重点注意这件外衣是如何混合使用黏合与非黏合衬布。

现在，分析一下这件外衣的内部结构。

- 外衣衣身部分（前、后身）已经贴了中型黏合衬来加强外衣结构。
- 袖子加入了轻质内衬，构成柔软结构；这样可保证手臂弯曲时，袖子不显笨重与不舒服。使用合适的黏合衬构成的轻型结构，则其弹力会是十分理想的。注意梭织面料上用弹性衬布会使衬布弹性特点消失。
- 服装过面与袋盖部位用了与袖子相同的衬布。过面部位使用了更加轻薄的衬布，这样在服装打完扣眼后不会显得太过笨重。应特别注意的是两层衬布叠加使用时，应避免这些部位太过笨重与庞大。
- 领子衬布有几种选择。领子一面可以用黏合针织衬，另一面用帆布衬。或者领子的两面都用黏合衬。某些领子（不是图3.1B中所示的）只在领子的尖角部位使用衬布。更多具体内容见下册第3章领子部分内容。
- 外衣的前胸部位可加中型帆布衬定型，在肩部形成伏贴与顺滑的肩型。
- 垫肩也是外衣结构的一部分。

根据服装各个部位的制作目标与功能，可混合使用各类定型料，这种组合看起来麻烦，但外套与西式上装正是因为采用各种定型料组合使用的方法才会显得贴身而得体。重要的是定型料的类型与厚度应与面料相协调。

应注意的是，意大利设计师阿玛尼是位剪裁专家，在其制作的服装上会混合使用几种不同的定型料。在剪裁时，他主要使用黏合衬、棉质斜纹牵带、斜丝缕与直丝缕人造丝衬里、棉质细平布等定型料。

制作试样

我们强调试样的重要性。即使是有经验的设计师仍然需要通过不断试验与尝试来作决定。为了避免巨大的损失，在确定定型料前进行试样是至关重要的。许多学生在使用黏合衬前未作事先试样。当服装完成后，他们发现使用了错误的定型料。更糟糕的是此刻已无法彻底清除黏到面料上的黏合衬。

裁剪定型料

梭织、针织与无纺衬布裁剪方法各不相同。在考虑如何裁剪各类定型料时务必要使得服装功能达到最佳。本节会介绍如何裁剪各类衬布。

裁剪服装各部件衬布

通常，衬布样板与面料裁剪样板相同。样板必须有标注："衬布裁片裁1片"或者"衬布裁片裁2片"，如图3.10~图3.12所示。

如果衬布与衣片的样板形状不同，必须将样板分开标注"仅作衬布"。参见图3.12的针织衬布的排料。注意用作拉链衬布的窄条衬布要标注"仅裁衬布"，这表明这个裁剪样板不用于裁剪时装面料裁片。

裁剪梭织衬布
- 梭织衬布样片沿直丝缕或横丝缕放置，如图3.10所示。
- 用作柔软型领片或下摆时，衬布也可按照斜料方向放置。

裁剪无纺衬布
- 无纺衬布没有丝缕线。

- 建议先裁剪最需要定型的服装部位，比如领子、腰带或者袖口，沿着直丝缕裁剪可最大程度确保其稳定（见图3.11）。

剪裁针织衬布
- 对于那些需有韧性的部位（如领子、袖口或腰身），应沿着衬布稳定、不易拉伸的方向放置样板，见图3.12。注意其与图3.10、图3.11中使用的前片过面样板相同，但是方向不同。这样在钉扣眼时，衬布可确保扣眼不会在缝制或穿戴的过程中发生拉伸变形。

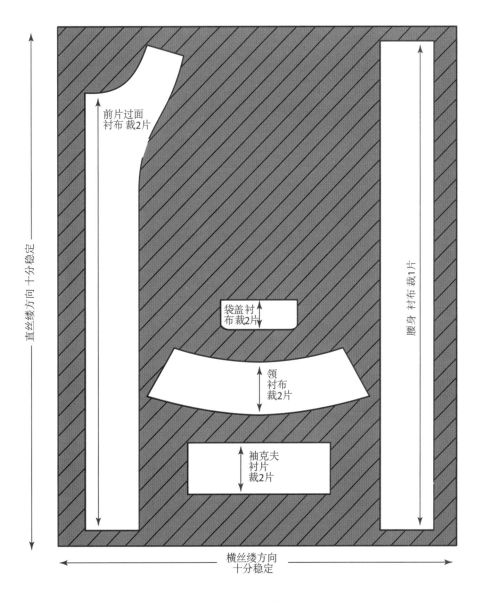

图3.10 梭织衬布剪裁

- 如果衬布在两个方向都可以拉伸，在需要定型的部位使用无弹衬布。
- 对于需要保持弹性的针织服装部位衬布，将样板沿着可拉伸的方向放在衬布上（见图5.4B）。

剪裁底衬

- 每一片（黏合型或缝入型）底衬都要用与面料相同的样板沿着面料样片的丝缕线单独裁剪。
- 每一片底衬都要分别黏合或粗缝（如果是缝入的）到相应的衣片上。

整片黏合

这是种将黏合衬整片黏合到面料上的方法。裁剪同样尺寸的衬布并黏合到面料上。

- 工业生产中，用带有蒸汽熨斗的床式黏合机来一次性完成大块黏合衬；虽然这方法十分高效，但是要确定干洗液能将烫板上大量黏合衬残留颗粒清除干净。如果想在学校这样做，你将需要帮助；这很难自己独立完成，因为衬布压好后一定要与面料完全对准放平，没有一丝折痕。这个方法不可以被当做"急活"完成，它需要时间与耐心。

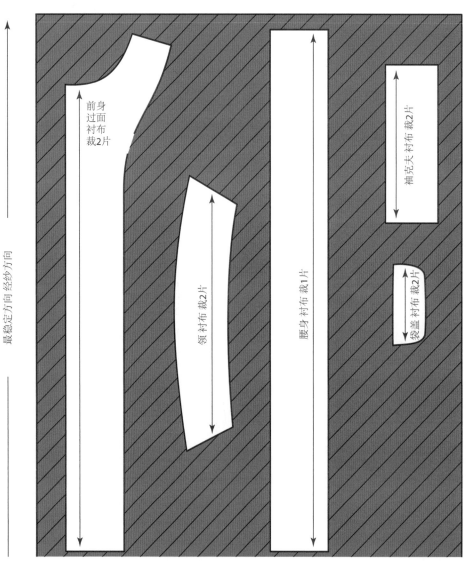

前身过面衬布裁2片

领衬布裁2片

腰身衬裁1片

袖克夫衬布裁2片

袋盖衬布裁2片

最稳定方向 经纱方向

图3.11 无纺衬布剪裁

- 衣片黏好衬后，将样板沿丝缕线放在已黏衬的面料上裁剪。打好剪口并标记衣片。当服装面料细腻且平滑时建议使用这个方法。图3.13标明了在图3.1A羊毛花呢大衣衣片的排料、黏衬与裁剪。

裁剪牵带

如果买不到所需的牵带，可沿直丝缕或斜丝缕方向裁剪1.2cm宽的衬布，或按照接缝的形状与角度裁剪衬布。

异形牵带

异形牵带是精确按照接缝形状剪裁，异形接缝需要定型处理。

1. 使用样板来进行裁剪以确保稳定。

2. 将样板按照与衣片相同的丝缕线放在衬布上（如果使用的是梭织衬布）。

3. 沿外轮廓线画线，然后平行外轮廓线裁下大约1~1.5cm宽的牵带（见图3.14）。

直丝缕牵带

- 直丝缕牵带可很好地对直缝或轻微弯曲的接缝定型。
- 直丝缕牵带条可用无纺衬布或梭织衬布剪裁。

斜丝缕牵带

- 斜丝缕牵带具有可塑性与灵活性，可用来稳定曲线缝份、圆形缝份以及其他异形接缝。
- 图3.1F中黑色礼服裙所用的就是斜料牵带，因为接缝处的牵带是异形的。

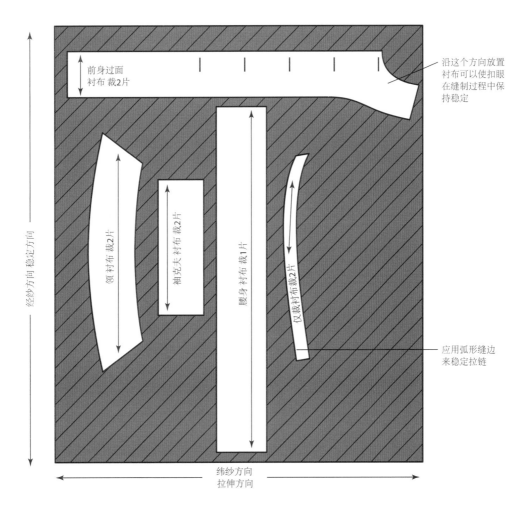

图3.12 针织衬布剪裁

如何使用定型料

无论是在制作前还是过程中加入定型料，无论是加衬布，还是牵带，都有两种可供选择。

- 黏合法——面料反面贴黏合衬布（见图3.4A）。
- 缝入法——将衬布或牵带缝到面料上（见图3.4B）。

以下将介绍如何使用黏合与缝入定型料。在决定使用哪种定型料前，应先试样，剪一片25cm²的面料。然后取一半宽测试定型料（见图3.4）。更多关于测试定型料的内容可见后面定型料测试部分内容。

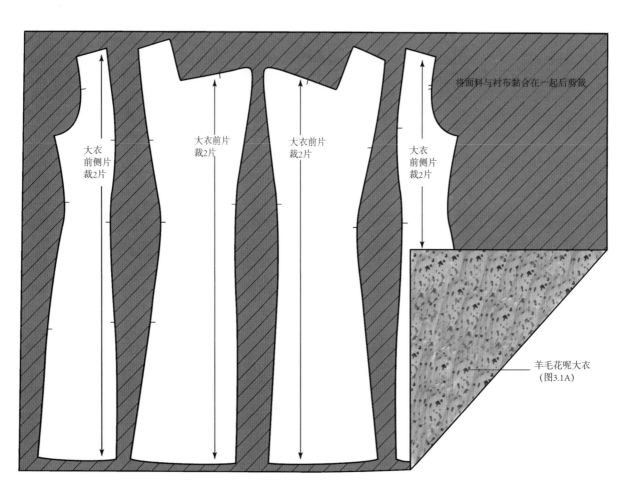

将面料与衬布黏合在一起后剪裁

大衣前侧片裁2片

大衣前片裁2片

大衣前片裁2片

大衣前侧片裁2片

羊毛花呢大衣（图3.1A）

图3.13 黏衬

衣片黏衬

如何黏衬

1. 将熨斗置于"羊毛"档位。

2. 将衬布有树脂颗粒一面放在面料背面，慢慢将衬布平整地放置在面料上（见图3.15A）。

3. 建议使用烫布以防衬布黏到熨斗底部。学校里每个人都要用熨斗，易导致因熨斗过热烫焦或熔化衬布。

4. 用蒸汽压力熨斗将衬布压在面料上。一定要烫平；避免在面料表面来回滑动熨斗。敷衬从一侧边缘开始，将熨斗垂直下压，略微倾斜，施加压力大约20秒；再提起熨斗放置在未黏衬的区域（图3.3中的设计师用热蒸汽压力熨斗烫衬）。

5. 所有衬布都黏合后，在正面快速地轻压烫一遍面料。如面料比较细软要用烫布覆盖住面料（欧根纱是种理想的烫布，因为透过它可看到面料）。

6. 试着在面料一角剥开衬布检查一下边缘。黏合应该十分牢固。如果不行须再多用热蒸汽压力熨斗熨烫一会。

7. 湿布有助于产生更多蒸汽，可使衬布更好熨合到面料上。

8. 面料表面不应有所改变；如果熨衬导致表面起泡，应选择其他类型衬布，重新制作试样。

9. 有人企图将黏好衬的面料加热后剥下衬布，切勿这样处理，要先等贴好衬的面料自然冷却。

10.熨衬后，衬布与面料结合成为一体。

缝入衬布

缝制顺序

1. 每片衣片反面向上层叠放置。

2. 衬布与面料反面相对，衬布放平整（见图3.15B）。

3. 用线将衬布手缝到服装贴边上与面料配合。图3.15B中全部面料都已经与衬布固定，距离接缝向内0.25cm宽的位置，用手缝将两片连接在一起。

服装全身加衬

一件服装可通过黏合与缝合两种方法加衬。应用于面料的每种衬布与方法如下。

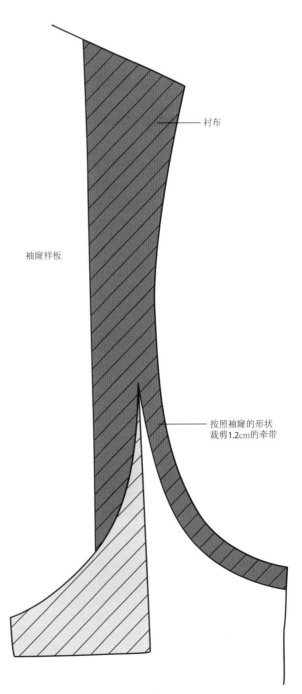

衬布

按照袖窿的形状
裁剪1.2cm的牵带

袖窿样板

图3.14 剪裁定型牵带

黏合的方法

作为底衬，黏合衬贴边有两种制作方式：

- 将黏合衬逐一黏贴到裁片上（见图3.15A）。
- 若用整块黏合的方法，将面料与黏合衬一次性黏合，然后裁剪衣片（见图3.13）。面料整块黏合的方法可参见本章之前相关内容。

缝合的方法

缝制顺序

1. 将服装每个裁片反面向上放置。

2. 将面料与衬布反面相对放置在一起，使全部面料放平整。如果衬布长出面料裁片也无须担心，因为这部分可修剪掉（见图3.16）。

3. 以配色线，距离缝份0.25cm的位置，用手工针的方法将两层缝合在一起。

4. 手工粗缝时，针距因面料而不同。薄料针距较短，厚料针距较长。第4章中对如何在机缝工作前，用手工粗缝固定缝份有相关介绍。

5. 手工粗缝的目的是确保两层面料在缝纫过程中不会移位（见图3.16）。

6. 两层面料经缝合后，在后续制作中可以将其作为单层面料处理。

7. 两片粗缝在一起后，将样板置于衣片背面。如图3.16所示，刀眼部位加剪口，在衬布上标出样板标记。

8. 当面料采用缝入式衬布时，接缝部位的缝份应分开。如缝份合拢会导致接缝部位过厚与不平整。详见缝份分开与合拢处理部分内容。

9. 如果接缝与省道缝合后太厚，可修剪衬布，面料缝份保留0.25cm（见图3.17）。经处理的省道同样可以分烫缝份以减小厚度（见图6.6A）。

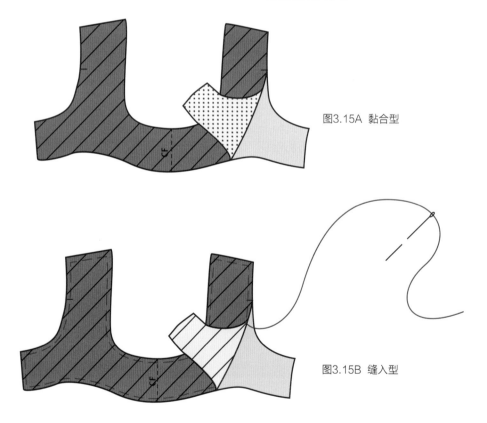

图3.15A 黏合型

图3.15B 缝入型

图3.15 加衬布后形成整体贴边

服装边缘制作牵带: 黏合牵带

1. 将黏合牵带烫在面料上, 置于接缝线中心位置。图3.18是领圈部位的斜丝缕黏合牵带。

2. 通常情况下, 使用规定的缝份。

如缝份发生滑脱 (缝份上的纱线出现分离), 则必须对每个缝份加强, 使其能够承受更强张力 (注意图3.19中, 两层的缝份都加了牵带), 或选择其他面料制作服装。

服装边缘制作牵带: 缝入牵带

· 图3.18中有一条直丝缕牵带缝合在肩缝上, 以防止服装穿着时出现拉伸变形。

· 1cm宽的斜纹牵带是种可以保持缝份的直丝缕牵带。图3.2D中的裤子袋口已作定型处理。图3.20中裤子口袋部位用了斜纹牵带, 以防止缝纫过程中拉伸变型 (也可使用黏合牵带)。牵带还可防止服装在使用中出现拉伸变形, 确保弯曲的腰缝不变形。详细信息可参见参考下册第1章腰身相关内容。

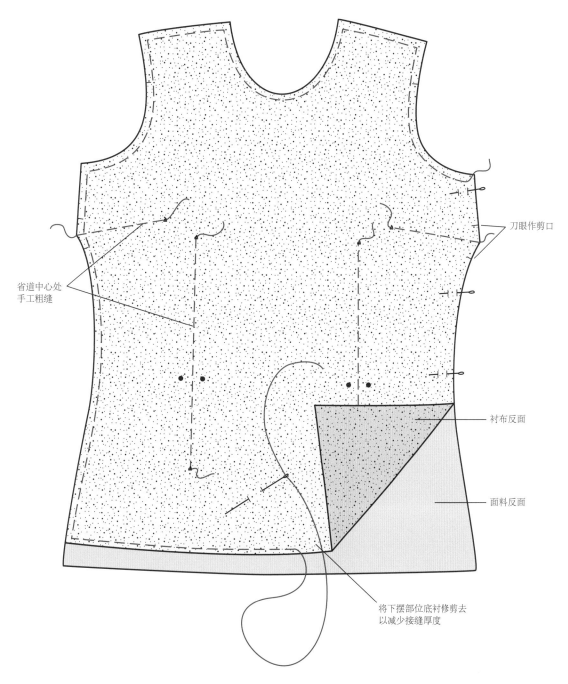

省道中心处
手工粗缝

刀眼作剪口

衬布反面

面料反面

将下摆部位底衬修剪去
以减少接缝厚度

图3.16 裁片外圈以手工粗缝线做标记

缝合顺序

　　缝合省道与缝份前，应先敷牵带。将服装置于平面上。将面料背面与牵带背面相对。敷牵带时不能拉伸牵带。

　　1. 将牵带置于接缝线位置（见图3.20）。

　　2. 用手工粗缝或用珠针将牵带固定在缝份内，如图3.18中的袖窿。

　　3. 如图3.20所示，在距离接缝线内0.25cm位置车缝牵带。缝份缝合后就看不见这道车缝线迹。

　　4. 按常规宽度车缝接缝。

　　5. 任何敷过牵带的缝份仍可做剪口、车缝暗针与分烫。

定型料测试

- 将面料对折，在两层面料之间夹定型料，凭"手感"体会两者厚度是否相配。面料厚度不应改变太多。如果感觉太轻，可考虑用更厚的定型料，或再加一层。如果感觉太厚，则可选择其他较轻薄的定型料。

- 弯曲一下样本，观察表明是否平整无压痕。这点很重要的，尤其是衣领部位定型。

- 观察面料表面是否有改变。测试尽可能多的定型料，找到"最好"的那个。

- 保留正确的样品并作标注，并将它们放置在工作笔记中，以备今后查阅。

棘手面料加衬

纤薄型面料

　　用梭织的定型料如欧根纱或细棉布。

　　检查定型料的颜色与面料相配，中性色如肤色，其适用于大多数面料的颜色。

　　如果是使用黏合衬，应先制作试样。以确保树脂不会渗透到正面。

　　利用面料布边作为纤薄型面料的定型料。

　　纤薄型面料应避免使用厚重的定型料。

蕾丝

　　蕾丝宜使用缝入式定型料。

　　用真丝欧根纱可撑开蕾丝。

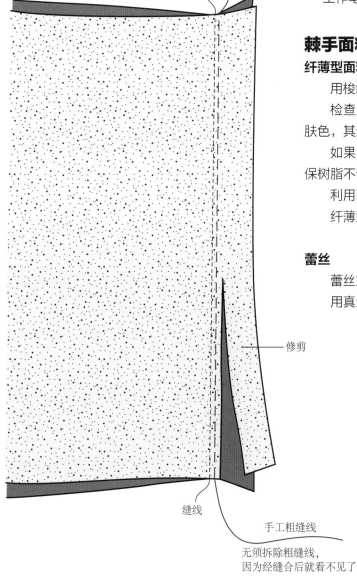

修剪

缝线

手工粗缝线

无须拆除粗缝线，
因为经缝合后就看不见了

图3.17 修剪衬布缝份以减少厚度

可用网布作为蕾丝定型料。

衬布与蕾丝的厚度应相配。

由于蕾丝透明，其定型料的颜色应与蕾丝相配。

用与蕾丝颜色相配的真丝欧根纱布边作为接缝部位定型。

蕾丝不可使用黏合衬，因为树脂会渗出正面。这会很难看。

绸缎

绸缎宜用缝入式定型料；如用黏合定型料，面料表面会起泡、影响外观。

绸缎应测试不同厚度的定型料，选择理想的强度。

不同部位可混合使用不同厚度的定型料。

绸缎服装，尤其是礼服可加底衬。

珠片织物

珠片织物应采用真丝欧根纱作为定型料。

面料与定型料厚薄应相配，轻薄的珠片织物应该使用薄型的欧根纱。

因无法有效黏合，所以珠片织物不能使用黏合衬。

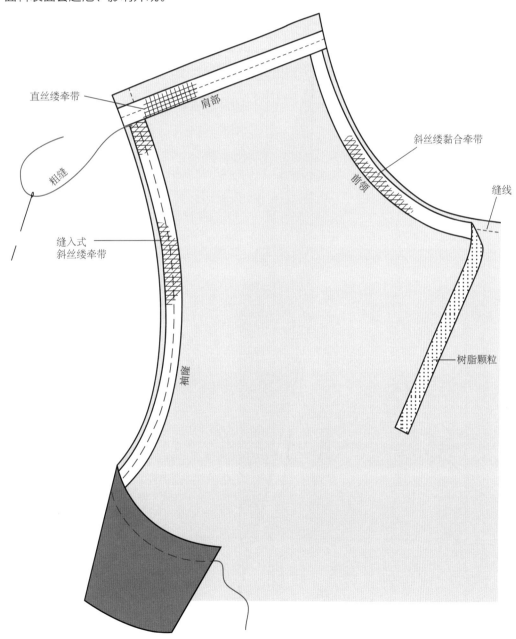

图3.18 在肩部、袖隆与领口处的缝纫牵带

牛仔布

牛仔布是否需要用定型料应测试，如果牛仔布足够挺括，则不必使用定型料。

牛仔布不需要用缝入式定型料。黏合衬适用于所有牛仔布。如果是弹力牛仔布，可使用弹性衬布，这也取决于它所用的部位。例如，是否需在裙腰或裤腰部位使用弹性衬布，这应由设计师决定。

丝绒

丝绒面料应谨慎使用定型料，因为它非常细腻，需要小心处理。

使用缝入式定型料。

定型料与丝绒面料厚度应相匹配。

丝绒不可使用黏合衬，这会导致绒头变平，并在表面上留下亮痕。

皮革

皮革可使用黏合定型料。

应该使用里布，例如加里布的绵羊皮上衣更加有型。

皮革适用低温熨烫黏合衬。

熨斗应避免直接接触皮革表面，烫衬时可在表面放张牛皮纸保护。

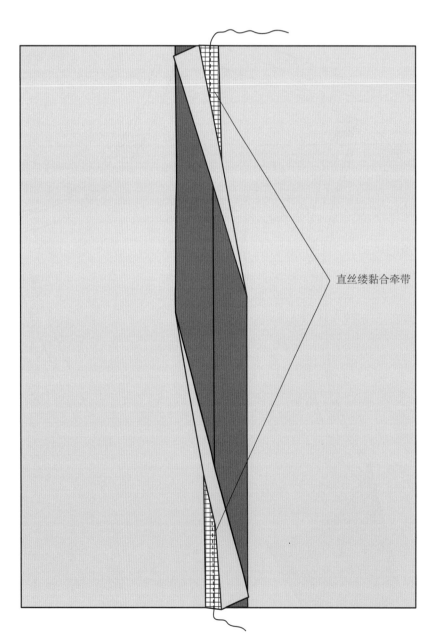

直丝缕黏合牵带

图3.19 缝份两侧都使用了牵带防止面料滑脱

皮革适用缝入型稳定料。

皮革应车缝而非手工缝。

皮革应避免蒸汽熨烫黏合式定型料。

人造毛

人造毛只可用缝入式定型料。

服装不同部可位采用不同厚度的定型料。

应测试人造毛定型料厚度，过度使用定型料会导致服装穿着时过于沉重。

厚重面料

定型料与面料厚度应相配，以免导致接缝部位过厚。

避免使用过多的定型料，这会导致服装沉重与僵硬。

每次服装缝制完成之后，学生服装工艺制作知识都有增长。我们更鼓励你去将现有所学的关于定型料知识扩展应用到其他类型的服装制作中去。

融会贯通

在整理现有定型料知识的基础上，可拓展相关的知识，再将其拓展到其他时尚新服装与新面料的应用中，从而更好地掌握各种类型与厚度的定型料。

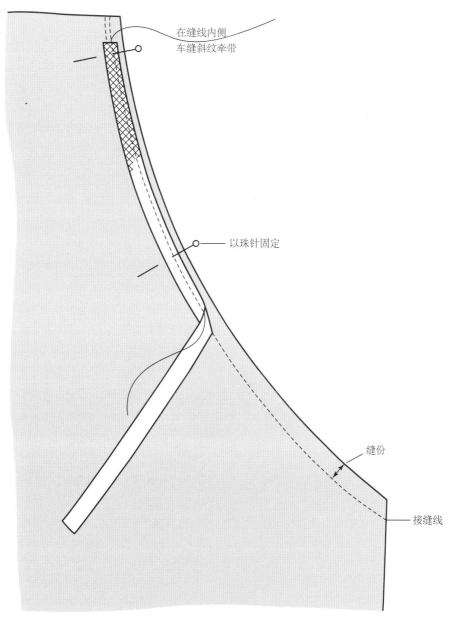

图3.20 袋口部位的斜纹牵带

以下是将知识拓展的方法。

- 网布可用来做裙撑。将网布制作成造型并填充到所需部位。在背面用手缝方法固定，确保其能够被固定而正面不露底。因为网布轻，所以服装穿起来不会很沉重笨拙。
- 尝试用定型棉做定型料。它们填充在一些部位会使女性看起来更漂亮，如把它放在肩至前胸部位（在胸围线以上）。肩垫也可衬托大衣与上衣连肩袖造型。在放置垫肩的部位采用暗针缲牢。垫料可用于衣领与袖口定型。然后在衣领与袖口部位车缝明线，可产生有趣的绗缝纹理。

　　作为设计专业学生可以有机会尽情发挥你的创造力，尝试新点子。

创新拓展

　　定型料的使用提供了拓展创新的机会。这里所列举的想法虽然不算很详尽，但能推进定型料的深入研究。

- 尝试手头上的各种定型料，比如不同类型：黏合型的或缝入型的，针织的或梭织的，不同颜色与厚度。通过不断实践，就不难通过对服装定型处理来发挥创造力。
- 面料上使用具有图案的定型料作底衬可产生有趣的视觉效果。
- 揉皱面料后黏贴衬布可以产生有趣的肌理（见图3.21）。
  - 先在桌面上铺一大张纸。
  - 将衬布置于面料上，树脂层朝上。
  - 搓揉织物，直到它外观看起来满意。

- 为了固定面料，在每个角上用铁镇压住。烫衬时将衬布绷紧。
- 在面料正面用熨斗烫衬。这可以根据之前关于黏合一章内容操作。
- 熨烫可从一角开始，然后通过整个面料。熨烫过程中须调整面料，从而产生揉皱效果。黏合完成后，在面料裁剪之前，车缝或手缝操作固定面料揉皱效果。

要点

　　在上述案例中，用这种技术处理双宫绸可产生奇妙的纹理，因为面料不会出现大量的堆砌，可以产生理想的构造。其他面料也会有奇妙的效果，但是必须事先制作试样，避免面料正面产生渗胶现象。

- 图3.22A中的礼服领口、袖边与下摆部位的荷叶边加入填充棉产生皱褶。
- 为了突破那些所谓的"必然"，设计师们喜欢突破限制。因此为什么不试着在欧根纱下添加羊毛的衬里？这看起来的确是标新立异。
- 图3.22B中这条可爱的蕾丝花边裙内加入网布产生造型。
- 为何不将高档定型料做在服装表面？设计师就是要突破对设计的约束。
- 无论是初学者还是资深设计师，制作过程中仍会遇到各种问题需要解决。即使最有经验的裁缝也会在如何用好定型料上遇到问题。

疑难问题

如果衬布不伏贴，怎么办？

检查熨斗温度是否正确；先熨烫一块小样确定温度、压力与蒸汽是否正常。如果依旧无效，尝试更换定型料。如果面料没有做过预缩处理，尺寸会受到影响。用蒸汽熨烫或者海绵擦拭织物，待干燥后可使衬布伏贴。

原有衬布用光了，而且买不到同样的衬布？

可在一件服装上用多种不同的衬布，关键是面料与衬布是否合适。如果黏合衬不够用，那么换一种相似厚度的黏合衬代替即可；若是缝入衬也是如此。

面料上敷衬后，形态依然不够硬挺？

如果衬太轻，就再加一层。如果服装缝好了，可以在黏合衬上加一层缝入型衬布。在缝好的接缝处剪开一个0.2cm大小的开口，小心将衬放好，然后用手工针缝好。

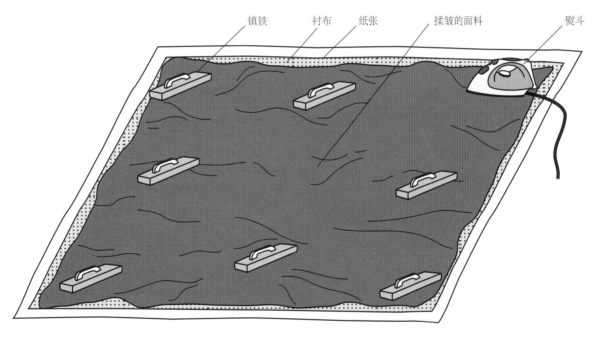

镇铁　衬布　纸张　揉皱的面料　熨斗

图3.21 融会贯通：搓揉面料后贴黏合衬产生肌理

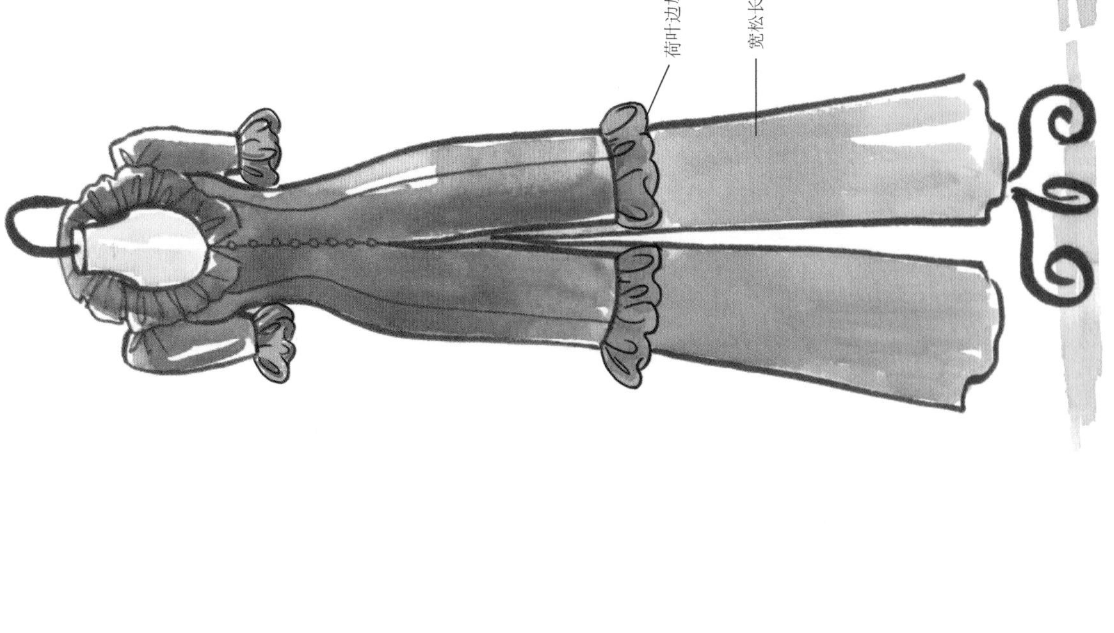

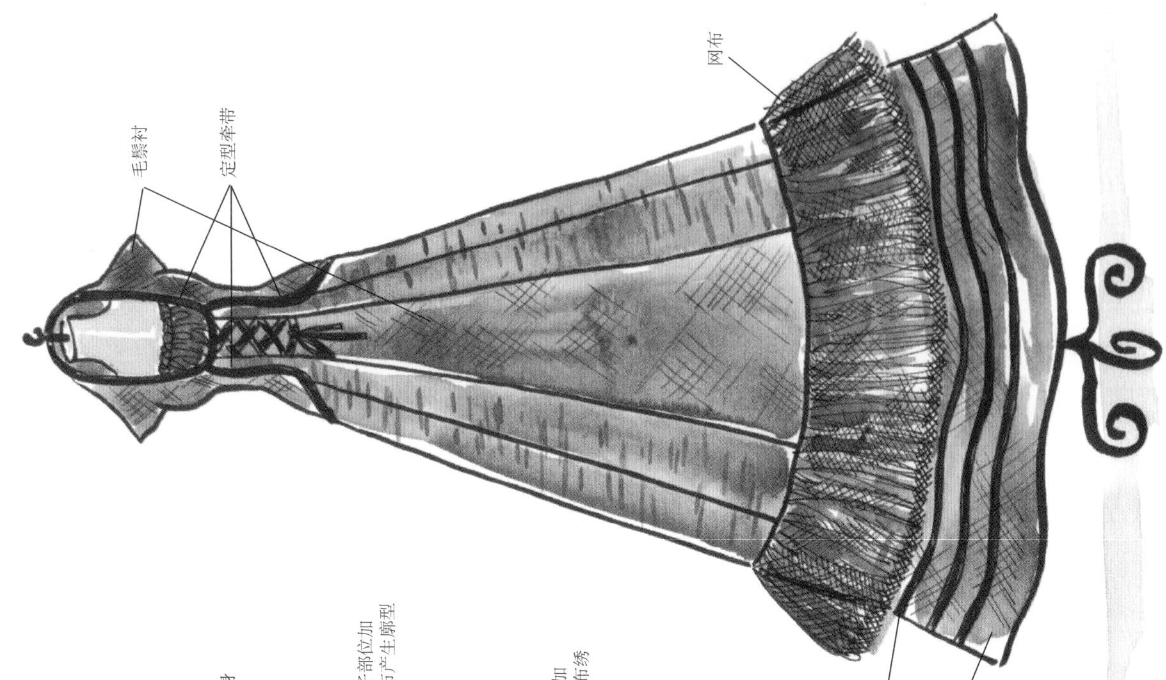

图3.22C 突破设计的局限，将定型料用在表面

网布

斜纹牵带

毛鬃衬

毛鬃衬

定型牵带

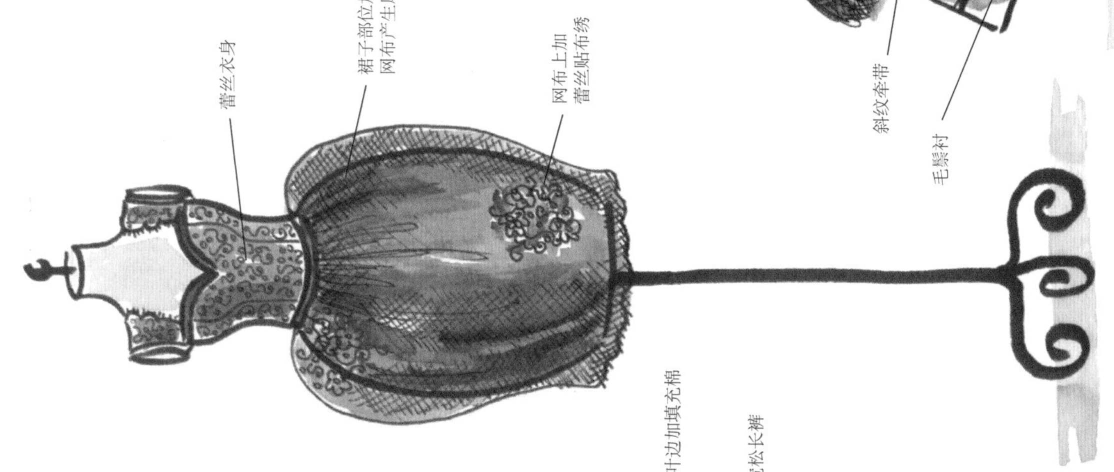

图3.22B 鸡尾酒蕾丝礼服

蕾丝衣身

裙子部位加网布产生廓型

网布上加蕾丝贴布绣

图3.22 创新拓展

图3.22A 荷叶边加填充棉的礼服上衣

荷叶边加填充棉

宽松长裤

衬布起泡了怎么办？

希望这种现象只在小样上发生。发生这种现象的原因可能是：

- 尺寸上可能不合适。
- 熨斗温度太高。
- 熨烫时拉扯衬布。

用蒸汽重新加热衬布。先拿着熨斗悬在面料上方软化黏衬，然后小心剥去。在此之前，事先用小样制作试样。

服装面料加衬之后出现了夸张的变化？

不再用这种衬布，换其他更合适的衬布。有许多不同类型与厚度的衬布可供选择，所以在找到最合适的衬布之前，还应先用小样尝试。

衬布太笨重，服装看起来僵硬？

如果是黏合式的，而且已经敷上去了，那就扯不下来了。因此，找到与面料相适的衬布很关键，要吸取这次失败的教训。如果还有足够面料，可能要重做一遍，切记应该先用样布制作试样。

熨斗一上去，衬布就化了？

降低温度重新再试；如果不管用，换一种衬布，或换成缝入衬布。当然，需要预先盖一块垫布。

面料与衬布在熨烫时产生不同程度的收缩，表面起泡了，是否继续使用这种衬布？

用小样再试，这次不要用蒸汽、降低温度、缩短时间。在不同温度与湿度下，面料与衬布会发生不同的变化。如果依旧没什么用，就换吧。

如果领子不敷衬，看上去会塌么？

1. 小心地从服装上拆下领子，用拆线器拆。
2. 然后裁一块与面料厚度相适合的缝入式衬布，而非黏合衬。因为无法用熨烫方法为领子敷衬。按净样裁剪衬布，然后再在四周裁去0.25~0.5cm。
3. 将衬插到两层领片里面，衬布压在领面缝份的上面。将领衬布放平，修剪掉多余衬布。
4. 用手缝将衬布固定在缝份里。
5. 用针将领子钉在领圈上，然后观察领子是否放好，衬布是否伏贴。
6. 将领子最后缝到领圈上。

为了评估是否需要进一步提高你对衬布与定型料使用的理解，可列一份自我评估的清单，列出不理解的内容。对那些不甚理解的重要内容，可以请教指导教师。

自我评价

　　为了评价服装定型料使用是否合适，可找同学穿上服装，不要将它放在桌面上。观察这件服装的结构，然后问自己："我喜欢穿这件服装吗？会不会买？"或者"这件服装是不是不够挺括，看起来很奇怪？"如果答案是："我不会穿这件服装。"那就必须探寻其中的原因。

　　然后问自己以下问题，继续评估作品：

√ 是否喜欢这件服装的结构？

√ 在挑选这件服装的定型料时，事先是否做了足够多试样以测试不同厚度与种类的衬布？

√ 使用牵带时，是否选择了最适合的牵带，是否在接缝处剪成合适的形状？

√ 用黏合衬时，衬布敷得好不好？

√ 面料表面有没有因敷黏合衬出现变形？

√ 使用缝入型衬布时是否伏贴，衬布与面料是否有机结合？

复习列表

√ 是否意识到定型料对服装结构的重要性？

√ 是否理解通过抽褶、塔克、拉伸可改变服装体积，塑造服装轮廓？

√ 是否掌握了根据服装面料的厚度与悬垂性挑选合适的定型料这一概念？

√ 是否意识到事先制作小样测试的重要性？

√ 是否意识到选择适合的定型料前应做各种各样的试样？

√ 是否理解不同厚度与类型的定型料可实现不同的服装效果？

√ 是否意识到设计师应了解定型料的必要性？

√ 是否意识到有些面料不需要定型料，依靠本身的硬挺就可保持形状，而有些必须要加定型料？

√ 是否意识到面料与衬料的厚度之间的关系密不可分？

√ 是否理解如何使用黏合型与缝入型定型料？

√ 是否理解衬布可做成底衬、贴边衬或牵带？

第4章

图示符号

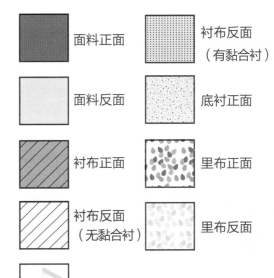

面料正面

面料反面

衬布正面

衬布反面
（无黏合衬）

衬布反面
（有黏合衬）

底衬正面

里布正面

里布反面

缝制顺序

接缝：
衣片的连接

接缝将服装结合成为一个整体，并且赋予服装外形。本章将介绍服装结构设计方面的内容。如果想要服装呈现最佳效果，根据面料与设计特点，选择正确的接缝与整理方法是至关重要的。本章将介绍各种接缝与整理方法，帮助设计专业学生能做出合理选择。本章还会扩展学生的想象力。

　　本章将介绍对于不同的面料类型，比如皮革、蕾丝、丝绒等面料，哪些接缝与整理方式是合适的。其目的是让每个学生都能够分析面料，选出适合面料特点与设计的最佳的缝型处理方式。为了达到目标，任何一件作品开始制作前，制作试样是至关重要的。

　　一件服装包含多种缝型。设计师在创作时，始终面对的一个问题就是如何能让设计系列能脱颖而出？设计师詹巴蒂斯塔·瓦利，曾为拉格菲尔德、芬迪、安加罗工作，当他开始自己的工作时就清楚地知道自己想要什么。詹巴蒂斯塔很重视接缝，以及它们如何塑造女性廓型。

关键术语

剪口

包缝缝份合拢

封口缝

三角插布

修剪成阶梯

对位点

刀眼

包缝缝份分开

旋转点

加固缝

缝份

包缝

固定线

定向车缝

漏落缝

结构接缝

车缝明线

车缝双明线

特征款式

观察图4.1中的设计稿中每件服装的缝型。

工具收集与整理

缝纫线、各种缝纫机针、卷尺、直尺、珠针、剪刀、手缝针、划粉、定型牵带等。

现在开始

接缝是构成服装的基础构造。缝份通过缝线结合在一起。本章节在介绍接缝的同时会介绍如何选择合适缝制的技巧。

什么是接缝?

女性的轮廓是立体的弧形。接缝与省道对服装造型至关重要，接缝能使胸部、腰部与臀部轮廓适应女性体型。如何创造能贴合女性身材曲线的接缝对设计师而言是一项挑战（见图2.3）。

每个接缝都有缝份，确保缝好的部件不被扯开（见图2.10）。结构性接缝，如肩部、侧缝、下臂袖口部位的接缝有助于确定服装的基本廓型。结构接缝也会出现在服装内侧，使之合体。封口接缝出现在领子边缘、口袋、腰线与克夫边缘等。

接缝可以是垂直的、水平的、弧形的、圆形的、斜线的，它可以有任何朝向。看一下图4.1，你能找到这些接缝吗?

如何创造接缝?

设计师以设计稿的方式描述服装款式。当设计师确定好服装廓型，包括衣长、肩宽、领围、袖型、袖长等因素后，就形成具体的廓型框架。

设计师在基本廓型基础上，根据设计稿定出接缝线。画出的每条线都代表一个省或接缝。设计师会反复考虑每条线，直到它们令人满意。设计师应有很好的审美判断力，如平衡的比例，重复的节奏，最后完成设计。

分割线标绘好之后，每个样板上应标出剪口、对位记号、布纹线，然后裁剪样板。样板对准确缝制接缝至关重要（关于制板方面的内容可参见第2章样板部分的介绍）。

裁剪布料时沿着布纹线，确保接缝在缝合之后不会扭曲。这点在服装设计与制作中至关重要（见图2.6与图2.15）。

当接缝部位做好剪口后，拼合衣片就变得十分简单了。事先试样，尝试何种面料最适合哪里，决不是在浪费时间。图4.2中抹胸裙前片剪口可以指示衣片怎样对合。对比图4.3可见，同款裙子裁剪时未做剪口会出现什么情况。衣片缝合不正确，最终只能扯开，熨平，重新缝合。这才是在浪费宝贵的时间。衣片必须做对位记号，才能保证成功率。

选择最佳接缝

接缝处理方式应由设计师选择。因此在选择适合服装的缝型时，具备面料与扎实的服装制作知识是必不可少的。

- 牢记接缝拼合远远不止一种办法。
- 要选择合适的拼接方式。
- 了解面料本身特点，类型与厚度就是最好线索。
- 了解服装客户群与价位会有助于选择。夏季上衣可以用棉布，滚边可用于整件上衣（接缝、贴边与下摆）。这很费时并会增加成本，但是最终整件服装的内部会很棒。另一方面，上衣也可用包缝缝合。这对针织面料而言既快又省。有些顾客会在高级百货店购买最好的时装，有些顾客则会在超市、卖场、连锁店这类店铺购买普通成衣。由此可见，客户群与接缝加工工艺直接相关，并且确定系列的特征。

抽褶缝

接缝加入余量

转角车缝
明线

交叉缝

弧形缝

V型缝

公主线
嵌条接缝

图4.1D 连身花裙

图4.1C 格纹上衣与高腰裤

图4.1

图4.1B 弧形分割裙

图4.1A 抹胸裙

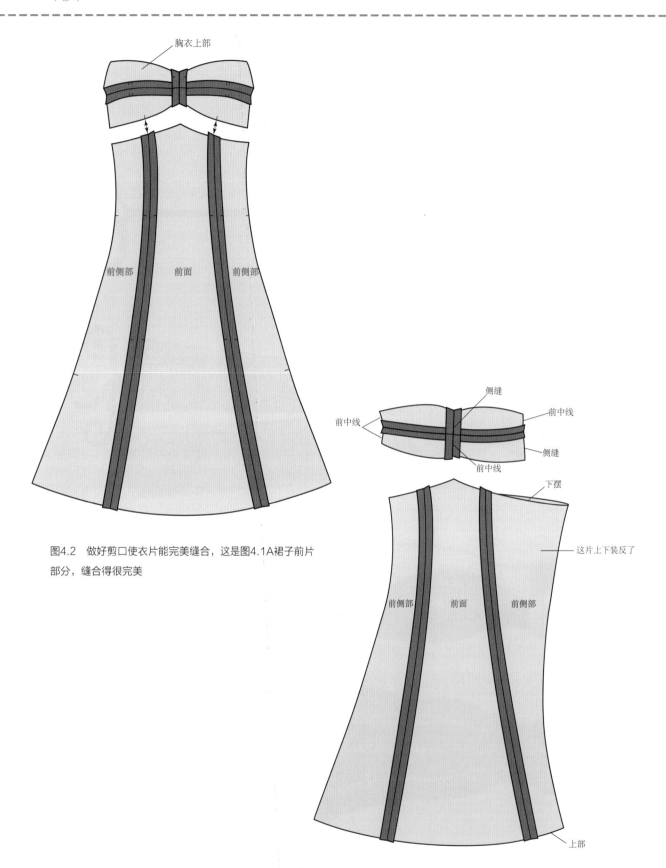

胸衣上部

前侧部　　前面　　前侧部

图4.2　做好剪口使衣片能完美缝合，这是图4.1A裙子前片
部分，缝合得很完美

侧缝

前中线

前中线

前中线

侧缝

下摆

这片上下装反了

前侧部　　前面　　前侧部

上部

图4.3　未做剪口可能会导致衣片被装反、拉伸至不均匀，
或缝合不正确

缝纫准备

先复习几个基础缝纫技术。详细内容可见第2章缝纫准备相关内容。

- 按布纹方向裁剪布料（见图2.6与图2.15）。
- 正确的缝纫需要在缝份打剪口（见图2.11），省位点与对位点也应标在面料上（见图2.23）。这些都是重要的标记，用来指示衣片的缝合。
- 不同面料应使用相应合适的针与线（见图2.25）。
- 缝纫机穿线时，应检查底、面线张力（见图2.27与图2.28；包缝见图2.29）。
- 根据面料调整好针距。

缝制练习

- 用两片坯布或服装面料练习缝合（见图4.4A）。不宜用单片坯布，因为无法准确缝合。
- 用描线轮在两片坯布背面都画上与面料边缘平行的车缝线。标记缝线有助于确定缝份宽度（制作方法如图2.24所示）。
- 使用正确的缝份；缝份宽度过大或过小都会导致服装尺寸不准。
- 卷尺用于测量缝份（见图1.1）。缝份量规可以准确测量缝份宽（见图2.1）。
- 参照缝纫机针板刻度可缝出正确的缝份宽度。缝纫机上针板位置如图2.27所示。有些针板有标识（1cm、1.5cm、2cm与2.5cm刻度），有些没有。如果没有，用尺量出缝份宽，或黏上胶带指示缝份宽。
- 接下来用珠针固定缝份，别用太多。
- 珠针水平固定缝份，准备缝纫。在快要缝到时去除珠针，如果直接缝过去可能会别断缝纫机针（见图4.4A）。
- 珠针竖直固定缝份（插进插出两次这样不易脱落）用于试衣。试衣需要更多更密地别针（见图4.4B）。
- 缝份可先以手工粗缝，如图4.4C所示。这些暂时性的手工缝线帮助接合衣片。在缝纫好后去除。手工粗缝的方法见第3章缝入式定型料部分的说明。
- 用缝纫、修剪、熨烫的方式。
- 开始缝纫，将双手分别放在缝份两侧，车缝的同时推送面料（见图4.5）。
- 在坯布上缝出不同针距密度（两片，见图2.31）。
- 检查接缝强度（见图2.32）。

现在准备好了，可以开始服装缝纫。如果线迹是歪斜的或将错误的两片缝合，则应小心地拆除接缝（见图2.33A）。

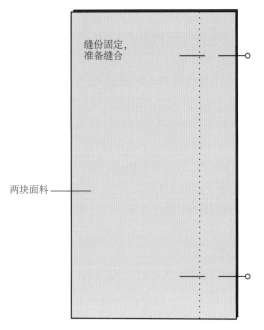

两块面料

缝份固定，
准备缝合

图4.4A　用珠针水平固定缝份：准备缝纫

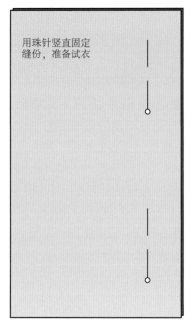

用珠针竖直固定
缝份，准备试衣

图4.4B　用珠针竖直固定缝份：准备试衣

手工粗缝

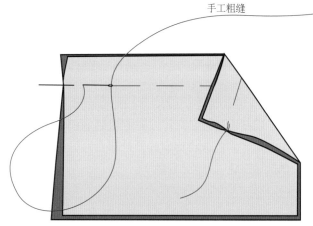

图4.4C 手工针暂时固定缝份：手工粗缝

图4.4　固定缝份

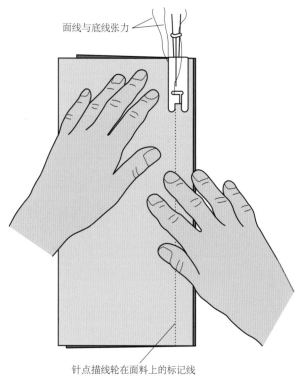

面线与底线张力

针点描线轮在面料上的标记线

图4.5　车缝缝份

要点

工业化生产时，由于专业车工的熟练程度远高于初学者，因此车工很少使用珠针。通过不断练习可以积累缝纫经验，逐步减少使用珠针。珠针是不错的缝纫辅助工具，但不宜过度使用（比如每2~3cm使用珠针）。

缝纫线迹不好怎么办？

- 检查缝纫机穿线是否正确。
- 检查底线张力。
- 试用不同规格的机针。
- 试用新机针。
- 调整面线张力。
- 用两片用过的面料测试。
- 不断试验以积累经验。

要点

布料质量好，缝纫会更容易。优质布料、精湛的缝纫工艺与后整理是设计作品脱颖而出的原因。

辅助缝纫工具

面料裁好后，下一步就是缝纫衬布等定型料。必须要强调的是，一些接缝需要定型以防缝制过程中出现拉伸变形。任何斜料裁剪的边缘都可能出现拉伸变形，因此需要在缝纫前加牵带定型（比如底衬或衬里就是一个好的选择），加强接缝（见图3.18）。另外，轻薄或缝份易滑脱面料也应对接缝部位定型（见图3.19）。具体信息可见第3章中牵带与缝份相关内容，以及表3.1中缝入牵带。

处理好定型料后，下一步是平面结构的缝纫，比如省道、褶裥等部位。这些部位必须在缝合侧缝前完成。

缝纫工具对于缝纫的重要性不容忽视。缝纫工具多种多样：卷尺、导边器、珠针、面料记号笔以及手工针线，使用这些工具有助于缝制出平整准确的缝份。切勿忽略这些，否则易导致返工重做。

要点

随着缝纫经验的积累，使用缝纫工具的习惯也会逐步形成。最常用的缝纫工具是手工针粗缝。

缝制理想接缝

缝纫的基本步骤包括缝纫、修剪、熨烫。这些在第2章中已作详细介绍。在第一次缝纫时，应按照缝纫步骤操作。该方法可缝出光滑、平整、完美的接缝。缝纫理想的接缝包括修剪缝线以及熨烫缝份。

边做边熨烫，每条接缝都十分重要。制作过程中，以认真的态度对待服装制作十分重要。如果只在最后熨烫成衣，很难将服装熨烫平整。具体信息可见第2章中服装熨烫部分内容。学生的目标是要学会缝纫理想的接缝。

一条完美的接缝：

- 完美的接缝应平整光滑。在接缝缝纫完成后，它们会因为线的原因而轻微起皱。这可能表明车缝速度过快，导致缝线绷紧。按照步骤熨烫接缝，将缝线"烫进"布料里。熨烫有助于使接缝变得光滑平整，也为下一步缝纫做好准备。
- 服装放在人台上，不能扭曲。
- 服装外表不能有拉伸变形、起皱或歪斜。弯曲歪斜的接缝应拆开重做。

加薄棉纸车缝

缝份也可以加入与布料颜色最相近的带状薄棉纸（与礼品包装纸同一类型）。裁数条5cm宽的薄棉纸，将它们置于缝份下面来定型。将薄棉纸与缝份的边缘对齐，然后车缝。完成后将薄棉纸撕去。

要点

事先应制作缝份试样。检查缝纫线张力是否正确。图2.32C解释了张力正确的情况下，缝纫线的样子。注意若是缝纫线的张力不正确，就无法缝出高品质的衣服。此时需调节底、面线张力。

开始车缝

本章包括许多基础的缝纫技法。在学会如何缝制直线与基础缝合后，可继续学习更高级的缝纫技法。

固定线

固定线是一条单排线迹，缝在一层面料上，用于加固并防止缝份在缝纫过程中散开或者变形。任何面料都可通过固定线来加固——主要的考虑因素不是面料的类型，而是接缝处面料的丝缕线与接缝角度。

做领子前，必须对有形状、有角度的领口边缘以固定线加固，包括面料与里布。如图4.6B~图4.6D所示，大部分领圈形状带有斜丝缕，而斜丝缕有弹性。圆领、方领、V领缝份车缝固定线并打剪口。这些剪口使得缝份里的面料可以伸缩、与其他异形裁片缝合。任何接缝都要在剪口处加固，避免剪口被撕破、磨损、裂开。

固定线:

1. 如果衣服有衬布，应在加入衬布后再做固定线（见图3.17）。

2. 使用较小的针距；13~14针/3cm是常用的线迹长度（见图2.31D）。

3. 在接缝线往里0.25cm处做固定线（见图4.6A）。

4. 按图示方向从肩部往领口中央车缝固定线。在这种情况下，定向的固定线不会使面料扭曲或拉伸（见图4.6B~图4.6D）。

5. 图4.6B中的圆领做好固定线，再按一定间隔打了剪口。

6. 图4.6C中的V领做好固定线，在前中打了剪口。

7. 方领同样需要做固定线（见图4.6D）。

8. 图4.6D中，为了让公主线的拐角更牢固，其内部拐角也应做固定线，开始与结束的位置在离拐角每一边2.5cm的位置。这些拐角可以用一小片衬布来稳固。关键是衬布不能在正面产生阴影，否则会破坏衣服的整体外观。

定向缝纫

缝纫时，从衣服的顶部缝到底部是明智的。这是种定向缝纫法，避免了接缝缝合后看出现扭曲。如果缝份长度出现微小差异，应检查样板是否正确。如果是正确的，则应小心拆开缝份，烫平后重新缝纫。图4.7A中的紧身胸衣是定向车缝的。图4.7B中的裤腿也是定向车缝的，图4.7C的短裙也是。本章后面的交叉缝部分，两个裤脚在裤裆处被缝在一起。

要点

服装的缝纫质量是非常重要的。如果服装无法供日常使用，顾客可能会退货。服装的质量问题会最终损害公司的声誉。

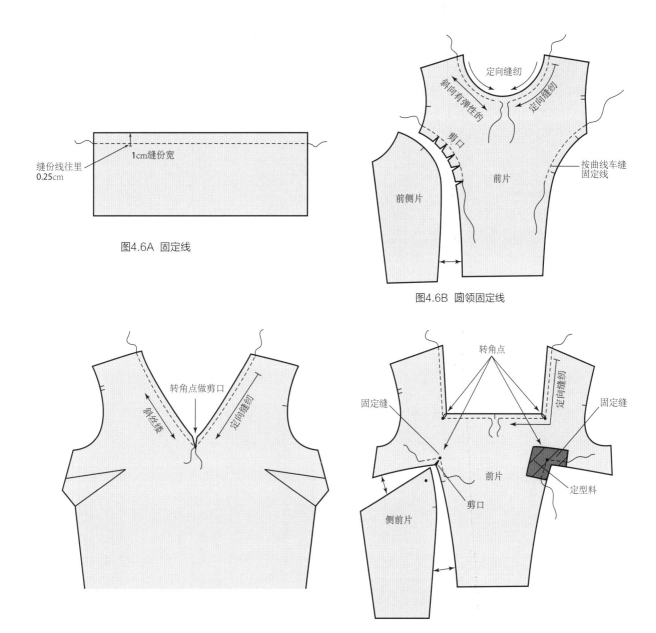

缝份线往里
0.25cm

1cm缝份宽

图4.6A 固定线

定向缝纫

斜向有弹性的

剪口

前侧片

前片

定向缝纫

按曲线车缝
固定线

图4.6B 圆领固定线

斜丝缕

转角点做剪口

定向缝纫

图4.6C V领固定线

转角点

固定缝

定向缝纫

固定缝

前片

剪口

定型料

侧前片

图4.6D 方领固定线

图4.7A 上衣

图4.7B 裤腿

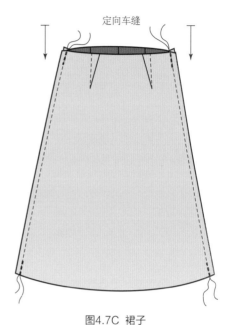

图4.7C 裙子

图4.7 定向车缝

平缝

　　平缝是最基本的直线接缝，如图2.27所示。平缝适用于任何面料与服装任何部位。平缝可以是直的、弯的、圆的或有角度的。通常平缝的缝份做在反面成为贴边。正面看起来，平缝光滑整洁。平缝也可车缝明线、缝份外露或加嵌条、鱼骨或作边缘装饰。这些都会在本章中介绍。平缝的缝份可外露形成解构的风格。外露缝份成为一种流行元素。

缝制顺序

　　1. 两片面料正面相对、边缘对齐，用珠针别住（见图4.4A）。

　　2. 面料平铺在操作台，用压脚压住面料，车缝1cm、1.5cm或2cm宽的平缝缝份。详见第2章的缝份相关内容。

　　3. 将面线与底线置于压脚下。起针时轻轻拉缝线配合机器送布。

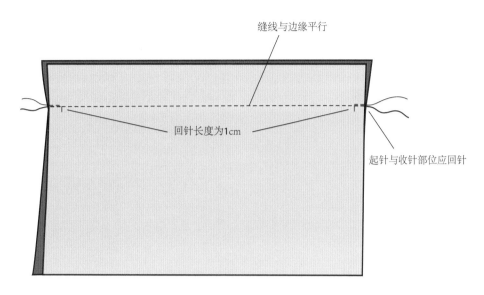

缝线与边缘平行

回针长度为1cm

起针与收针部位应回针

图4.8 缝线两端应车缝回针

4. 车缝起针与收针应回针。回针是为了确保缝合处不散开。回针就是先向前车缝1cm后再在先前针迹上向后缝1cm，然后继续完成整个缝合，收针时应再做一次回针。图4.8是接缝回针的样子。

5. 车缝时应注意引导面料（见图4.5）。缝合后线迹要与布料边缘平行。

要点

缝纫时应时刻警惕接缝上下两层的情况。

熟能生巧

千万不可气馁，哪怕接缝需要重新车缝，无论多用功，所有初学者刚开始时都会缝歪。做个深呼吸，用拆线刀（见图2.33）缓慢、仔细地拆掉缝线，在车缝前应确保所有缝线都拆干净，然后将布烫平。

车缝斜料

两块斜料缝合时，面料可能在缝纫过程中因拉伸而变形。因此，在车缝斜料时应尤其小心。

缝纫顺序

1. 将两块面料正面相对叠放在一起，边缘对齐，别上珠针（见图4.4A）。

2. 将颜色匹配的薄棉纸放在接缝下加固，防止其在车缝时出现拉伸。

3. 起针时回针，车缝几厘米后停止车缝，机针插入面料并抬起压脚，让面料松弛。再放下压脚继续车缝。如果接缝很长，需多次重复这步。

4. 车缝时应轻微拉伸接缝，以防衣服穿着时，接缝开裂。此外，缝合两块斜料时，必须做好剪口。

斜丝缕面料/直丝缕面料缝合

斜丝缕面料极有可能被拉伸。如果是沿着丝缕方向裁剪面料（直丝缕或横丝缕），车缝会变得很稳固。

缝制顺序

1. 两块面料正面相对叠在一起。
2. 缝纫时将斜料置于上层，起针与收针部位应回针。
3. 缝纫时避免拉伸斜料层。

要点

用面料（而非坯布）制作试样，以此确定哪种缝型最合适，然后在实样制作中应用。

缝份分开与缝份合拢

车缝接缝前应确认缝份分开还是合拢。这会影响接缝的整烫。设计师应根据面料厚度选择缝型。接缝厚度也应加以考虑。如果是厚重面料，分开缝可减小接缝厚度。如果是薄料，缝份合拢不会增加接缝厚度，外观也不臃肿，接缝正面不会因面料厚度而产生凹凸不平。缝份分开与缝份合拢的形式如图4.9A与图4.9B所示。

包缝处理

服装接缝可用各种不同的包边缝（简称包缝）方式构成（见图2.29）。合理的缝型处理能提升服装品质，使衣服有型并且耐用。包缝是服装生产中最常见的接缝处理方式。它是种专业的接缝处理方式，可以防止缝份脱散。图5.7中有各种包缝。包缝时，面料修剪与包缝可以同步完成。高速包缝机每分钟可缝1500针，使用2~5个线筒，缝份可做成分开或合拢两种。

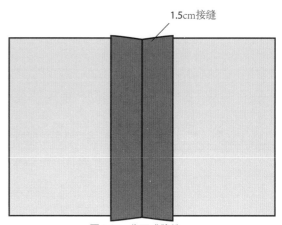

1.5cm接缝

图4.9A 分开式缝份

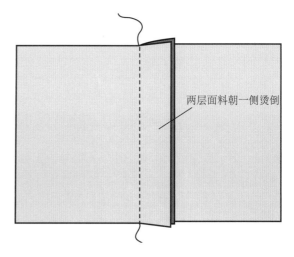

两层面料朝一侧烫倒

图4.9B 合拢式缝份

要点

每条接缝缝完后，应注意修剪线头，缝份分烫或者倒向一侧。

包缝缝份烫开（缝份分开式）

缝份分开式包缝是沿着每条边（见图4.10A）包缝。小心翼翼地包缝，靠手控制与引导布料（见图5.8）。

缝制顺序

1. 做包缝时，请务必小心：避免完全包住缝份，因为超过针头的布料会被刀片裁掉。

2. 两块面料正面相对叠放在一起、边缘对齐（见图4.4A）。如要用珠针，应离开缝份，避免其妨碍包缝机压脚。如果珠针在面料上会留下针孔印，可试手工粗缝。

3. 起针与收针时应回针，使接缝更牢固。

4. 分烫缝份（见图4.10A）。

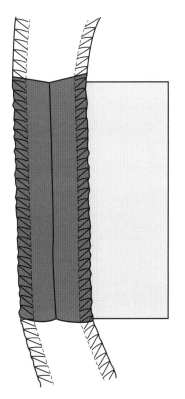 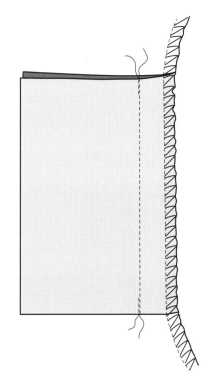 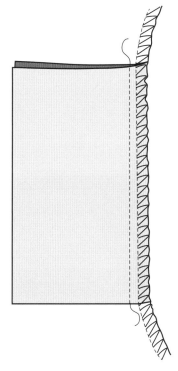

图4.10A 1.5cm宽的缝份分开包缝

图4.10B 1.5cm宽的缝份合拢包缝

图4.10C 1cm宽的缝份合拢包缝

图4.10 缝份分开或合拢

包缝缝份合拢向一侧烫倒 (缝份合拢式)

接缝做成烫倒式时，接缝的两条缝份包缝在一起后，向一侧烫倒。缝份宽度为1.5cm (见图4.10B) 可以做烫倒包缝，若是薄料，可做成1cm宽的烫倒包缝 (见图4.10C)。1cm宽的烫倒包缝常用于生产替代来去缝，这是种更经济高效的选择。

包缝有两种方法可供选择。完工时，两者外观一样，但缝制方法不同。

缝合前包缝

缝制顺序

1. 先将每个衣片分别包缝。

2. 将两块面料正面相对叠在一起，将两个缝份对齐。别上珠针 (见图4.4A)。

3. 缝合面料。

4. 将缝份往一边烫倒。除了将两个缝份都烫向同一侧外，它与分开式包缝完全一样。

缝合后包缝

缝制顺序

1. 两块面料正面相对叠在一起，将缝份对齐。别上珠针 (见图4.4A)。

2. 缝合面料。

3. 两条布边一起包缝。

4. 缝份往一侧烫倒。

设计师必须决定究竟是在缝合前、还是在缝合后包缝。需要对坯布样衣进行试穿与改板时，做分开缝更可行。经过不断地调整与改板后，服装可变得更合身，最终达到理想的款式目标。随意选择缝型会产生许多后续问题。缝型选择应适应款式特点。

安全包缝

安全包缝线迹是种侧倒缝。它在缝合接缝的同时完成了对布边的包缝处理。在生产中，安全包缝因为省时而高效。时间就是金钱。它常用于廉价服装生产线，而非高级女装的定制，缝制安全包缝需要4卷缝纫线，适用于梭织与针织面料缝纫。图4.11为安全包缝线迹。

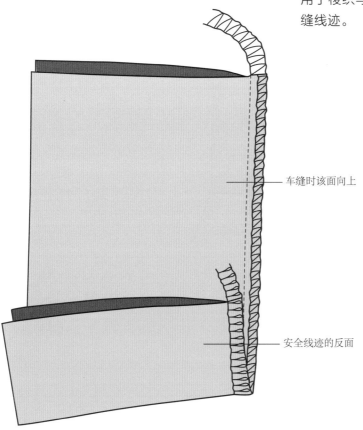

车缝时该面向上

安全线迹的反面

图4.11 安全包缝线迹

异形接缝

异形接缝车缝平整的秘诀是：开始车缝前，必须做好对位剪口与标记点。缝份的加固线必不可少。

缝制弧线/公主线接缝

公主线是种漂亮的接缝，能令衣服廓型完美展示女性曲线。公主线可用于上衣、女式衬衫、连衣裙、半身裙、夹克衫与外套等款式设计。它可以设置在前片或后片。上衣公主线的缝制可从袖窿或肩缝开始。公主线也可从其他部位开始缝制，如图4.1A中的连衣裙。

公主线之所以流行，是因为它对体型有修饰作用。如图1.4~图1.6设计中的结构线。

缝制顺序

弯曲的公主线接缝，需要将向内的弯曲缝份与向外的弯曲缝份缝合起来（见图4.6B）。

1. 如图4.6B所示，由距离袖窿边缘1.5cm部位车缝，前片向内的部分做加固线，沿弯曲部分缝合。加固线不可超出缝份。

2. 对缝份做剪口，剪到加固线（见图4.12A）。只有前片被剪开了。

3. 前片与前侧片正面相对叠放在一起，剪口对准后别上珠针。注意看图4.12A中前片剪口是如何分开缝份，从而使接缝线准确贴合。

4. 做剪口一侧面朝上，从袖窿边缘车缝一道1.5cm的缝份（见图4.12A）。

5. 车缝侧倒式包缝，缝份向前中烫倒（图4.12B中剪口藏在缝份底部）。在烫枕上整烫并定型好弯曲的公主线，如图6.3B所示。尽管图中为省道熨烫，但方法是一样的。也可以参见第2章中关于服装熨烫相关内容（公主线同样可以分烫缝份；但是剪口会外露，衣服需要加里布）。

要点 ✂

在固定线外做剪口是十分重要的；否则衣片就无法很好贴合（见图4.12A）。

环形接缝

图4.1B特征款式中的连衣裙就称为"环形接缝连衣裙"。你知道为什么这条连衣裙有这样的名字吗？

缝制顺序

1. 在向内凹距离接缝线0.25cm部位车缝固定线（见图4.6B）。

2. 侧缝里绕着接缝有规律的间隔打剪口，剪到固定线处。这点十分重要！剪口使缝份可以打开，使缝线可以对齐（见图4.13A）。接缝越圆，剪口间距越近。

3. 正面相对，做剪口一侧面朝上，用珠针将两个缝份固定在一起，缝1.5cm宽的接缝，如图4.12A所示。

4. 将缝份合拢包缝在一起，并将缝份烫倒（剪口置于缝份下面，见图4.12B）。

拼角缝

图4.1C中的高腰裤有拼角缝。当设计中使用撞色面料时，拼角缝就显得格外突出。拼角缝可车缝明线。

缝制顺序

1. 做标记：这对制作拼角缝十分必要（见图4.14A）。

2. 如图4.6D所示，在转角点缝份往里0.25cm部位车缝2.5cm的固定线，以防面料接缝脱散。在转角处打剪口，剪到缝线为止（见图4.14B）。

3. 面料正面相对放在一起，做剪口一侧正面朝上。此时不需要用珠针将两片别住，而是让其松开。

4. 车缝1.5cm宽的缝份直至剪口，然后面料旋转180度。注意剪口能让面料展开，实现理想的缝合。

5. 机针下落插入面料，完成余下缝份，并以回针结束（见图4.14B与图4.14C）。

6. 通过两个步骤包缝：先完成一片，然后再完成另一片，最后再缝合在一起。

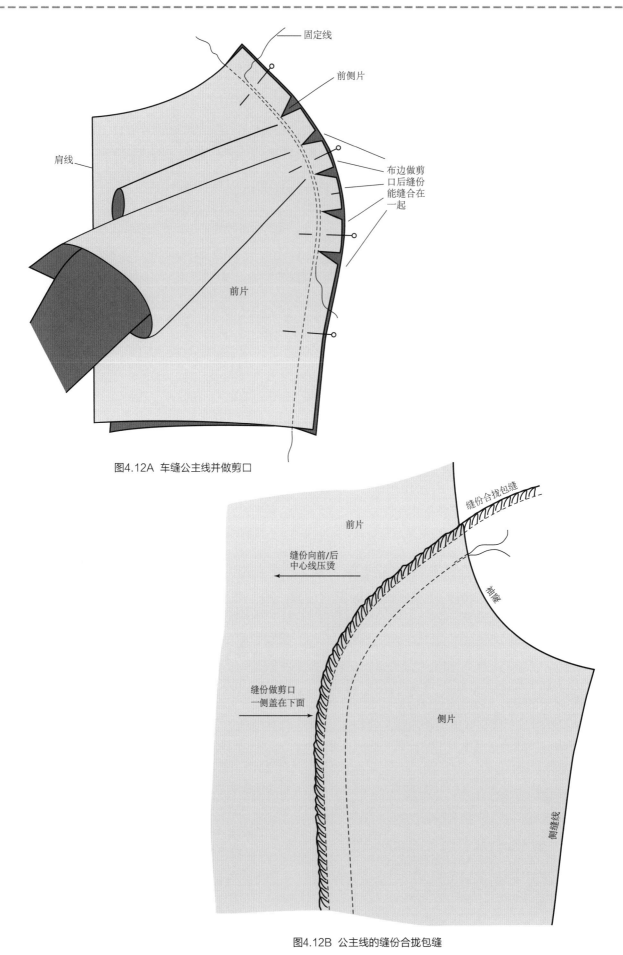

固定线

前侧片

肩线

布边做剪口后缝份能缝合在一起

前片

图4.12A 车缝公主线并做剪口

前片

缝份合拢包缝

缝份向前/后中心线压烫

袖窿

缝份做剪口一侧盖在下面

侧片

侧缝线

图4.12B 公主线的缝份合拢包缝

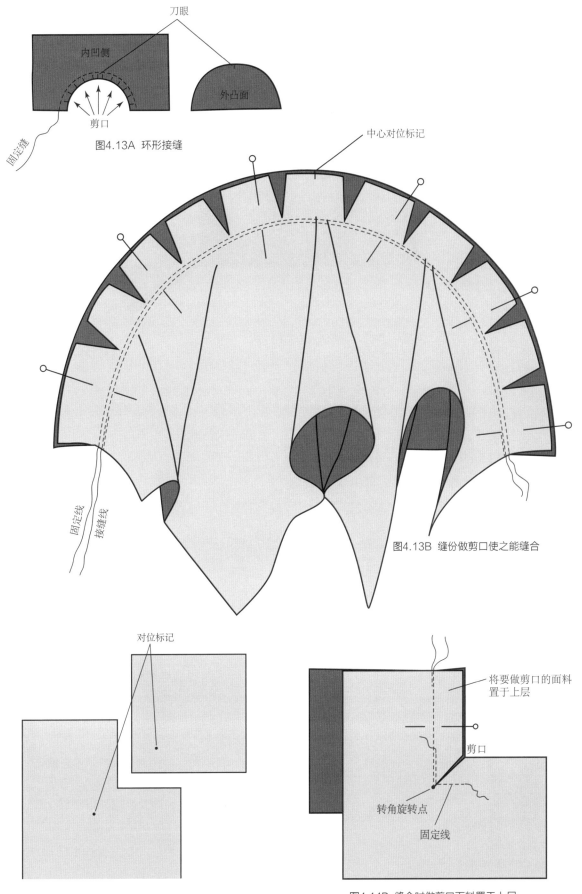

刀眼

内凹侧

外凸面

剪口

固定缝

图4.13A 环形接缝

中心对位标记

固定线
接缝线

图4.13B 缝份做剪口使之能缝合

对位标记

图4.14A 拼角缝份

将要做剪口的面料
置于上层

剪口

转角旋转点

固定线

图4.14B 缝合时做剪口面料置于上层

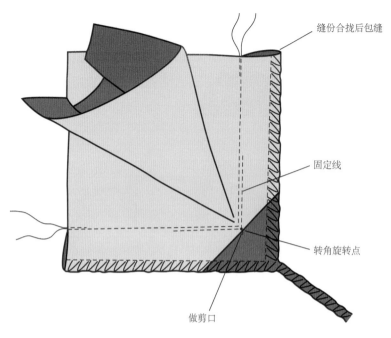

缝份合拢后包缝

固定线

转角旋转点

做剪口

图4.14C 侧倒式包缝缝纫

V形接缝

    这种接缝在设计中，常用于高腰线或罩杯造型。图4.1A特征款式中红裙子应用了V形接缝。注意胸罩部位有前中线。如果前中线没有接缝，缝合V形接缝旋转时必须车缝固定线（见图4.15A）。如图4.15B所示，固定缝与剪口在有前中线的情况下都是必要的。记住！事先用服装实际面料而不是坯布制作试样。

前中无接缝的缝合步骤

    1. 做对位标记。

    2. 从中心开始，每一边车缝2.5cm宽固定线。

    3. 固定线处做剪口。上下两片正面对齐，并按标记点用珠针钉在一起。

    4. 有剪口一侧置于上层，制作1.5cm缝份，起针与收针应回针。当车缝至标记点时，机针下落插入面料，抬起压脚旋转面料。拉开面料在角上的剪口后放下压脚，然后完成缝合（见图4.15A）。

    5. 包缝并整烫。

前中有接缝的缝合步骤

    图4.1A中的上衣有前中线。如图4.15B所示，缝合V形接缝。

    1. 做对位标记。

    2. 前中线位置缝合一条分开式缝份，从上边缘开始倒缝至对位标记点，不超出该点。

    3. 两片正面相对缝制1.5cm缝份。

    4. 分开前中缝份，车缝缝份。缝至标记点时，机针下落插入面料抬起压脚，围绕标记点旋转面料。拉开面料在角上的剪口后放下压脚，然后完成缝合。

    5. 合拢缝份包缝并整烫（见图4.15B）。

嵌条缝

    嵌条是种外层用斜料、内包芯绳并嵌入接缝的缝型。嵌条缝是种装饰元素，可使接缝更醒目，成为服装构造设计的一部分。高质量缝合技术对于嵌条缝十分重要，它能使嵌条平坦、不扭曲。

    嵌条缝可做成弯曲与转角，并嵌入几乎任何形状的接缝。具体可见图4.1A的公主线嵌条缝。嵌条突出接缝的存在，使其成为设计特色。双宫绸应是制作嵌条的理想材料。任何粗细的绳芯都可以，即使是0.5cm粗的绳芯也可以用于装饰嵌条缝。

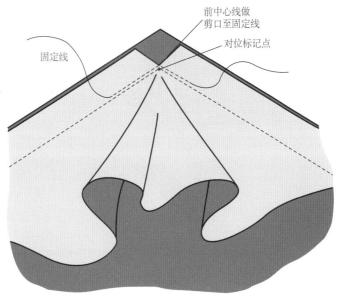

图4.15A 前中无接缝

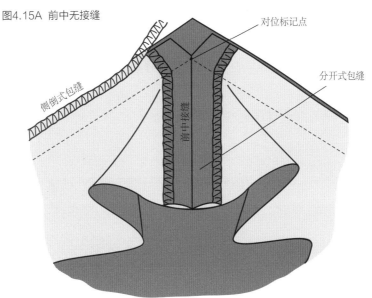

图4.15B 前中有接缝

图4.15 V形接缝

制板提示

裁剪斜丝缕滚条

如图4.16所示裁剪斜丝缕滚条

- 将面料以对角折叠。斜丝缕为45°角方向。
- 计算斜料宽度时，在绳芯外包裹一窄纸条后测量其长度，增加0.5cm余量并添加缝份量。0.5cm绳芯制作的嵌条应为4cm宽。
- 如图4.16所示，在面料上沿斜丝缕平行裁剪滚条。

拼接斜料

所裁斜料需要按直丝缕方向拼接。如按斜丝缕拼接容易变形。滚条的拼接、烫开与修剪如图4.17A与图4.17B所示。在制板阶段，折叠缝份按样板裁出形状。缝合接缝时，缝份会呈现出斜料的形状，如图4.17B所示。

缝合嵌条

1. 用拉链单边压脚（见图4.18A）。
2. 将绳芯置于滚条中间。
3. 滚条上口盖过绳芯大约1.2cm后折返并包光（见图4.18A）。

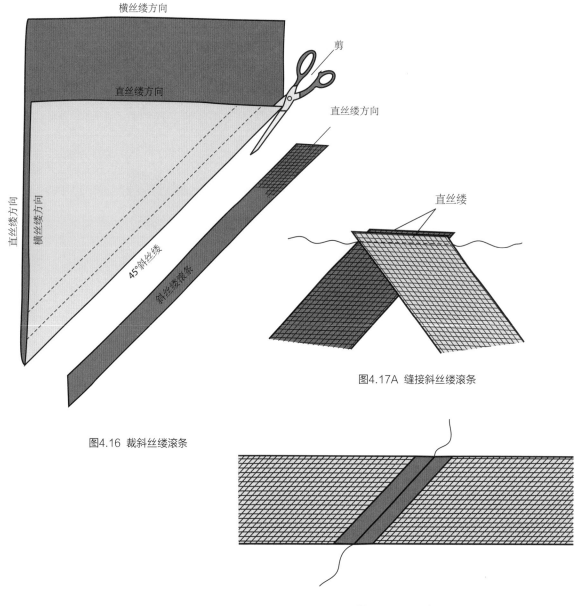

横丝缕方向

直丝缕方向

剪

直丝缕方向

直丝缕方向

横丝缕方向

直丝缕方向

横丝缕方向

45°斜丝缕

斜丝缕滚条

直丝缕

图4.17A　缝接斜丝缕滚条

图4.16　裁斜丝缕滚条

图4.17B　烫开缝份

4. 两边对折包住绳芯。缝纫时尽量贴合。注意缝合过程中不可出现卷曲（见图4.18A）。

5. 嵌线条置于缝份上，边缘对齐后用珠针固定（见图4.18B）。

6. 按原来缝线绱缝嵌线条。缝合时应避免拉扯线条，否则会起皱。

7. 如图4.18C所示，将缝好的嵌条与另一侧正面相对，夹在两层面料之间。边缘对齐后，按原有线迹再车缝一道。

8. 嵌线条增加了缝份厚度。现在需要修剪各层缝份后将各层一起包缝（见图4.18D）。

嵌条也可运用于公主线、弧形、角形接缝。注意：嵌线条的缝纫方法相同，但是做剪口的方法因接缝形状而异。

图4.19A、图4.19B与图4.20中的滚条适用于圆弧形接缝。图4.21A与图4.21B中的滚条适用于有角度接缝。任何形状的接缝都可以加缝滚条。

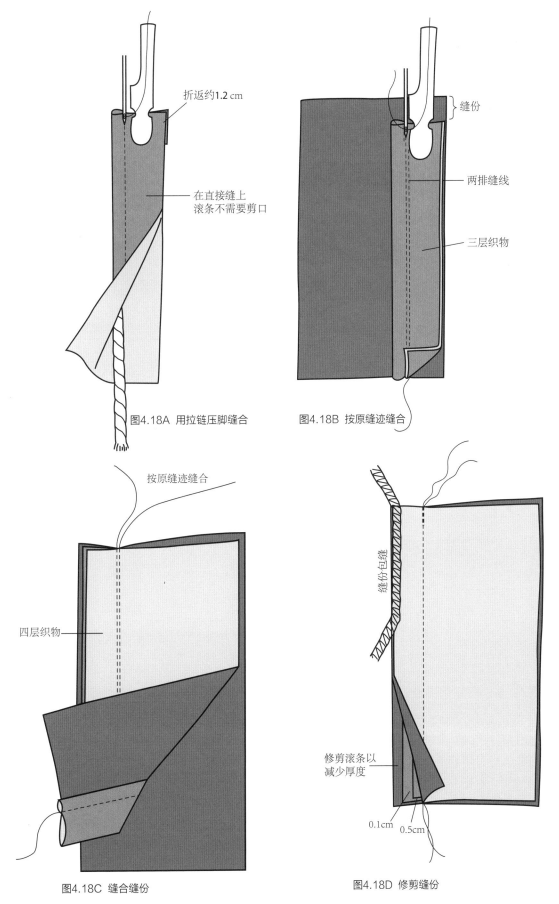

折返约1.2 cm

在直接缝上
滚条不需要剪口

图4.18A 用拉链压脚缝合

缝份

两排缝线

三层织物

图4.18B 按原缝迹缝合

按原缝迹缝合

四层织物

图4.18C 缝合缝份

缝份包缝

修剪滚条以
减少厚度

0.1cm

0.5cm

图4.18D 修剪缝份

图4.18 滚条接缝

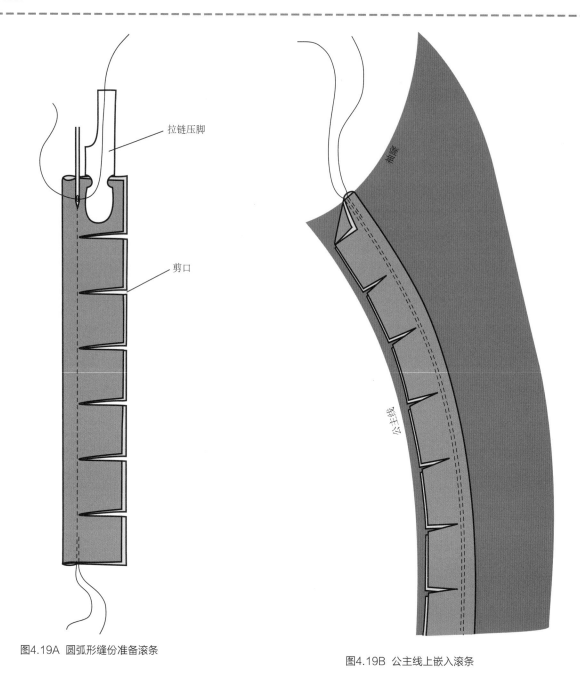

拉链压脚

剪口

图4.19A 圆弧形缝份准备滚条

袖窿

公主线

图4.19B 公主线上嵌入滚条

图4.19 公主线加缝滚条

修剪缝份

　　修剪缝份是将缝份修剪至不同宽度，以减少接缝厚度。根据厚度不同，面料可分为厚重型、中厚型、轻薄型。按照面料厚度以及各种缝型，有些缝份会比其他缝份更厚更大。当过面部位、衣领、袖口与袋盖周围缝制1cm宽的缝份时，接缝厚度就很成问题了，有些接缝必须修剪缝份。交叉接缝、领角、重叠的褶裥、嵌入的缝份以及其他厚重的接缝部位，可通过修

剪减少缝份厚度。图4.18D以及下面内容将有助于理解如何通过修剪缝份减少接缝厚度。

- 图8.3B袋盖修剪缝份。
- 下册图3.9B与图3.9F衣领修剪缝份。
- 下册图4.10A袖窿修剪缝份。
- 下册图4.19A 领圈修剪缝份。

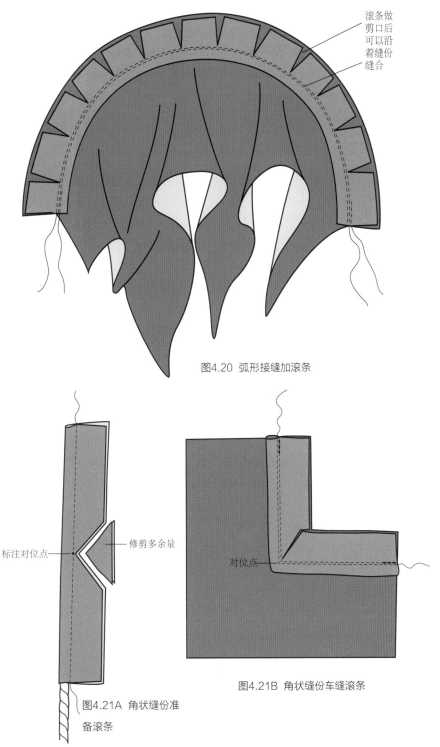

滚条做剪口后可以沿着缝份缝合

图4.20 弧形接缝加滚条

标注对位点

修剪多余量

对位点

图4.21A 角状缝份准
备滚条

图4.21B 角状缝份车缝滚条

图4.21 角状缝份加滚条

有几种不同的方法减少接缝厚度。

- 图4.29A 是如何从分开式缝份剪去多余量。
- 图4.30是侧倒式缝份交叉时,将包缝倒向相反方向减少厚度。
- 图4.34B是如何从平接缝中剪去布料减少体积。
- 下册图7.7是修剪下摆缝份,防止接缝不美观与凸起。

缩缝

缩缝在缝份一侧会有轻微鼓起。缩缝常用于制作圆满与鼓起的造型。比如装袖(为了适合肩部)与腰身部位(代替省道做出臀部造型,或者代替胸省来做出胸围线以上的合体造型)。具体可见下册第6章中袖子缩缝相关内容。

缝制顺序

1. 如图4.22A所示，在较长一侧刀眼之间，距离缝线内0.25cm位置粗缝一道。

2. 拉紧粗缝线直到缩缝成形（轻微隆起）。

3. 面料正面相对。将抽缩量均匀分布珠针别好，然后缝一条1.5cm宽的线迹（见图4.22B）。

4. 缩缝部位正面不应有明显的皱褶。

抽褶

缝份一边或两边可抽褶。为了保证抽褶成功，应选用轻薄或较轻薄的面料。笨重面料不适合抽褶。参考图4.1D特征款式中泡泡袖连衣裙。注意其袖子部位抽褶。在制板阶段，将省道转为余量使胸部更有造型。

缝制顺序

1. 如图4.23A所示，在缝份内车缝两道粗缝线，一条位于缝线迹上端1.5cm处，另一条在这条的下端1cm处。

2. 小心拉紧底线，产生聚集在一起的小皱褶。

3. 将抽褶均匀分布。

4. 将两层叠放在一起，用珠针别住，这样抽褶部分能与所需长度符合。

5. 如图4.23C所示，抽褶之后，在1.5cm粗缝线下车缝一道直线。下面一道粗缝线不需要拆除，因为缝好后就看不见了。

6. 完成包缝（见图4.23C）。

车缝明线

明线是一排车缝于面料表面的线。明线可使接缝更牢固，还能突出造型，增加服装的装饰元素。图4.1B中的圆形接缝是明线缝。图4.1C也车缝了明线。有角度接缝也可以车缝明线。人们的视线常会受明线的引导。

明线可以车缝或者手工缝。如果侧倒缝份很宽，手工缝的效果会更好。侧倒的缝份可以作为填充物，在接缝与明线缝之间产生饱满的效果。

图4.24中车缝的明线，可以是一排、两排或三排线迹，还可以选择锯齿形或装饰性线迹。

- 图4.10B中的接缝都缝了1.5cm宽的侧倒式包缝。
- 面料层数越多，针距应越大。因为线迹是嵌在面料底下（见图2.31E）。
- 车缝明线的单线或双线可用配色线或撞色明线。做双明线用大号机针，因为针眼大容易穿线。

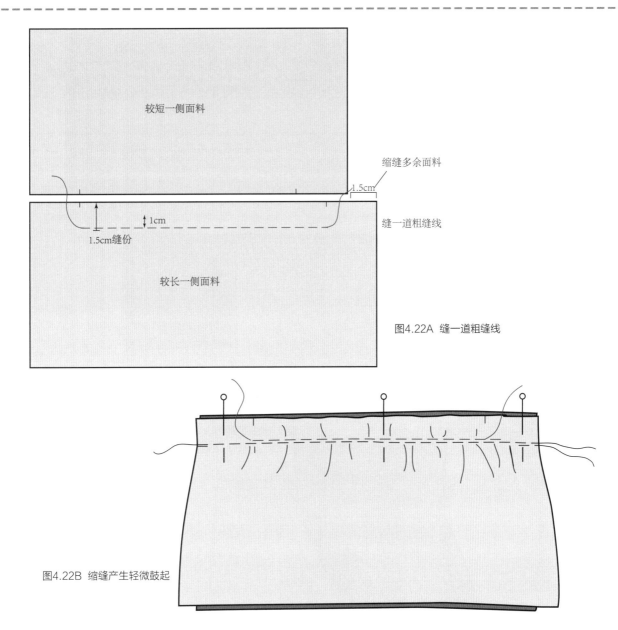

图4.22A 缝一道粗缝线

图4.22B 缩缝产生轻微鼓起

图4.22 缩缝

窄边止口线缝制顺序

如图4.24A所示，面料正面朝上，离接缝0.25cm部位缝一道止口线。

宽边止口线缝制顺序

1. 面料正面朝上，压脚贴住接缝车缝止口线。

2. 如图4.24B所示，离接缝1cm处车缝。压脚贴住接缝车缝止口线，车缝明线缝时始终保持其与边缘平行。

双针明线缝

缝制顺序

1. 双针明线缝可以缝在边缘或作装饰线。面料正面朝上，车缝一排窄边止口线（见图4.24A）。

2. 为了缝下一排线，将压脚靠齐缝纫线而不是边缘。保持间距平行缝第二排线。

3. 车缝线迹宽度应该是1cm（见图4.24C）。

异形明线缝

车缝异形明线对接缝形状没有限制。任何形状都可以车缝明线。但是，接缝形状越复杂，缝合时就越需要时间与耐心。

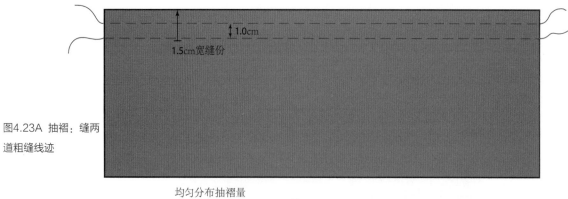

图4.23A 抽褶：缝两
道粗缝线迹

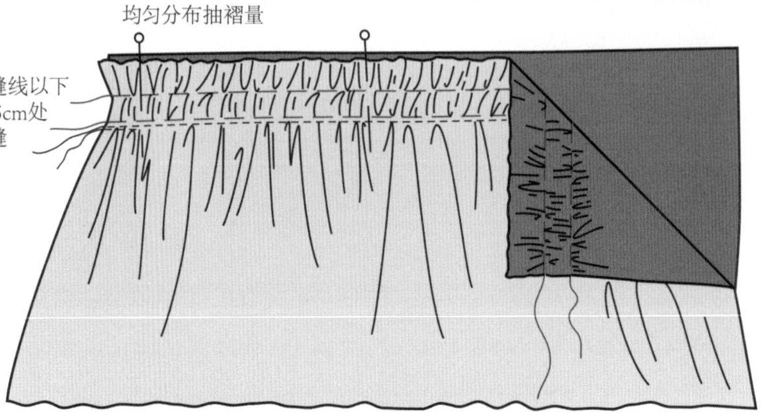

1.0cm

1.5cm宽缝份

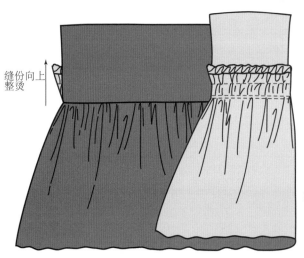

均匀分布抽褶量

疏缝线以下
0.25cm处
车缝

图4.23B 均匀地分
配抽褶量

缝份向上
整烫

图4.23C 完成缝合后包缝

图4.23 抽褶接缝

圆弧形接缝

- 车缝弧形明线时，车缝每隔大约3cm停一次
（机针插入面料），轻微转动面料后继续车
缝。车缝图4.1B中的特征款式时，弧形明
线必须小心车缝。

- 另一种方式为：用手转动缝纫机。缝纫机上
手轮位置如图2.27所示。为了转动缝纫机，
需用手转动手轮，这会使缝合变得十分缓慢
且需要小心。手动缝纫机时，请勿将脚放在
踏板上。

拼角接缝

车缝拼角明线与车缝拼角接缝相同，需要
在拐角中心处旋转。从图4.1中的特征款式可以
看到拼角明线。

要点

双针车缝只需要一步就可以快捷地车缝两
道明线，完成缝纫。双针的样子如图2.25B所
示。双针车缝明线可用在公主线与弧形接缝
上，但很少用在拼角接缝上。

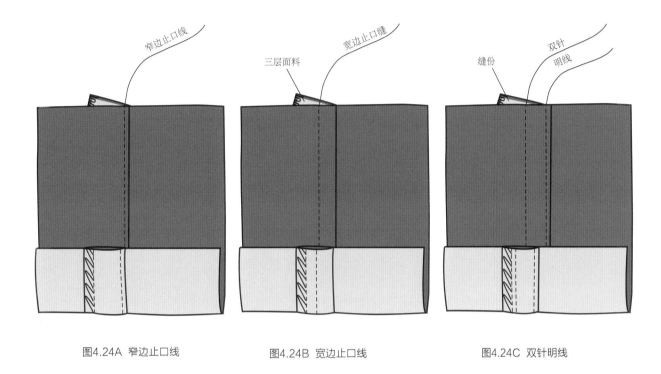

图4.24A 窄边止口线　　　　图4.24B 宽边止口线　　　　图4.24C 双针明线

图4.24 缝纫机车缝明线

双针车车缝明线

双针车有两根并排的针。用双针车缝明线可在正面压出两条完全平行的线迹，其反面是锯齿形线迹（见图4.25A与图4.25B）。双针有不同的型号与宽度，比如数字2.5与4.0是指的是两针的间距；数字75/80/90是指针的型号。第2章缝纫机针种类一节对双针车有更详细的介绍。

双针车缝可用来车缝梭织面料服装，尤其在全棉斜纹布上效果极好。针织物下摆部位用双针车缝明线的效果也十分理想，因为它可以让针织物得到伸展（见图5.23）。对于薄型针织面料，如果双针车缝合不平整时可以加垫薄棉纸。

1. 同时在缝纫机上穿两根线。两根缝线分别穿过各自机针。

2. 开始缝纫，压脚与接缝对齐然后小心缝合制，缝出两条平行的线迹（见图4.25A）。

3. 面料反面，沿着中心形成小型锯齿状线圈。锯齿状线圈对于针织物缝合而言是必要的，这可使接缝有弹性（参见4.25B）。

如果车缝的明线断了……

不必担心，不需要拆掉所有明线重缝，可按照以下方法继续缝合：

1. 将断的线头拉到反面，系到一起，然后穿过一根大针眼的针。将线头藏在线迹里（见图4.26A）。

2. 将机针插入之前断线的针孔，然后重新车缝明线（见图4.26B）。

3. 从该点继续车缝到底。不要忘了将线拉到反面并打结。

4. 从正面看不出接线的痕迹。

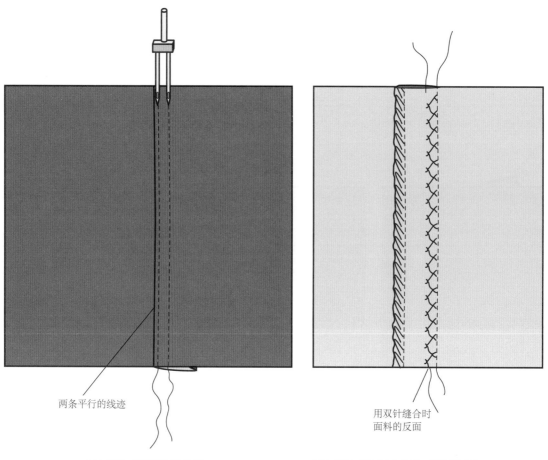

图4.25A　两条平行的线迹　　　　　　　　　图4.25B　用双针车缝合时面料的反面

两条平行的线迹

用双针缝合时
面料的反面

要点 ✄

　　学习手工针法相当重要，因为你永远无法预见今后某天被叫去帮忙做手工。

手工明线

　　做手工缝明线时，出色的成品离不开时间与耐心。这里介绍两种缝法，鞍形针和落穗缝，手工缝不仅限于这些，每个设计师可以创作出各自不同式样的手工缝明线。

　　准备绣花针与线，确保针眼穿线顺畅。有各种绣花丝线可选，如100%棉、100%人造纤维、100%亚麻，有杂色的、丝光的、金属色的，还有各种颜色可选。

　　如接缝太厚，做手工明线前，应先将内层缝份宽度修剪至1cm，以减少缝份厚度（见图4.34B）。

要点 ✄

　　鞍形针或落穗针缝可以做0.25cm、0.5cm或1cm宽的明线，这由设计师选择。开始与结束时应在面料反面做回针（见图4.38B）。

鞍形针

- 鞍形针的针长大约1cm、针距1cm（见图4.27A）。
- 关键是线迹与接缝线应保持平行。
- 在面料反面做几针回针。
- 先用样料试一下线的种类与颜色、针的大小，以及明线宽度。手缝完成后，要在反面做回针（见图4.38B）。

将明线引到反面
并将其藏在缝份内

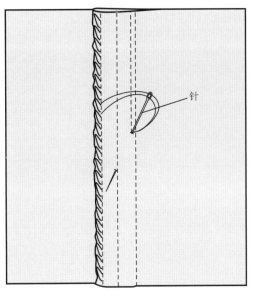

针

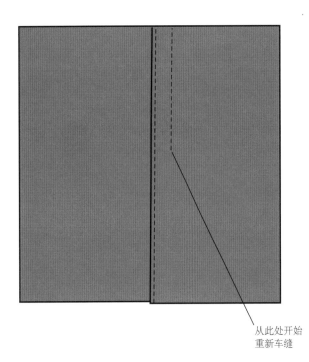

从此处开始
重新车缝

图4.26 接缝明线

落穗缝

落穗缝在面料正面仅露出很小的线迹，反面是一行更长的线迹（见图4.27B）。

夹缝

夹缝是将三层面料缝在一起。这种缝法经常用在缝合衬衣、短裙或女士衬衣育克部位。这是种常见的造型线，尤其是男士衬衣。图4.28B中两片育克与衬衣后片夹缝在一起。育克缝好后，再车缝止口线或双针明线（见图4.28C）。然后将前肩与育克底层缝合在一起，再在育克面层车缝明线，如图4.28D所示。应注意的是缝合育克前，先完成前片门襟与口袋的车缝。

十字交叉缝

十字交叉缝（简称交叉缝）是将两个缝份缝合到一起。由于多层面料合并，这种接缝会产生相当的厚度。

分开式交叉缝

为了弄清哪里可以使用交叉缝，让我们翻到图4.1A中的特征款式。注意前中线与胸围线的缝合。这两条水平与垂直的接缝就是交叉缝。在图4.1B中，两片黑色衣片在高腰处连接的位置也是交叉缝。

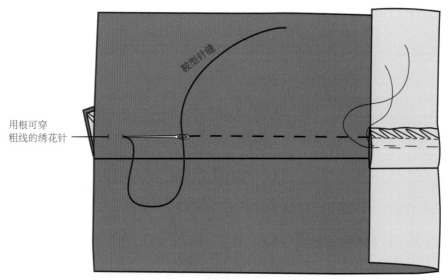

用根可穿
粗线的绣花针

鞍型针缝

图4.27A 鞍形针

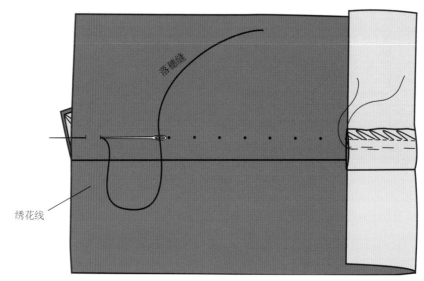

落穗缝

绣花线

图4.27B 落穗缝

图4.27 手工针缝明线

缝制顺序

1. 将两片包缝过的衣片正面相对叠放在一起，缝份对齐，用珠针将缝份别住固定。

2. 缝一条1.5cm宽的缝线，当车缝靠近珠针时将其拿去（见图4.29A）。

3. 缝份处修剪对角，以减少缝份厚度（见4.29A）。

4. 如图4.29B所示，将接缝烫开。

侧倒式交叉缝

交叉缝也可以是倒向一边的。图 4.30 中是 1cm 宽的侧倒包缝交叉缝。注意接缝两侧缝份倒向相反方向以减少厚度。绱缝袖子时，在胸衣、衬衫、连衣裙、上衣与外套的腋下部分有交叉缝。另一种交叉缝出现在裆部内侧接缝上。如图 4.7B 所示，裤腿上内外侧接缝是如何缝合的。十字裆部位的缝合方法如图 4.31 所示。一个裤腿会塞入另一个裤腿中，所以看到的是两片裤片的反面。这使十字裆部位车缝更简便。车缝从前裤片拉链的对位点开始，一直缝到后腰线，然后绱拉链。

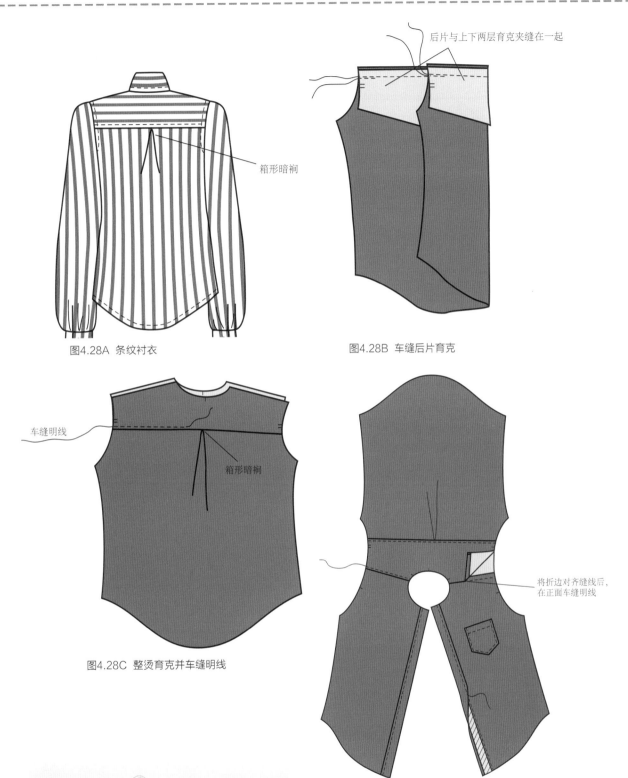

图4.28A 条纹衬衣

后片与上下两层育克夹缝在一起

图4.28B 车缝后片育克

车缝明线

箱形暗裥

图4.28C 整烫育克并车缝明线

将折边对齐缝线后，
在正面车缝明线

图4.28D 车缝肩缝

要点

　　胯下与腋下的交叉缝都不可分烫开，也不可为了减小厚度而修剪缝份，因为这些缝份都承载着张力（在交叉缝份位置），修剪缝份会降低接缝强度。对于袖子腋下缝份而言，缝份需要承担来自肩膀的张力。同样，裆部的交叉缝要承担来自腰围的张力。

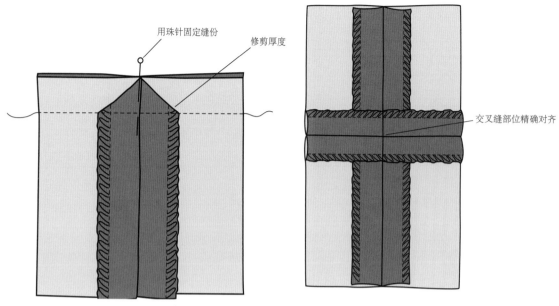

图4.29A 分开式交叉接缝

图4.29 交叉接缝

图4.29B 分烫缝份

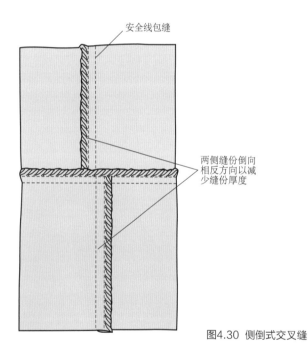

图4.30 侧倒式交叉缝

其他接缝处理

这部分将讨论如何完成更加复杂的缝型，这些缝型将有助于提升服装档次。

边缘折光处理

边缘毛边作折光处理，缝份完成后的宽度是1.2cm。这种处理方式不适合厚料，因为接缝太过笨重。缝份光边处理在高档服装中运用得更多。

缝制顺序

1. 如图4.32A所示，车缝1.5cm宽缝份后分烫开，将缝份正面向下并翻转边缘，准备车缝折边。

2. 如图4.32A所示，缝份的0.5cm量翻折到反面，沿边缘车缝0.25cm。

3. 在另一侧缝份重复上面的处理即可完成（见图4.32B）。

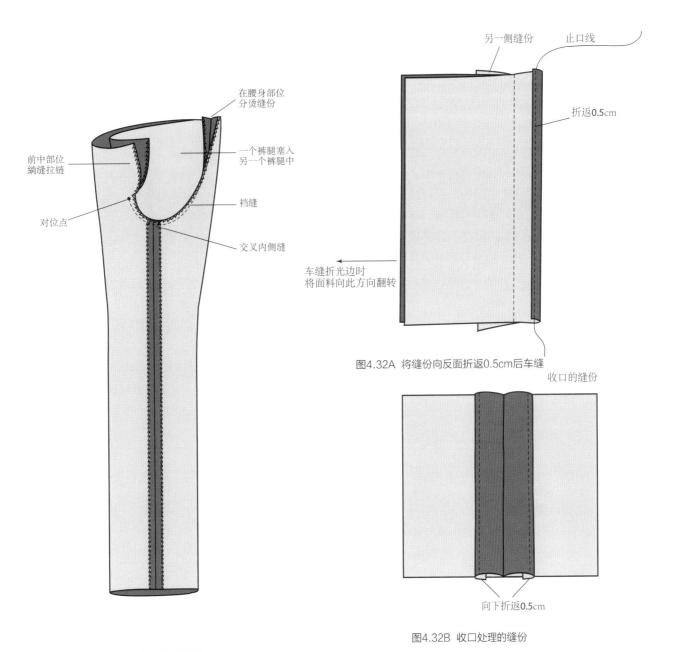

在腰身部位
分烫缝份

前中部位
绱缝拉链

一个裤腿塞入
另一个裤腿中

对位点

裆缝

交叉内侧缝

另一侧缝份

止口线

折返0.5cm

车缝折光边时
将面料向此方向翻转

图4.32A 将缝份向反面折返0.5cm后车缝

收口的缝份

向下折返0.5cm

图4.32B 收口处理的缝份

图4.31 裆部交叉接缝

图4.32 边缘折光处理

腰身、过面、连肩袖袖窿与下摆都可以用滚边方法处理。下册第8章（见图8.26C与图8.26D）对半里布大衣的所有缝份与边缘的滚边处理有详细介绍。

滚边处理

滚边处理用斜丝缕滚条包光毛边。斜丝缕滚条可以购买现成的或用面料裁剪，具体细节将在后面的章节介绍。这种滚条可用于分开缝份或侧倒缝份上。对于滚条而言，选择厚薄适合的面料非常重要，如绸缎、透明硬纱、双宫绸或里布面料，因为它们不会增加缝份厚度。这种处理方式常用于制作高档服装，也可用于无衬里的西上装与大衣。

接缝，对薄型面料，滚边可用薄型牵带，这样缝份无论是分开还是合拢，正面都不会有印痕。接缝制作可见第3章缝入式牵带相关内容。

修剪斜丝缕滚条

对于分开缝或侧倒缝的滚条包缝处理，根据所需长度与宽度裁剪斜丝缕滚条。怎样裁剪、缝接斜丝缕滚条，如图4.16与图4.17所示。接缝应越少越好。

分开缝滚条包缝处理
缝制顺序

1. 裁剪合适长度，3cm宽的斜丝缕滚条（另一种方法，将斜丝缕滚条包在缝份上确定所需裁剪的宽度）。剪好后将接缝正面与斜丝缕滚条叠放置在一起，并用珠针固定。

2. 以1cm宽缝份车缝斜丝缕滚条。缝合斜丝缕滚条时应避免拉伸，这点非常重要的，否则会导致滚条不平整（见图4.33A）。

3. 缝份不可宽过1cm。缝合后将斜丝缕滚条翻到正面并整烫。

4. 斜丝缕滚条包住毛边，用珠针固定，然后在适当的位置用手工粗缝。滚条平整地躺在缝份下面（见图4.33B）。

5. 修剪掉多余滚条，这样缝份可以平整地位于接缝线旁边。

6. 如图4.33B所示，在正面小心翼翼地以漏落缝车缝斜丝缕滚条，具体方法如下。

车缝漏落缝

漏落缝是一种配合完成斜丝缕滚条包边的处理技术。它是面料正面车缝的一道线迹，并能很好地隐藏于接缝之中。因此这种线迹几乎隐形。用拉链压脚可以使机针更靠近接缝，也可以更好地看清线迹的走向。漏落缝也适用于制作过面与腰身部位。

斜丝缕滚条的整烫非常重要，要确保缝份整烫得对称，即两边都应朝向后面或前面整烫。

滚边
缝制顺序

1. 车缝1.5cm宽的缝份。

2. 从1.5cm宽的缝份处，后退1cm放置斜丝缕滚条，并用珠针固定。按斜丝缕滚条宽度修剪缝份（见图4.33C）。

3. 将斜丝缕滚条包在毛边上。翻折1cm到缝痕迹线位置，但不可超过。如果斜丝缕滚条太宽就需要修剪。建议用手工缝的办法处理斜丝缕滚条，因为斜丝缕滚条很容易扭曲（见图4.33D）。

4. 用手缝方法，将斜丝缕滚条慢慢地缝到接缝线位置，也可用车缝止口线的方法处理（见图4.33D）。止口线车缝方法见图4.24A。

缝合接缝时，可用撞色线，保持前后缝线用色、针距一致，因为这些线迹都很显眼。

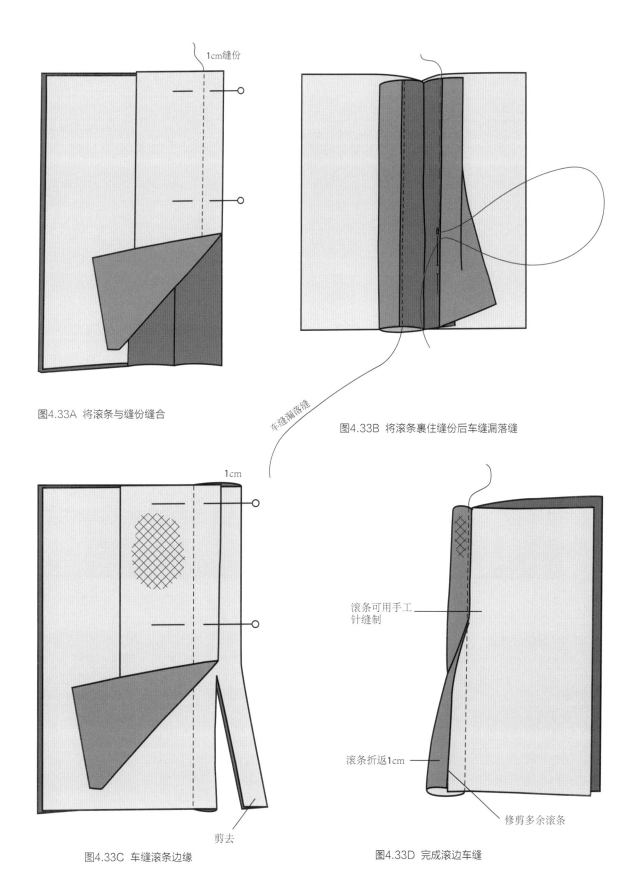

1cm缝份

图4.33A 将滚条与缝份缝合

车缝漏落缝

图4.33B 将滚条裹住缝份后车缝漏落缝

1cm

剪去

图4.33C 车缝滚条边缘

滚条可用手工针缝制

滚条折返1cm

修剪多余滚条

图4.33D 完成滚边车缝

图4.33 滚边缝制作方法

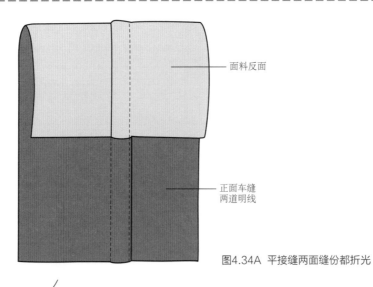

面料反面

正面车缝
两道明线

图4.34A　平接缝两面缝份都折光

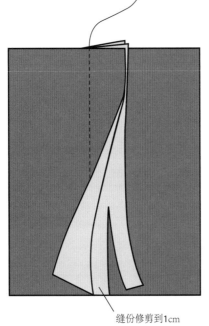

缝份修剪到1cm

图4.34B　缝合一条1.5cm的缝份，修剪下
层缝份的宽度

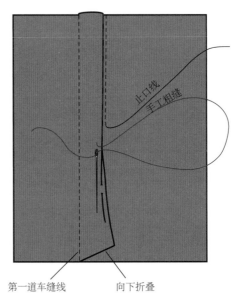

止口线
手工粗缝

第一道车缝线　　向下折叠

图4.34C　手缝；然后车缝止口线

图4.34　平接缝

平接缝

　　平接缝是种面料两侧折光的处理方法（见图4.34A）。它广泛用于运动装与牛仔服装制作，如牛仔裤、夹克与男女衬衫。图4.28中的条纹衬衫侧缝可用平接缝或侧倒包缝处理。下册图7.1D中的牛仔裤也可用平接缝缝纫。

缝制顺序

　　1. 面料反面相对叠放在一起，用珠针固定，车缝1.5cm宽的平缝，两边缝份向同一边整烫。

　　2. 如图4.34B所示，底部缝份宽量修剪到1cm。

　　3. 如图4.34C所示，上层缝份以宽于1cm的宽度盖住下层缝份。

　　4. 用手工粗缝将缝份沿折边固定（见图4.34C）。

　　5. 离折边0.25cm处车缝一道缝线（见图4.34C）。

　　6. 将手缝线抽掉。

来去缝

来去缝是种精巧的闭合接缝,反面看上去像是窄的塔克缝。这种接缝可用于薄料(见图4.35A)。

缝制方法

1. 面料反面相对放在一起,然后车缝一道比1cm稍宽的接缝。缝宽介于1~1.2cm(见图4.35B)。

2. 将缝份宽修剪到0.5cm,将缝份向同一侧熨烫(见图4.35B)。

3. 面料再向正面折叠后车缝一道,宽度比1cm稍小(见图4.35C)。这道缝线必须将毛边扣在缝份里。

4. 将缝份倒向一边整烫。

要点

来去缝可用于公主线,但是沿曲线车缝第二道线迹时应格外小心。虽然缝份已经修剪到0.5cm,车缝时不必再做剪口。如果公主线有余量吃势,就无法车缝来去缝。可代之以止口缝。来去缝不适用于拼角与环形接缝。

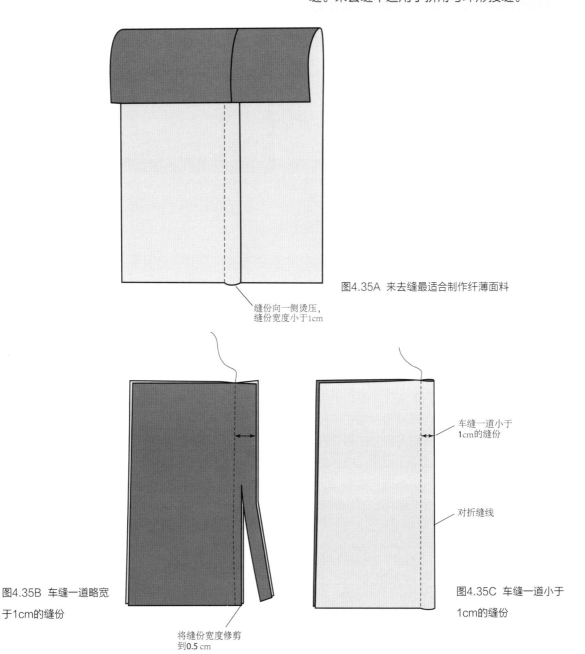

缝份向一侧烫压,
缝份宽度小于1cm

图4.35A 来去缝最适合制作纤薄面料

车缝一道小于
1cm的缝份

对折缝线

图4.35B 车缝一道略宽
于1cm的缝份

将缝份宽度修剪
到0.5 cm

图4.35C 车缝一道小于
1cm的缝份

图4.35 来去缝

细包缝

细包缝是种精巧的、1cm宽侧倒式接缝。对于纤薄透明质地面料而言，这是种理想的处理方式。这同时也是来去缝的代替缝型。在生产中细包缝也同样是来去缝的廉价代替缝型。

缝制顺序

1. 如图4.36所示，缝制细包缝。应使用可以缝制锯齿形线迹工业缝纫机；有些家用机也有缝制锯齿形线迹的功能。

2. 面料正面对齐，缝制一道1.5cm的平缝，缝份向一侧烫倒。

3. 缝制一道离接缝0.25cm的锯齿形线迹。锯齿形线迹宽度比0.5cm稍大。

4. 小心地将多余量修剪掉。

5. 成形缝份宽度应为1cm。

制板提示

剪裁衬里

1. 裁剪3.5cm宽，与接缝一样长的衬料。

2. 如果褶裥是分开的（褶裥中有衬里），衬里需要裁得长一点。根据不同要求估算规格尺寸。

嵌条缝

嵌条缝的特征是由两个折叠并倒向中间的活裥构成。褶裥缝的面料与衬里布缝在一起，形成强烈的对比效果。褶裥可对齐或者分开，褶裥之间保持一定距离，露出衬里。应避免使用厚重衬里，因为车缝后，接缝厚度会变大。折裥宽与明线宽应有差别。具体宽度应由设计师来决断。

缝制顺序

1. 分别将衬里与服装面料包缝（见图4.37A与图4.37B）。

2. 面料正面相对，用1.5cm的粗缝暂时车缝（见图2.31A与4.37B）。然后将缝烫开。

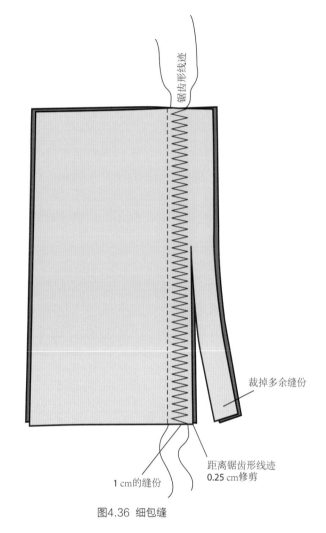

图4.36 细包缝

3. 衬里与面料正面朝上。接缝对齐衬里中央后用珠针固定（见图4.37C）。

4. 在接缝线两边车缝1cm宽的明线（不要忘记调整明线针距长度）。两侧按同一个方向车缝，避免接缝扭曲或起皱，明线需要与接缝平行（见图4.37C）。

5. 用拆线刀小心地拆除粗缝线。

一些基本的缝份手缝方法

尽管车缝是最常用的缝纫方法，手缝也是不容忽视的。手缝适用于高档服装，它经常运用于高级女装制作。手缝可用于服装的缝制与衣片的暂时固定，如抽褶、做吃势、缝明线等。因为手缝十分费时，因此任何手缝缝型都会提高服装的附加值。蕾丝或者珠片面料等高档面料用于一些特殊的造型需要用手缝处理。

- 根据第2章手缝针部分内容，选择与面料厚度相适的手缝针。除非是封口，手缝用单线而非双股线。
- 斜剪线头以便于穿线。
- 缝线不要长于55cm。长线会导致缝线缠结在一起，并需要用更长的时间穿过面料。
- 避免缝线因拉得太紧而出现褶皱。
- 从右向左缝（如果是左撇子，则方向相反）。
- 手缝的开始与结尾，必须用回针固定。打结不能保证接缝强度。

撩针

撩针无法缝合面料，但可以用来抽褶与做吃势。撩针尤其适用于轻薄型面料，如乔其纱的抽褶。做一些小而均匀的平针后再将缝线收紧（见图4.38A）。

回针

手缝回针是种适用于几乎所有缝份的永久性缝合方式。对于无法车缝的部位，或是珠片面料，它是一种有效的方法。

固定缝线后，沿着缝线倒回0.25~0.5cm（这取决于面料厚度）穿过两层面料后，将针沿着之前的线缝再次倒回相同的距离（0.25~0.5cm）。按这个顺序继续缝合到接缝结尾（见图4.38B）。

缲针

缲针用于缝合下摆，下摆的制作方法见下册第7章。它同时也是手工修补裂缝的便捷方法。缲针时，针从一边穿到另一边将两边缝合（见图4.38C）。

图 4.37A 衬里两边都需包缝

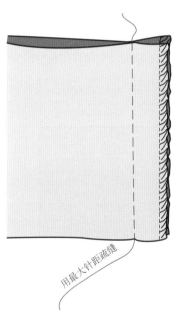

图4.37B 车缝一道1.5cm宽的缝

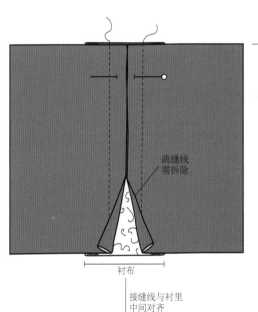

图4.37C 将褶裥与衬里用明线车缝在一起

图4.37 嵌条缝

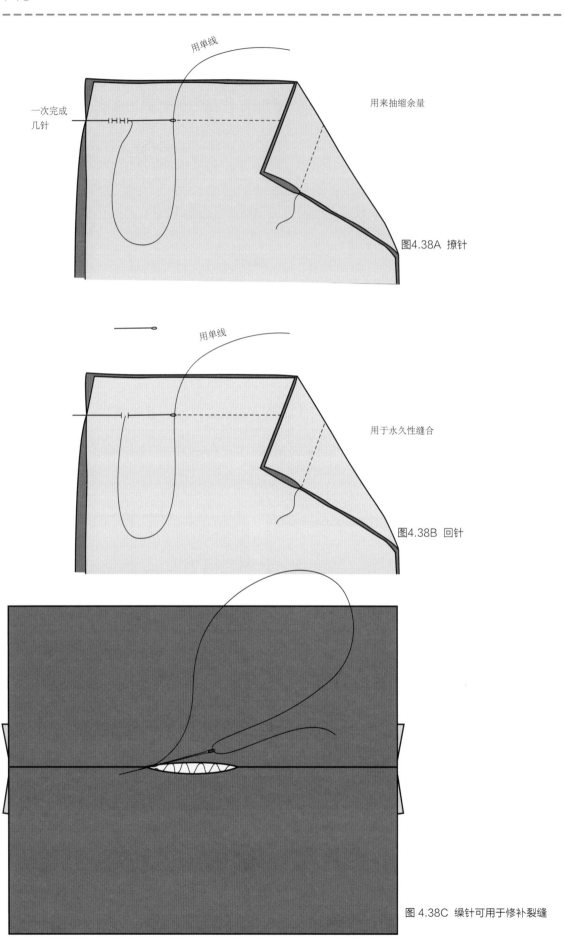

用单线

一次完成
几针

用来抽缩余量

图4.38A 撩针

用单线

用于永久性缝合

图4.38B 回针

图 4.38C 缲针可用于修补裂缝

更多高级接缝制作方法

制作无肩带服装必须掌握如何缝制鱼骨。本章将介绍制作鱼骨与三角插片布等更高级的缝制技术。

✂ 要点

如果无肩带礼服没有定型支撑，会从身体上慢慢滑落。这种情况会令人感到不适。因此切记：服装必须兼顾时尚性与功能性。关于这方面的详细内容可见第1章中关于如何使服装适合人体的相关内容。下册第8章有关于此类服装里布制作的相关内容（见下册图8.6D）。

鱼骨

鱼骨能使无肩带服装的构造更稳定，确保无肩带服装穿着时不会滑落。鱼骨十分灵活柔韧。接缝由于鱼骨的支持，服装才可以贴合身体。图1.6是一款优雅的露肩夜礼服。

鱼骨可按照长度购买，有两种式样：
- 可缝鱼骨——这种鱼骨材质为涤纶材料，十分灵活柔韧，可直接与缝份车缝在一起。它有1cm和1.2cm两种规格，可按照长度购买。
- 带抽带管鱼骨——这种鱼骨可插入黑色或白色的棉或涤纶质地抽带管。抽带管缝到接缝上后，再将鱼骨塞入其中。

无肩带服装必须使用各种定型料，如黏合衬或缝入式衬布。关于定型料内容可见第3章相关内容。单靠鱼骨没有其他定型料配合，则无法构成理想的无肩带礼服造型。定型料是礼服制作的关键因素，定型料应与面料厚度相匹配，并为服装结构提供足够的支撑。在选择定型料前，必须掌握第3章中关于如何选择定型料的相关内容。我们也鼓励你先通过不断试样选择最佳的定型料。

鱼骨的缝制顺序

加缝鱼骨服装不需要做光边缘，留毛边即可。这可以减少接缝厚度，防止布料正面出现褶皱。在定型、车缝并且分烫缝份后，就可以加缝鱼骨了（见图4.39A）。

装上鱼骨后，正面不能露底。图1.6是一款加装鱼骨的露肩夜礼服，公主线清晰，鱼骨缝在接缝上，被里布遮盖住。鱼骨接缝也可在衣服表面，沿接缝车缝明线，强调这件服装加入鱼骨（如果做紧身胸衣，最后一步就是接缝加缝鱼骨）。

1. 如果接缝是公主线，车缝1.5cm的接缝（可见图4.12）。
2. 如用的定型料是梭织布料，在车缝后要对缝份加以修剪（见图3.17）。
3. 分烫接缝。

用以下两项技法，则服装正面看不出任何车缝线。

带抽带管鱼骨

在这部分中，先将鱼骨抽带管车缝至缝份，然后将鱼骨插入其中。从服装正面看不到任何鱼骨的车缝线迹。

缝制顺序

1. 抽带管车缝到接缝前，先将鱼骨从其中抽出（见图4.39）。
2. 将服装反面翻出放平缝份，整件衣服放在左侧（见图4.39）。
3. 用手工粗缝将抽带管固定于缝份中间（见图4.39）。
4. 按照手缝线的位置，将抽带管两边车缝到缝份上（见图4.39）。
5. 在抽带管底部0.25cm处做固定线，并将其向内修剪至0.5cm以减少厚度（见图4.39）。
6. 将鱼骨慢慢放入抽带管，修剪顶端的长度，留出1.5cm的间隙，使缝份部位没有鱼骨（见图4.40A）。
7. 沿抽带管上端0.25cm处做固定线，并将其向内修剪至0.5cm。现在鱼骨就固定在抽带管里不会移动了。

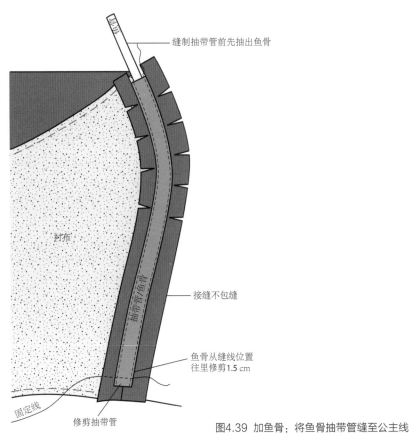

缝制抽带管前先抽出鱼骨

衬布

抽带管/鱼骨

接缝不包缝

鱼骨从缝线位置
往里修剪1.5 cm

固定线

修剪抽带管

图4.39 加鱼骨: 将鱼骨抽带管缝至公主线

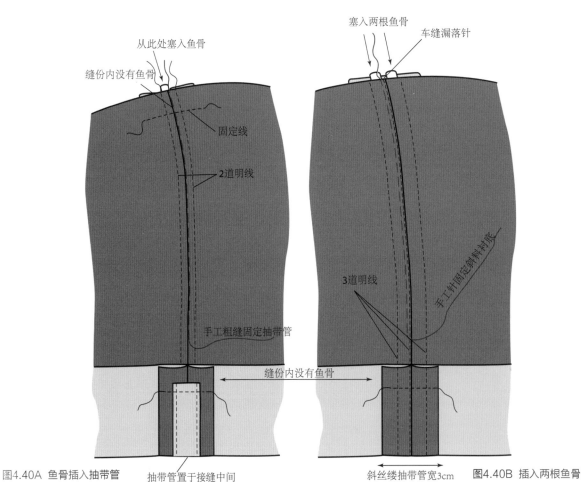

从此处塞入鱼骨

缝份内没有鱼骨

固定线

2道明线

手工粗缝固定抽带管

缝份内没有鱼骨

图4.40A 鱼骨插入抽带管

抽带管置于接缝中间

塞入两根鱼骨

车缝漏落针

3道明线

手工针固定斜料衬底

斜丝缕抽带管宽3cm

图4.40B 插入两根鱼骨

鱼骨车缝到缝份

车缝完鱼骨后, 服装正面看不出任何鱼骨的痕迹 (不同于外部服装构造与支撑)。这就是图1.6如何在华丽的露肩夜礼服里装鱼骨的过程。

1. 使用大号机针, 如缝制皮革机针。

2. 服装反面朝上, 将衣片置于左侧并分开缝份。缝纫方法如图4.39所示; 鱼骨与抽带管可互相替换。

3. 鱼骨置于接缝中间, 离开顶端向下1.5cm位置, 不影响缝份。如何将鱼骨直接缝纫到缝份的方法如图4.39所示。

4. 将鱼骨车缝到两侧的缝份上, 距离鱼骨边缘0.25cm位置处 (见图4.39)。

加鱼骨接缝车缝明线

为了产生不同造型, 鱼骨也可放入狭缝后, 再车缝一道明线。通过这个方法, 鱼骨的车缝线迹就成为一种款式特征。鱼骨可塞入一个或两个狭缝中。接缝可以车缝明线形成狭缝, 如图4.40所示。

单狭缝

建议事先应制作试样, 测试接缝狭缝的宽度, 这样才能使鱼骨伏贴地嵌入狭缝 (不会太紧)。

1. 车缝接缝后, 将鱼骨抽带管固定在面料反面接缝中间 (先不放鱼骨), 然后用珠针固定到位。

2. 正面用手缝固定鱼骨抽带管 (在狭缝内), 这样手缝就可定位鱼骨外套 (见图4.40A)。

3. 从正面开始, 沿手缝线迹车缝两道平行线迹形成狭缝。两侧车缝线宽度约为0.5cm (见图4.40A)。

4. 将鱼骨慢慢插入狭缝, 狭缝做固定线, 如图4.40A所示。拆去手工粗缝线。

双狭缝

1. 裁一条0.5cm宽的斜料, 与接缝长度一致作为抽带管, 其长度与宽度应包括缝份量。服装加里布时, 斜料不需要包边, 因为包边会增加厚度。弧形接缝部位, 斜料抽带管可以做得很伏贴。

2. 将斜料衬布置于反面接缝中间, 然后用珠针定位。

3. 在正面, 用手缝将斜料缝到服装缝份 (在狭缝位置) (见图4.40B)。

4. 在正面, 车缝两道明线, 分别距离接缝处1cm (见图4.40B)。

5. 将鱼骨慢慢装入两条狭缝并固定其两端 (见图4.40B)。

欲了解更多带里布紧身胸衣的制作方法, 可参见下册第8章相关内容, 以及下册图8.8。

三角插片布

三角插片布是插入接缝中的三角形布片, 塞入后使服装得以展开, 改善外观的饱满度。三角插片布可缝在半身裙与连衣裙上 (见图3.7与图4.41)。

接缝内三角插片布

缝纫三角布的第一步是在接缝与三角布上标出对位点。对位点应标记在两边的接缝上 (见图4.42A)。另一个对位点要标在三角布接缝的正中间, 如图4.42B所示。如果不标这些对位点, 三角插片布就无法准确缝合。

缝制顺序

1. 三角插片布包缝。除了下摆,所有接缝都应做包缝(见图4.42)。下摆部位在三角插片布与大身缝合后再做包缝。

2. 将服装大身部分正面相对,车缝一道1.5cm宽的缝份直至对位点,收针时应做回针(见图4.42A)。

3. 烫开缝份直至对位点。

4. 三角插片布与大身接缝正面相对,在对位点至下摆之间用珠针固定(见图4.42B)。

5. 从对位点开始车缝到下摆位置。起针车缝1cm后回针。回针不可超过对位点,否则三角布无法准确缝合到大身上。车缝一道1.5cm宽的缝份(见图4.42B)。

6. 按相同步骤将三角插片布另一边与大身缝合。

7. 见图4.42C所示,三角插片布与大身缝份朝同一方向烫倒。

伸缩缝

许多设计师会设计针织弹性类服装。因此需要掌握如何缝纫针织弹性面料。本书第5章将对针织缝纫作详细介绍。伸缩缝制作如图5.9所示。

棘手面料接缝缝制
条纹、格子、印花与循环图案

学习这部分内容前,读者应掌握第2章中关于面料的内容。从中可以找到关于条纹、格子、印花图案以及循环图案的信息。缝纫条纹、格子、印花图案以及循环图案等面料时,排料的准确性变得十分重要,这样,图案与条格才能在缝合时候对齐。图2.16、图2.17、图2.19与图2.20的内容介绍了如何裁剪条格以及单向花型面料。如果条格与花型面料的对缝不对齐,就可能导致服装产品滞销。随意的处理会导致公司因服装质量差而声名狼藉。特征款式图4.1C中的格子外套,接缝对齐得很完美,让人无法看出接缝。

裁剪时务必对齐条纹与格子图案;如果它们裁剪时未对条格,缝合时就无法对齐。

以比平时更小的间隔,用珠针别住接缝、固定住条纹、格子或图案(见图4.43)。

车缝时,面料仍用珠针固定(这是个例外,通常车缝时应去掉珠针)。如果拿走珠针,接缝可能会无法对齐。

不可用手工粗缝,因为这种方法的固定效果不如珠针理想。

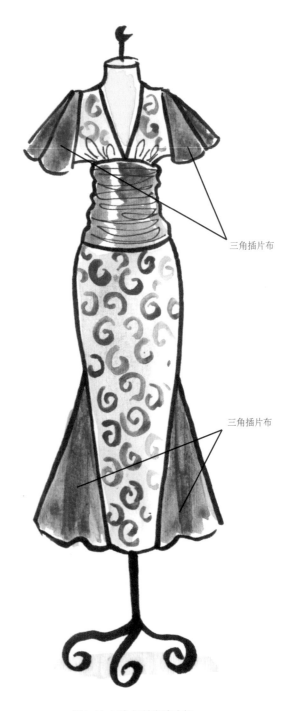

三角插片布

三角插片布

图4.41 三角插片布连衣裙

纤薄面料

此类面料使用60或70号机针。

车缝时可垫放薄棉纸。

可以车缝1cm宽的来去缝（见图4.35）、细包缝（见图4.36），或1cm宽的侧倒式包缝（见图4.10C）。缝份窄，服装正面看起来更平整。

如果是加里布的纤薄面料服装，车缝1.5cm的缝份。分烫缝份并修剪缝份宽度到1cm。里布覆盖住毛边后，接缝也就看不到了。

蕾丝

使用适合蕾丝厚度的机针。

车缝时可垫放薄棉纸。

无里布蕾丝服装可选择缝份分开或合拢加滚边（这取决于面料厚度）（见图4.33）。蕾丝的滚条，可以用薄型面料如斜丝缕欧根纱。切记：蕾丝接缝处理应以尽量不显眼为佳。

加里布服装，车缝1.5cm的缝份后烫开（不需包边），修剪缝份宽度至1cm，这可使服装正面外观平整。

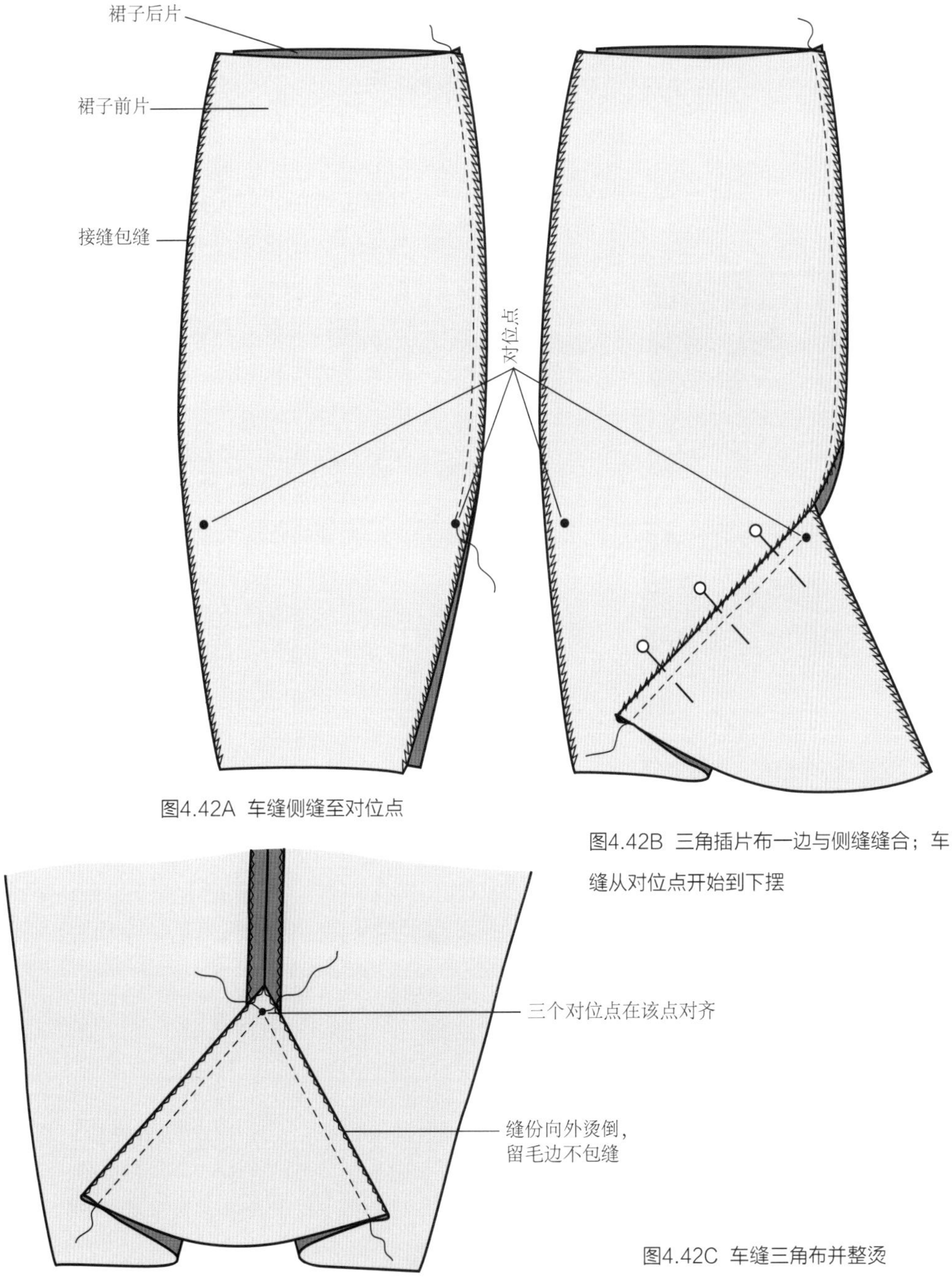

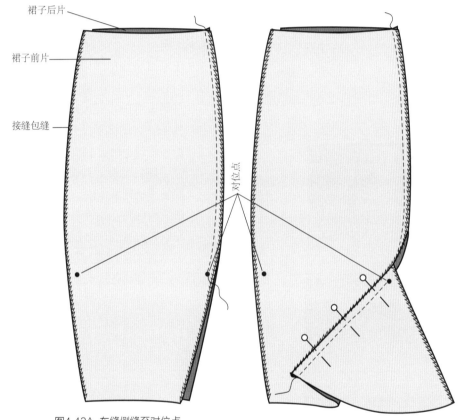

裙子后片

裙子前片

接缝包缝

对位点

图4.42A 车缝侧缝至对位点

图4.42B 三角插片布一边与侧缝缝合；车缝从对位点开始到下摆

三个对位点在该点对齐

缝份向外烫倒，留毛边不包缝

图4.42C 车缝三角布并整烫

图4.42 内接缝三角插片布

合体结构的服装应考虑如何用手缝的方法重叠蕾丝。应使用高品质的蕾丝。请这样做:

- 从蕾丝上小心裁下波浪形边缘(见图4.44A)。

- 将蕾丝贴在合体服装上造型,如图4.44A所示。

- 蕾丝造型完成后,将蕾丝与底层用回针或平接针法手缝在一起(见图4.38B)。

- 各部分都缝好后,从底层上剪去多余的蕾丝。

- 波浪形边缘可以通过手缝缝到任何边缘部位,缝好之后剪去下层蕾丝的多余部分(见图4.44B)。

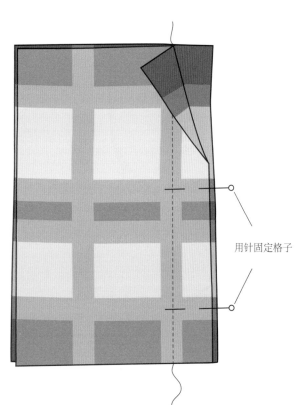

用针固定格子

图4.43 只有裁剪时对花、对条、对格,缝合时才能对齐

当蕾丝通过使用这种缝合技术被缝好后就不存在蕾丝缝了。在服装中接缝依然存在于底层,但被表面的蕾丝盖住了。用这种方法整体上看起来没有接缝,蕾丝形成一个整体。看看图4.44B,你能看见任何缝吗?可以看到的是:蕾丝覆盖与缝合(与领圈线后),底层上领圈线轮廓也消失了。即使是蕾丝的袖子也可以这样缝合消除袖窿缝。但覆盖蕾丝是项密集的劳动,并增加了服装成本。尽管消耗时间,这项技术是很值得花时间去做的。

绸缎面料

车缝时可垫放薄棉纸。薄棉纸的颜色应接近面料的颜色。在车缝完成后将薄棉纸撕去。

车缝绸缎面料应保持环境的干净。确定手是干净的,缝纫区域没有任何油污,因为绸缎面料很容易留下污痕。

尽可能轻地标记对位点,先试样以确认面料正面看不出样板印痕。

车缝时保持方向统一。

车缝时拉紧面料防止起皱。

高密绸缎面料使用细号绣花针而非珠针,因为珠针可能会在面料上留下痕迹。

绸缎面料尽可能将接缝做平整。

绸缎面料整烫时用真丝欧根纱作烫布。

分开式包缝时,应先做试样。从面料正面分烫缝份,观察包缝是否会在正面留下任何印痕。如果起皱明显,应选择其他缝型或者留毛边(衬里将会盖住它)。

别忘了在精致细腻的绸缎面料上手工粗缝。

珠片面料

车缝时可垫放薄棉纸。将它放在缝份下面，从而起到车缝定型的目的。薄棉纸的颜色应接近面料的颜色。

铺布与裁剪时要保护好精美的珠片面料。先用打板纸覆盖住整个裁剪桌表面，因为面料容易勾丝。

车缝前先清理机器与工作区域，因为珠片面料很精致、易勾破。

车缝前应将每个缝份上的珠片拆除。缝纫机无法缝合面料上的珠片。

使用一个木块，用纸包住，用来敲碎缝份上的珠片。用轻薄透明面料（如此就可以看清你在做什么）保护面料的缝份。小心地将所有缝份上的珠片敲碎并拆除。

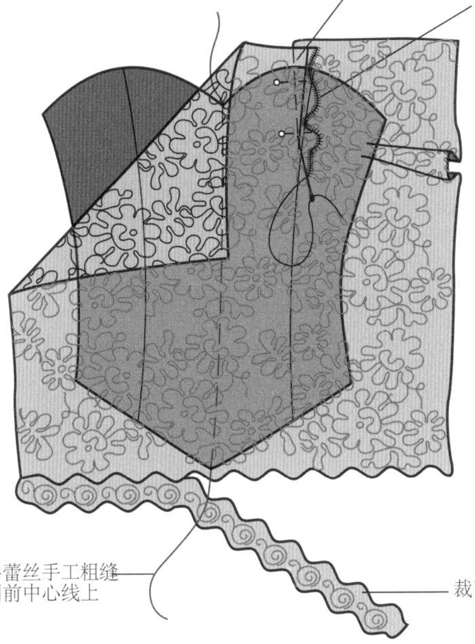

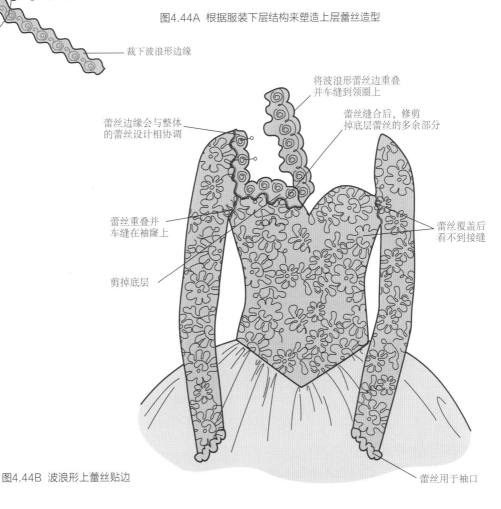

剪掉下层蕾丝的多余部分

根据蕾丝图案裁剪蕾丝；将蕾丝手缝到服装上后塑造蕾丝造型

图4.44A 根据服装下层结构来塑造上层蕾丝造型

将蕾丝手工粗缝到前中心线上

裁下波浪形边缘

将波浪形蕾丝边重叠并车缝到领圈上

蕾丝缝合后，修剪掉底层蕾丝的多余部分

蕾丝边缘会与整体的蕾丝设计相协调

蕾丝重叠并车缝在袖隆上

剪掉底层

蕾丝覆盖后看不到接缝

图4.44B 波浪形上蕾丝贴边

蕾丝用于袖口

图4.44 覆盖蕾丝

用手工回针的方法缝合省道之类难做的缝份。因为缝纫机压脚经常会受到珠片的妨碍。

做1.5cm宽的平缝试样，然后熨烫分开缝份，用来去缝或者1cm的缝份合拢包缝。找出最适合面料的缝型。

无衬里服装做侧倒式滚边缝试样，成品缝份的宽度约为1cm，它看起来干净且整洁（见图4.33）。

珠片面料服装的设计宜简单，不要太复杂，应尽可能减少接缝。

当服装加衬里时不要做光毛边。留着毛边可以防止服装正面产生印痕。

牛仔布

享受制作牛仔布吧，因为它是种易操作的面料，尤其是对初学者。

在牛仔服装上车缝明线。牛仔布上最适合车缝明线，且多多益善，这点只需看看牛仔裤便知。

牛仔服装不必加衬里，因为日常穿着的牛仔布是种休闲的面料。

丝绒

丝绒应使用适当粗细的机针。

丝绒面料在缝合前需先手工粗缝。否则，缝合时下层面料会被慢慢拉长。如果不做手工粗缝，则需要将其中一侧的缝拉长一些。

车缝时可垫放薄棉纸，薄棉纸的颜色应接近面料的颜色。

缝合时需牵拉面料。

沿顺毛方向车缝。

丝绒面料整烫时熨斗要加烫布。详细内容见第2章，关于棘手面料特征以及如何准备与使用部分内容。

缝份整烫时，熨斗应距离接缝上方大约5cm；对缝份喷蒸汽，然后顺着绒毛方向轻轻掠过来使它平坦。

在丝绒上车缝1.5cm宽的平缝。

丝绒服装的设计宜简洁，因为丝绒面料缝纫本身就是一种挑战。

不同于牛仔布，丝绒面料不宜车缝明线。

不可将熨斗直接放在丝绒面料上，因为这将会留下印痕并压平绒毛（有些学生故意在面料上留下熨烫痕迹，以此形成表面装饰）。

丝绒面料不宜做侧倒式包缝。

服装加衬里时不宜包缝。

皮革

根据皮革的厚度使用相应粗细的的皮革专用机针。

缝合皮革时应延长针距（每3cm大约7~9针）。

缝份头尾的线头要打结。

为了车缝更精确，要降低缝纫速度。拆线会导致永久性针眼。

按统一的方向车缝。

熨烫皮革时应降低熨斗温度且关闭蒸汽。

皮革缝份的宽度是1.5cm，用皮革胶合剂固定缝份。如图图4.45A所示方法，用棉签涂胶水。

皮革上车缝明线后不需要再用胶水黏。修剪缝份后车缝明线。

皮革上缝份要修剪厚度。

使用橡胶棒与壁纸滚筒来压平缝份。

皮革上车缝弧形、对角或者圆形接缝；缝份做剪口后分开施胶。异形缝份上可修剪V形剪口减少缝份厚度（见图4.21A）。

皮革上可车缝重叠的缝份（见图4.45B）。这种缝型对皮革、小羊皮、人造革或者塑料材料最适宜。重叠量不要超过一个缝份的宽度，这样可以避免接缝过厚。

按照以下缝制顺序来准备与车缝重叠的缝份：

1. 将其中一侧缝份修剪掉1.5cm；对称地修剪掉另一侧。使用圆盘刀切割，因为它能剪切得平滑。

2. 使用面料胶（这不是永久性胶水）将缝份牢固地黏合在一起。将缝份边（这个边是没有缝份的）放置到另一侧的缝份边上。

3. 用手指将两片面料压在一起。

4. 在重叠的缝份上车双明线。

起针时不需要回针，否则像被切入皮革中。

皮革上不要别针，用小装订夹来固定缝份。

皮革整烫时应覆盖牛皮纸保护表面。

皮革缝份不需包缝或滚边之类整理，因皮革不会脱散。

车缝1cm或1.5cm宽的缝份并包缝（见图4.10B与图4.10C）。

用剪刀按某个角度来修剪毛。

不要修剪下摆上的软毛，而让其保留在原位。

人造毛

人造毛设计应谨慎，再复杂的接缝在人造毛里也无法看到。车缝前应将每个缝份上的毛修剪掉。这样可以减小厚度且有助于接缝平整（见图4.46A）。这意味着衣领、领口与门襟缝份都需要修剪。车缝好接缝后，缝线会变得不显眼。手指拨开缝份，用三角针在背面缲缝，如图4.46B所示。

融会贯通

- 如果掌握了如何车缝弯曲的、有角的以及圆形的接缝，就可以拓展到车缝任何形状的接缝了。

- 如果掌握了如何缝滚边，就可以处理袋盖、异型领圈、袖窿以及衣领等部位的边缘。图4.33D为滚边车缝的处理。

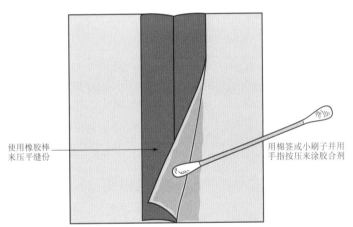

使用橡胶棒来压平缝份

用棉签或小刷子并用手指按压来涂胶合剂

图4.45A 用皮革胶合剂固定缝份

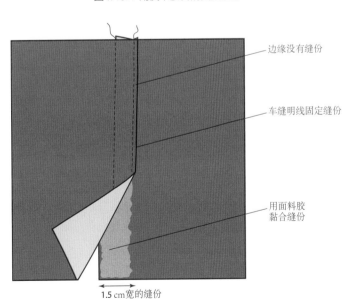

边缘没有缝份

车缝明线固定缝份

用面料胶黏合缝份

1.5cm宽的缝份

图4.45B 在皮革上车缝重叠的缝份

图4.45 缝制皮革

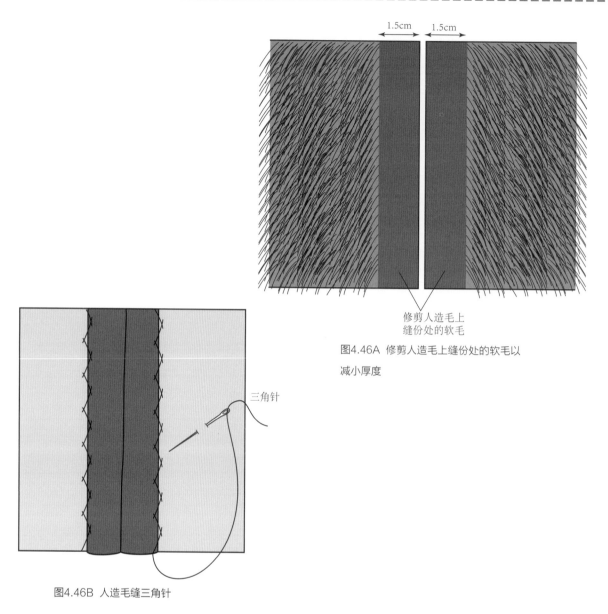

1.5cm ← → 1.5cm

修剪人造毛上
缝份处的软毛

图4.46A 修剪人造毛上缝份处的软毛以
减小厚度

三角针

图4.46B 人造毛缝三角针

图4.46 在人造毛上车缝

- 如果掌握了如何在接缝中加嵌条，就可以结合缝纫技术完成褶裥的加嵌条接缝。如果想要成功，应选择适当厚度的面料避免接缝过于厚重。

- 如果掌握了如何车缝三角插片布，就可以在三角布中再加缝一片三角插片布。

- 嵌条缝能显示衬布。需要调整样板，底层衬布宽度应略大于上层，使衬布花型能被凸显。然后，不要将缝两侧完全拼拢在一起，如图4.37C所示；相反的，留下间隙来展示下层的蕾丝。尤其是在袖子的中线或下摆部位看起来会很不错。

创新拓展

- 在接缝上缝珠片代替车缝明线。

- 用锯齿形线迹在面料上车缝一层蕾丝。缝合后，修剪掉底层面料以显示蕾丝（见图4.47）。

- 掌握了怎样缝合有角的、弯曲的、圆形的与V形的接缝，就掌握了如何车缝任何形状的接缝的技能。你所需要的就是通过练习、想象与耐心，去创造有趣的接缝处理方法。

- 为情人节特别制作件服饰怎么样？车缝明线说明了一切（见图4.48）。

- 接缝处加入各种式样的装饰边（见图4.49）。

- 如图4.50所示，不同接缝技术是如何有机结合成一个新设计的。接缝技术包括嵌条缝、抽褶缝、蕾丝镶拼缝与在领圈与袖口上的波浪形蕾丝贴边。

疑难问题

如果车缝时一边比另一边长怎么办？

是否加了对位刀眼？如果还没有，这或许就是为什么缝份有长短的原因。任何缝份都会在车缝过程中因为没有刀眼而发生变形拉伸。是否按定向车缝？不是定向车缝会导致缝份有长短。检查样板，可能接缝不是一样长。拆开接缝，比较一下衣片与样板的长度，看看裁剪是否准确。

接缝看起来很扭曲，我做错了什么？

面料丝缕不正会引起扭曲。缝份长度不一致会导致接缝扭曲。为了配合较长一侧的缝份而去拉伸较短一侧会导致接缝扭曲。这听起来像是样板问题，所以请重新测量样板使其缝份等长。拆开缝份，将缝份整烫平整，然后将样板放回面料上重新裁剪。重新车缝时，确保用珠针固定缝份。需要注意刀眼会让接缝完美契合而不扭曲。

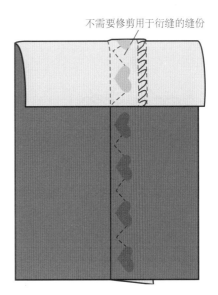

图4.48 发挥创意：创意明线车缝

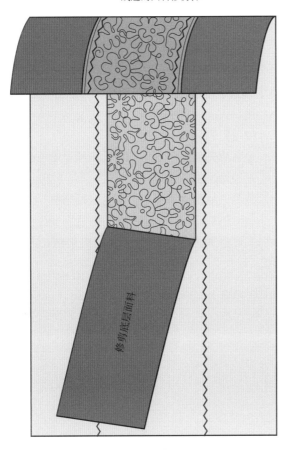

图4.47 嵌入镶拼条

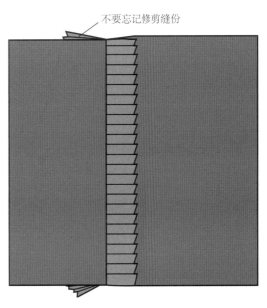

图4.49 发挥创意：接缝处加入各种装饰边

总拆线？

正式开工前，必须先制作试样。初学者经常忽略这个步骤，因为他们觉得这样可以节省时间，实际上这并不节省时间。你有可能会使用与面料厚度不配的机针，需要花时间拆开接缝将衣片烫平。可以事先尝试加薄棉纸车缝，这会帮助你避免缝线线迹不平整。同样地，确保在缝合时牵拉布料，并记住要使用固定工具比如珠针或者手工粗缝，以确定缝份位置正确。

车缝时跳针了？

缝纫时应注意以下事项：

- 是否选用了正确型号的机针。
- 检查机器状态。
- 检查机器穿针状态。
- 制作试样。
- 加薄棉纸车缝，可帮助解决问题。

自我评价

检查成品并问自己一个重要的问题：我会穿这件衣服吗？我会买这件衣服吗？如果答案是否定，那么你应该问自己，为什么不呢？可能是不喜欢这个设计、构造或是面料。然而，当我们问学生这个问题的时候，很多人都回答是接缝问题使他们不想穿或者买这件衣服。请问你自己下列问题来反思你的车缝：

√ 是否根据面料类型与厚度选择了正确型号的机针与针距来车缝呢？

√ 是否运用了缝纫、修剪、整烫这些必要手法？

√ 接缝平整吗？

√ 接缝太厚吗？

√ 缝边处理与服装本身相配吗？

√ 面料正面外观平整吗？

√ 接缝是否起皱或者扭曲？

√ 是否事先制作了足够的试样来检验哪一种才是最理想的车缝技巧？

√ 缝合之后整件服装形态是否流畅自然？

建议重新缝制样品来确认是否需要改进。将样品都保留在你的工作笔记内里供以后参考。

波浪形蕾丝贴边

嵌条缝

蕾丝镶拼

抽褶缝

狭缝

波浪形蕾丝贴边

图4.50 发挥你的创意：车缝产生一种新的设计

复习列表

1. 是否理解了面料构造、厚度与垂感有助于确定理想的缝型？

2. 是否明白了直料能避免接缝扭曲这个道理？

3. 是否认识到使用裁剪标记，比如剪口、对位点有助于对齐缝份？

4. 是否认识到固定线是极其重要的，它起到加固作用，能在车缝时防止缝份拉伸变形这个道理？

5. 是否理解了如何使用缝纫、修剪、整烫等方法来提高车缝质量？

6. 是否明白需要用正确型号与规格的缝纫机针配合不同类型与厚度的面料这个道理？

7. 是否明白针距长度对于车缝的影响？

8. 是否知道了各种车缝接缝质量（结构设计的一部分）的重要性？因为其将整件服装组合在一起。

第5章

针织服装工艺：处理织物的弹性

图示符号

 面料正面

 衬布反面（有黏合衬）

 面料反面

 底衬正面

 衬布正面

 里布正面

 衬布反面（无黏合衬）

 里布反面

 缝制顺序

针织服装舒适，易于穿着，平整，合身，并且易于护理。因此针织服装是种适合旅行穿的绝佳服装。针织服装的款式可以是优雅的、时髦的、活力十足的、前卫的，也可以很经典。"弹性"特点是针织服装能够如此变化多端与丰富精彩的重要原因。针织的弹性可以省去许多合身处理，如造型线、公主线与省道的处理。弹性太多或太少都会破坏一件服装，因此掌握好面料的弹性相当重要。有些针织面料只有纬向或经向弹性。因为针织面料的厚度各异、混纺方式众多，并且质地各异，所以在用针织面料进行服装造型设计前必须对各种因素加以充分考虑。针织面料与梭织面料服装的设计存在很大差异。因为针织面料具有弹性而梭织面料没有（除非在织造时为了舒适性加入了少量氨纶纱）。织物的弹性百分率（称为伸长率或拉伸能力）决定了衣物的舒适度，同时，如何将面料弹性与设计结合决定了服装是否合身。针织服装设计几乎不需要造型分割线，它们设计简洁并且合体。尽管缝制快速是人们喜爱针织服装的部分原因，但这并不意味着针织服装可以牺牲缝纫质量与设计水准。

本章将介绍如何缝制各类针织面料。学习这些技能时，需要了解各种针织面料不同的弹性，以及如何将这些特点应用到设计中去。由于针织面料的弹性影响着服装合身性，不合身就不算是好的设计。掌握了如何应用面料的弹性，也就是掌握了如何应用针织面料。无论是用缝纫机、家用包缝机还是工业包缝机缝制针织面料，都需要时间与耐心。

关键术语

双线包缝线迹
接缝处理
三线包缝线迹
下摆包缝
四线安全包缝线迹
单面针织布
四线包缝线迹
三线锯齿线迹
五线包缝线迹
下摆双针线迹
运动装
松紧带
抽带管
锯齿线迹
链式线迹
缝份合拢包缝
线圈
波浪形直线线迹
双面针织
羊毛毡
隐形抽带管
弹性拼接抽带管
网眼针织布
缝份分开包缝
圆盘刀

特征款式

图5.1中是些经典的针织服装款式，单面汗布T恤（见图5.1A）、柔软且悬垂良好的开衫（见图5.1B）、加网眼里布的双面针织直身裙（图5.1D）、四面弹运动紧身裤（见图5.1B）、柔软的双面针织公主线上衣（见图5.1D）、针织拉链开衫（见图5.1C）、悬垂性良好的针织人造丝连衣裙（见图5.1E）。应仔细观察每件成衣的制作细节，包括下摆双针线迹（见图5.1A~图5.1C）、伸缩线迹（见图5.1A~图5.1C）、领圈处理（见图5.1A~图5.1C）、腰线处理（见图5.1B与图5.1C）与分割线（见图5.1D）。

尽管针织服装品种丰富，但学生仍然较少在设计中应用。要用好针织面料就应该爱针织。要掌握好这种面料必须经过几个步骤。试样衣是必不可少的，它有助于排除与避免很多针织服装制作过程中可能出现的问题。尽管大部分针织服装都是用包缝机制作完成的，但只要选择正确的缝纫机、机针与缝纫线（见表2.4与表2.5），也能用锁式线迹的标准工缝机做好针织服装。在工业生产中，有专门适用于针织品的缝纫设备，但有些服装工艺教室可能没有这样的条件。作为设计专业的学生，应学会利用身边所有资源，利用手边现有设备成功地缝制针织品。

工具收集与整理

包缝工具

用好正确的工具，工作往往能事半功倍。除了准备足够的缝纫线之外，以下几种工具对缝纫也很有帮助：

- 穿线器：用于将缝纫线穿过针孔（见图5.2A）。
- 镊子：用于将线拉过弯针与直针（见图2.33C）。
- 毛刷或毛笔：用于清理缝纫机里的绒毛（见图5.2B）。

- 线袢钩或织补针：保障接缝末端稳固（见图2.1）。
- 线轴帽（见图5.2C）：与传统的平行绕线轴一起使用。将线轴置于托架上（见图5.2D），然后将线轴盖直接盖在线轴上，带槽的一面向下。
- 线网（见图5.2E）：将线穿过线网，这可以防止缝线缠绕问题发生（如细线、滑线或某些特殊的缝纫线可能在缝纫时从线轴上脱散）。
- 接缝胶（见图5.2F）。
- 圆盘刀（见图2.1）与垫子。

缝制针织面料的工具

尽管大部分工具已经在第2章中介绍过，再准备其他几种工具会更有帮助：

- 针织纱线钩：形状像拆线刀的小工具，其末端有个钩子，可以从面料反面将纱线拉过来。这个工具要比线袢钩更小更实用（见图5.2G）。
- 球尖型珠针：可防止针织物勾丝与脱散问题。
- 裁缝蜡笔或划粉：适用于有纹理的针织面料；蜡笔可在合成材料或是丝质针织面料上作记号。
- 仿毛尼龙纱：可将纱手工缠绕在梭芯上，提供柔软有弹性的接缝或折边。

了解针织面料

关于针织面料的出现，一种说法是始于15世纪。针织产业的发展得益于手工针织、针织设备与针织面料等技术因素的发展。科技进步使针织面料在运动功能方面的发展尤为突出，并不断推出各种新型面料，如透气的摇粒绒、防晒面料等，这里不再展开。针织面料是由线圈相套织成的，其方式与织毛衣一样。针织面料与梭织面料之间存在差异。详细内容可见第2章中针织与梭织面料差异相关内容。

图5.1A 针织T恤与针织喇叭裙　　图5.1B 针织紧身裤，开衫与吊带背心　　图5.1C 运动夹克与运动裤

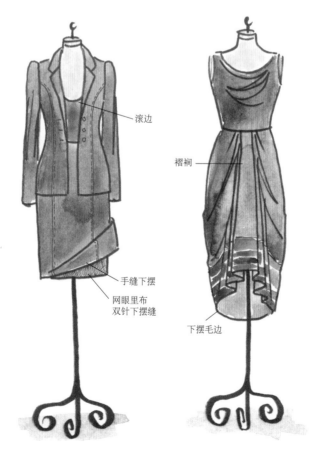

图5.1D 双面针织夹克与短裙　　　　图5.1E 人造丝连衣裙

图5.1 针织面料

针织面料的优点

- 大部分针织面料较稳定，因此裁剪与车缝时较易处理。
- 针织布有正反面之分。通常针织布的两面很相似（例如双面针织布），但还是存在区别，裁好的布边通常卷向正面。可以选择你喜欢的一面作为正面，裁剪时应注意正反面一致。针织面料的丝缕方向如图5.3所示。
- 由于针织面料具有弹性，这可以省去许多关于合身问题的顾虑，因此样板设计更加简易。

- 根据针织服装弹性以及合身效果（贴体、比较贴体、宽松、非常宽松）的差异，样板设计时尺码往往小于实际穿着的大小。
- 每种针织面料具有不同的弹性，因此设计应与所用面料的弹性相配。测试面料的弹性非常重要。
- 尽管简单的设计便于制作，但设计越简单，对车缝要求越高。成衣的所有细节都展现得一清二楚。

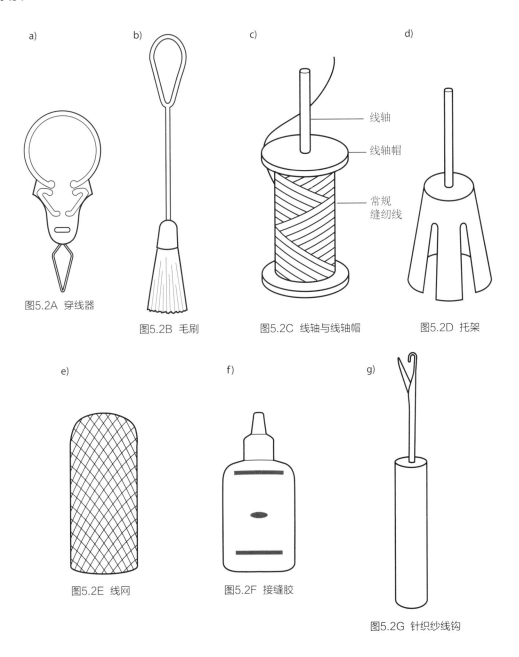

a) 图5.2A 穿线器

b) 图5.2B 毛刷

c) 图5.2C 线轴与线轴帽

　线轴
　线轴帽
　常规缝纫线

d) 图5.2D 托架

e) 图5.2E 线网

f) 图5.2F 接缝胶

g) 图5.2G 针织纱线钩

图5.2 针织缝合与包缝的工具

- 加入氨纶纱的针织布或梭织面料，如牛仔布，可以维持服装廓型，使服装变形后仍能恢复原有形态。紧身牛仔裤就是个典型，面料中加入了3%的氨纶纱，因此能更合体。
- 针织面料有各种类型，无论是素色还是印花，都很容易做成系列化产品。
- 许多针织产品保养简单，可水洗，不皱缩，适合旅行穿戴。

常见的针织面料

学会用合理的方法设计、剪裁与缝纫针织面料后，你会喜欢上针织面料，不再觉得其难于处理了。在所有面料中，有几种针织面料处理方法简单，能保证最终成品效果，所以成为常用的针织面料。随着时间的积累，设计专业的学生会发现设计中应用针织面料的乐趣，并形成各自特色。

- 单面针织：人造丝或真丝针织面料的悬垂性都特别好；从轻薄型到中厚型面料；真丝混纺的针织上装、运动服、T恤衫、毛衣、连帽衫、围巾与女式贴身内衣看上去很奢华且手感好。如果不注意保养，全毛针织面料很容易变成毛毡状。沿斜向拉伸针织面料时，边缘会卷向正面。不要在领圈反复车缝，否则面料会失去弹性。
- 双面羊毛针织：双面羊毛针织易缝合，重量适中并且保形性良好，它可与多种纤维原料混纺，如人造丝、棉纤维、合成纤维等。混纺纤维制成的双面羊毛针织布可以做成毡状，但羊毛的含量必须高于50%。双面针织布的正反面外观一样，沿着斜向拉伸时，它可以恢复原状。这种面料适合制做羊毛衫、运动服、T恤衫、短裙或是休闲风格的裤子与夹克。
- 羊毛毡：这种羊毛面料是将羊毛、单面针织羊毛布与双面针织羊毛布在热水中洗涤并高温烘干制成。这种处理使得羊毛纤维纠缠在一起，面料密度很高，不需要其他处理。购买这种羊毛针织布时，其长度应为实际所需长度的双倍，因为面料会在经纬方向同时收缩。使用上述羊毛制品时，先剪一块样品，经过上述方法洗涤与烘干后，比较前后规格差异；如果样品收缩明显，就要调整购买量了。

- 横机针织：易于缝制，有绒毛，柔软，悬垂性良好，看起来很像手工编织的毛衣。这种面料可用针织机生产或是作为毛衣衣片购买。因为这种面料的纱线纤维种类、重量与弹性可选择空间很大，最简单的款式就是最好的款式。制作服装前，切记检查所选面料的弹性。
- 网眼布：乍一看像是纤细的薄纱，实际上面料的弹性与强度是制做运动装的理想材料。它还适合制做其他针织服装的里布，或是用于装饰与领口处理，或缝在T恤衫与运动上衣的内部。
- 丝光绒：适用于做衬布、里料与内衣的针织布。它经常被用于做游泳衣与内衣的内衬。加黏合颗粒的丝光绒可用于做衬布，而不加黏合颗粒的丝光绒却不适合。
- 运动服面料：氨纶通常与其他纤维混纺，例如与尼龙、棉、麻等，有时候也与羊毛混纺。它能单向或双向拉伸。因为质量各异，氨纶适合用于制作各种运动类服装，例如运动装、游泳衣、内衣裤等。

面料准备

所有的针织面料都会有收缩，因此对于可洗的针织面料，使用前建议先预洗。羊毛针织面料的预处理过程与其它羊毛面料相同：直接将熨斗放在面料上方喷蒸气收缩，注意熨斗不能接触面料；平放面料晾干。干洗同样可行。永远用保养成衣的方式保养面料。

- 如果针织面料是管状的，使用时应避免出现折痕，除非是设计需要。

- 珠针与锋利的裁剪工具对精准裁剪至关重要，针织面料缝份常用宽度为1cm。
- 压烫缝份会在服装上留下印痕；可在缝份下面放张纸条避免这种情况，并将熨斗调到适合的温度。
- 切勿将熨斗直接放在织物上熨烫，这样会烧焦面料、烫出不可除去的亮光痕迹，或导致面料失去光泽。
- 整烫时应轻压。可用羊毛或马海毛作为垫布，避免熨烫压倒绒毛使面料失去光泽。
- 如果用熨烫会留下印痕，那么改用手指按压缝份是个很好的选择。

面料对齐

- 排料时应确保整块面料平铺在台面上，边缘不可挂在工作台外。否则裁剪的时候会发生错位。
- 检查面料是否能"完完全全"被裁剪（包括上下两面），所有样板是否需要按同一方向排列。这种排料方式通常称为"单向裁剪"，可避免裁剪后出现因倒顺毛而表面光泽不同。
- 不可撕开针织面料，只有梭织物可以顺着纬纱方向撕开。针织面料的横行与纵列均需要形成直角（见图5.3），而有些针织面料会"跑"。

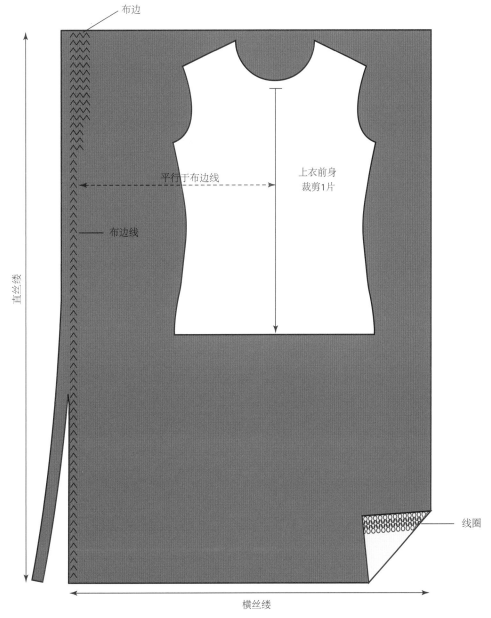

图5.3 按丝缕剪裁针织面料

观察织物表面

无论买什么面料, 除了检查面料弹性外, 应观察是否有疵点。纱线间隔性色差、大肚纱、印花误差以及任何形式的颜色瑕疵, 像是油渍印痕之类。有些疵点无法矫正, 因此, 必须买额外的面料来弥补瑕疵。否则要采取其他方法。其他需要考虑的表面处理问题如下:

- 单向图案设计需要更多面料。
- 循环图案需要更多面料。
- 大型印花要考虑是否超出设计范围。
- 条、格图案需要更多面料。
- 如果不想在胸部或者臀部出现大花型或几何图案, 应该做小图案, 增加循环。

作为设计师应掌握设计细节, 所有图案与细节必须和谐。买面料时应考虑这些因素。

针织面料排料与裁剪

辨别针织面料的丝缕至关重要, 否则会影响面料的悬垂效果 (见图5.3)。通常针织服装的缝份宽度为1cm, 这对于控制规格十分重要。如果织物边缘卷曲厉害, 最好裁剪1.5cm宽的缝份; 包缝时修剪至1cm, 针织面料在车缝时会压得很平整。加宽缝份对易脱散的针织面料很有用。

丝缕线

针织面料同样有丝缕线, 但描述时通常使用其他术语。

- 纵向线圈组成的丝缕线称作经向, 横向线圈组成的丝缕线被称作纬向 (见图5.3)。
- 裁剪之前检查纬向线圈, 它们并不总是排列整齐。
- 顺着经向找直丝缕。

圆盘刀

圆盘刀 (见图2.1) 通常用于裁剪针织面料, 裁剪后边缘干净。尤其是裁剪1cm宽缝份时, 服装边缘平整。配合使用直尺裁剪直缝会比较精确。裁剪垫用于保护刀片, 使其易不变钝, 并确保织物不移位。裁剪垫标有网格与对角线标记, 这有助于对正织物。

样板镇铁

裁剪时样板应尽量贴合面料。如果用珠针可能会损坏针织面料, 这时镇铁是很好的工具。镇铁有很多形状、号型、重量。如果找不到镇铁, 可用罐头等物品替代, 或用一些工作室的现成物品, 如订书机或收纳盒。

针织面料缝份与下摆

缝份

弹性服装的缝份为1cm, 因为针织面料通常不会脱线。这样就不需要在车缝后修剪多余缝份。

- 关键是应对齐缝份, 以免缝合时出现漏洞。
- 多数针织面料都是包缝, 1cm缝份适合三线包缝。
- 硬挺的针织面料如羊毛双面针织或松散的针织面料 (如横机针织), 与梭织面料一样使用1.5cm的缝份。

针织面料下摆

生产中, 针织下摆宽度减至1.5~2.5cm。这可根据设计作调整。例如5cm宽的下摆车缝双针的效果可能更为理想。

要点

服装下摆展开越厉害，如A型裙、喇叭裙、太阳裙，下摆份应越窄。

下摆边缘应用三线包缝来缝合。下摆缝合的情况如图5.9所示。这种包缝方式高效、方便，并且效果干净整洁。工业上通常用包缝来完成一些直的、弯的、外倾的、弧形或是成角度的下摆。注意图5.10A的车缝就是弧形下摆。应先沿包缝边缘粗缝一道，将下摆翻折上来将松量均匀分布到下摆后，用手工针缝合下摆（见图5.10B）。

双针车缝是在同一根针杆上装两根机针。双针可以在面料正面车缝出两行平行线迹，其反面产生锯齿型线迹（见图2.25B）。这种缝合方式适用于梭织与针织面料，这类机针有两个参数，如，4.0/80表示有两根80（12）号机针，间隔4mm。双针车的机针可用普通机针、圆珠机针、弹性料机针。针距间隔1.6~8mm，机针号在70~100。记住：机针号型必须与面料厚度匹配。针距宽度也应适应缝纫机上针板开孔宽度，不可碰到针板边沿。

双针车缝明线是制作针织服装下摆的理想方法，因为那种锯齿形线迹结构允许织物拉伸。这可以用工业包缝机完成。普通机针与圆珠机针都可用于车缝针织面料，弹性料机针适合针织面料与弹性织物底。面料正面可见两行平行的面线。背面两行线交织成锯齿形的线迹（见图5.6E）。车缝双针缝合下摆：

1. 缝纫机装双针，并穿双线。
2. 必须在织物正面车缝，因为双针车缝的线迹正反面不一样（见图5.1D）。

3. 用手工粗缝等可消除的标记方式在服装的正面标记车缝线，以免留下痕迹。
4. 将面线拉入服装反面后打结。不用回针，因为回针难以与原线迹重合，而且会造成面料不平整。
5. 针织面料下摆不适合车缝单线明线，因为它车缝时需要拉伸，单线会出现"断线"（见图5.5）。

针织面料的定型料

针织面料有很多种定型料。无论是针织服装还是梭织服装都应定型。作为设计师，关键是评估所设计服装的功能，证明所生产服装与计划的一致。通常，如果初学者对针织面料与各类衬布与定型料搭配处理不当，往往会导致灾难性结果。因此在开始服装制作前，必须事先对各种定型料与针织面料的搭配制作试样，并在工作笔记上记录下结果以便日后参考。

制作试样

整本书始终会提及制作试样。试样可以作为制作针织服装的开始。通过试样可根据针织面料的弹性调整服装尺寸，并确认服装穿着时所发挥的性能。服装试样前还应检查机器。作为初学者，你需要用很多技术去成功地完善针织服装制作。例如，一旦黏合衬的种类或厚度选择错误，就无法被去除掉了。

- 制作试样时，应多买25~30cm的面料。
- 面料上描裁剪样板时，记住在未缝合接缝前，1cm宽的缝份不允许剪刀口。尤其是容易脱散的针织面料需特别注意。如果用这种方法来做标记，缝份宽度应增加到1.5cm。

- 通过试样制作测试各种不同的样板画线方法：用蜡转印纸、划粉、划蜡、纺织品标记笔等。
- 制作试样时应测试定型料、机针、线与缝型。许多好的设计是经过样品制作得到完善的。
- 在工作笔记上详细记录所有试样数据，以便日后参考。所有试样制作为下一件服装制作提供了有价值的信息。

针织面料弹性接缝

对设计师而言，掌握如何缝制针织弹性缝很重要。无论是用工缝机还是包缝机，都可以很好地车缝针织面料。针织材料的弹性各不相同；有些很稳定，有些弹性很好。针织面料车缝时，缝份应与面料的弹性一致。因此，在制作针织服装前必须制作试样，根据各种针织面料使用适合的线迹（见图 5.6A~ 图 5.6E）。

针织面料的车缝与包缝

针织面料可以用缝纫机车缝。这要根据面料对线迹、机针与缝线试样之后作出适当调整。

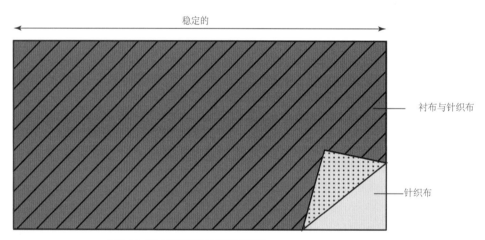

图5.4A 用无弹衬布后面料弹性消失

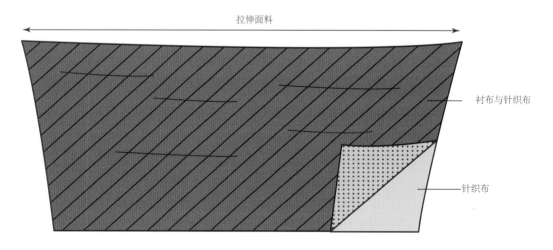

图5.4B 用弹力衬布后面料保持弹性

要点

先做试样,确定哪种线迹与针织面料弹性一致。

家庭缝纫机的弹力线迹是锯齿形线迹(左右移动)与三重线迹(来回移动,见图5.6D)。

缝纫机上缝纫针织面料

大多数的缝纫机的基本线迹中都包含几种弹力线迹;如果缝纫机能锁扣眼,它至少拥有一个锯齿形线迹,这可用于缝纫针织面料。弹力线迹用于轻薄针织面料边缘的接缝时,会使缝份变得臃肿。对任何服装而言,这不是一种理想接缝。这也是为什么要先做试样的原因。

缝纫机的类型
弹力线迹
- 波浪形直线线迹(见图5.6A;单个锯齿宽度0.5,针距为2.5)是缝合针织面料的理想选择。
- 三针锯齿形线迹是很有用的弹力线迹(见图5.6B)。它的运动路线与波浪形线迹一样,在完成弹力缝的同时完成包缝。这种线迹适用于在缝份上加缝松紧带定型。如图5.10A与5.10B所示。
- 宽锯齿形线迹(见图5.6C)可替代三针锯齿形线迹。在生产中,松紧带是在包缝的同时与缝份车缝在一起的(见图5.22)。

- 缝纫机上使用包缝线迹时,必须使用包缝专用线架,这种线架保持直立,不抖动,保持线均匀转出,不受张力。

包缝机缝制针织面料

包缝机功能不用于普通锁式线迹缝纫机,有很多平缝机没有的功能。高速包缝机可以快速地完成大量缝制,例如:缝制大下摆的伞裙或雪纺等面料的长距离褶裥卷边。不同的送料方式保证包缝机在完成这类棘手面料的缝纫工作时不拉伸面料,在软滑的面料上不会形成边缘褶皱,并且完成窄小的卷边。

包缝是生产中最常见的缝份处理方式。包缝是种专业的缝份处理方式,可以防止边缘脱散。经包缝的缝份可以分烫开,也可以两侧缝份一起包缝。

- 缝份分烫开时,每侧应单独包缝。
- 如果两侧缝份一起包缝,两边缝份应包缝在一起且倒向一侧(见图4.10B与图4.10C)。1.5cm的缝份可以做侧倒包缝,轻薄面料可以用1cm宽的包缝。在生产中,1cm包缝是一种比来去缝更经济的选择,因为来回缝必须缝合两次。

何时进行缝份包缝,有两种选择:
1. 缝份缝合前包缝。
2. 缝份缝合后一起包缝。

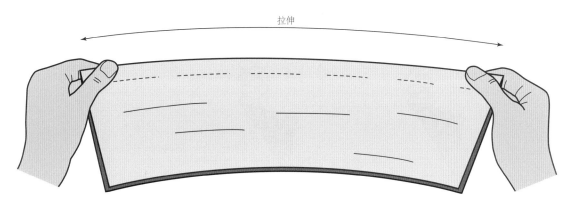

拉伸

图5.5 面料被拉伸时,缝线会出现不规则断线

必须花时间去考虑：究竟是在缝份缝好前包缝，还是缝份缝好后再包缝。服装开发的同时，也是设计细节完善的过程。经过重新裁剪，重新缝制与不断试穿，直到满足设计目标为止。首先需要解决的问题是如何缝制缝份，这应根据不同的款式作出合理选择。

包缝线迹的类型

包缝机可以根据缝线的不同数量形成不同的包缝线迹。生产中，包缝机的线迹被固定设成一种线迹：双线包缝线迹（见图5.7A），三线包缝线迹（见图5.7B），四线包缝线迹（见图5.7C），五线包缝线迹（见图5.7D），或者下摆包缝线迹（常用于服装收尾阶段）。一些典型的五线家用包缝机有下摆包缝线迹，但这需要给包缝机重新装线并且调节裁剪刀片。

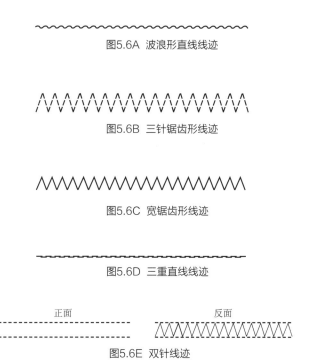

图5.6A 波浪形直线线迹

图5.6B 三针锯齿形线迹

图5.6C 宽锯齿形线迹

图5.6D 三重直线线迹

正面   反面

图5.6E 双针线迹

图5.6 缝纫机的弹力线迹

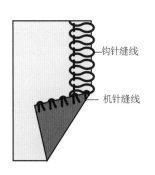

图5.7A 双线包缝机线迹

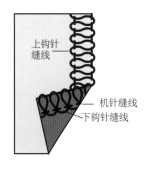

图5.7B 三线包缝机线迹

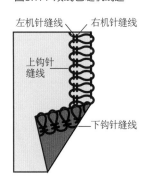

图5.7C 四线包缝机线迹

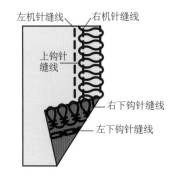

图5.7D 五线包缝机线迹

图5.7 包缝机线迹

包缝机正确穿线后（包缝机在针板上走线正确，就可以判定穿线正确），就可以开始包缝了。开始缝纫后，有几项应注意：

- 压脚下放块实际制作面料，调试包缝机以确保包缝线迹上下张力平衡。
- 因为包缝机启动后运转速度高，并且带有裁剪面料的刀片，所以时刻确保手指远离针头与刀片。缝纫室里的包缝机必须具有安全防护措施。
- 包缝前务必确保手的位置正确，这一点非常重要。将左手放在面料前端，也就是机针与刀片的左侧，同时保证右手放在面料上，也就是在机缝区域的下方，这样可以调整面料的位置（见图5.8）。
- 稳稳地拿住面料并调整送料方向，不要在包缝时推送面料；这样会损坏机针或者弄弯机针，从而导致包缝不齐。
- 衣片包缝完成后应继续缝制至少15cm的包缝线圈，这样下次包缝时就不会脱线。
- 如果机针损坏，应立即停止机器操作，然后向指导教师求助。
- 工业包缝机有复杂的穿线线路，重新穿线很不容易。如果线断了可请向技术员求助。

- 重新穿线前务必关闭包缝机。如果是家用包缝机，重新穿线时要释放夹线器的张力，再尝试将新的线轴放进纱锭，并拉线通过这些夹线器即可。用手打结的，线结可通过第一个夹线器，但是面线不能直接穿过针眼。此时需要修剪掉线结并手工穿针。
- 包缝机上换线的最好的方法是"结线"。其实它并不像听起来那么难。正确操作过一次后，就会将它作为一个正确换机线的快速方法不停使用。

1. 直接在靠近纱锭的下方剪断线，将机器上剩下的线留在原来的线路上。
2. 直接在剪断并挂着原来线的下方放新的线轴在纱锭上。
3. 从新的线轴上拉出一段线，与开始剪断的线头系一起打一个小且结实的结。
4. 修剪打结形成的多余的线头，但是不要将结剪掉。
5. 松开夹线器，轻柔地拉动打过结的线穿过所有线路，直至新线出现在针头与线板的顶端。

表5.1 包缝分类及适用部位

包缝线迹	适用部位
双线包缝，由一根机针线与一根钩针线构成。钩针线圈在织物正面，而机针线被拉到织物边缘。见图 5.7A	缝份边缘或者下摆的包缝；折边
三线包缝，由机针线与上下钩针的组合。见图 5.7B	缝合边缘，针织面料弹性缝份的包缝
四线包缝，由双针，一个上钩针线圈与一个钩针线圈构成，见图 5.7C	承受张力部位缝份的包缝
加固四线包缝，由双针与两组线圈构成，见图 4.11	同时完成边缘包缝与缝份；生产过程十分高效
五线包缝，使用双针与三组线圈；组合了双线链缝与一个双线包缝。这也用于包缝下摆线迹，见图 5.7D	梭织面料或十分稳定的针织面料
链缝线迹，由一根机针线与一根钩针线组成。因为它在织物背面形成了链式线迹，所以看上去像是织物表面的直缝线迹	由双线或三线线迹组成的五线线迹；作为一种粗缝或是作为一种装饰性的明线

6. 留下至少20cm长的线头，放低压脚，并转动手轮车缝一段线迹。

7. 缝好这段线迹后，可以开始车缝了。

8. 离开包缝机，即使只是很短的时间，也务必关闭包缝机。

针织面料车缝省道

双针织或厚型针织面料的夹克与上装做造型时最好做省道，另一种服装造型的选择是公主线。仔细选择好针距与线迹类型可避免针织面料因缝制变形出现的缝份起伏不平。

- 加省道的针织上衣看上去制作精良。
- 用波浪线迹（见图5.6A）车缝省道可避免起皱。
- 当熨烫省道时，在省道下放拷贝纸或者牛皮纸，以防止在服装正面留下熨烫的痕迹。
- 轻薄或者中厚针织面料可以选择在袖窿处做省道，这样即使身材比较丰满，服装穿着起来也看不出明显的折叠痕迹。

针织面料上的口袋

针织面料上可做各种口袋，但是口袋式样取决于针织面料的厚度与弹性。例如，紧身针织服装不宜制作嵌线袋，因为口袋式样与针织面料的弹性与悬垂性不相适合。结构稳定、较为厚重的针织服装常用贴袋。暗袋最常于针织半身裙、连衣裙与裤装中。花些时间研究针织服装，再确定口袋是做在表面还是里面。具体制作方法可参见第8章口袋相关内容，该章中会讲解各种口袋及其结构。

针织面料绱缝拉链

拉链可用于结构稳定的针织服装，特别是半身裙、连身裙与裤装（见图5.11）。

针织面料缝份经定型后就可以绱缝拉链，这样缝份不会在缝纫之后出现凹凸起伏与不平。

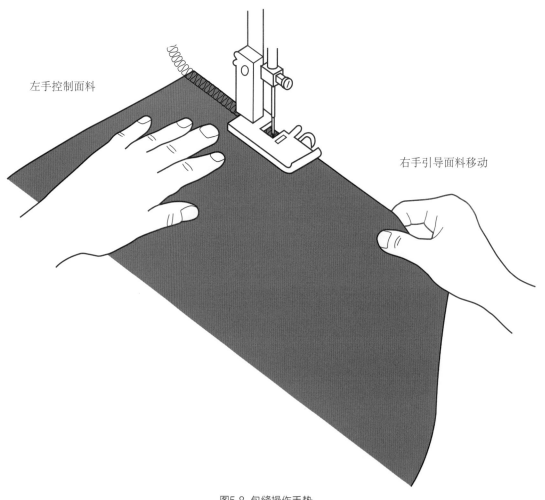

左手控制面料

右手引导面料移动

图5.8 包缝操作手势

做到这些:

1. 剪两条宽2.5cm宽、与拉链等长的衬布, 画出缝份的形状。裁剪衬布时避免经向拉长 (见图5.4A)。

2. 在针织面料的背面贴好黏合衬。

3. 用梭织面料的车缝方法在接缝处缝制隐形拉链。不可在车缝时拉长面料。事先用手工粗缝, 或用可洗去的万能胶带短暂固定拉链有助缝纫。

针织面料的弹性腰身

对稍有弹性且比较稳定的针织面料, 可以定型后做成一片式裙腰, 并加缝拉链。使用定型料能够消除针织面料的弹性, 防止拉伸变形。

弹性腰身

所有弹性腰身都可以归为裙腰缝好后穿入松紧带 (见图5.15A~图5.15D与图5.16A~图5.16D) 及松紧带直接与面料缝合 (见图5.14) 两类。腰身穿脱时轻松自在是非常重要的, 这体现了时尚性与功能性的结合。理想的弹性腰身应穿着舒适, 选择松紧带的宽度应以满足舒适性为准。扁平松紧带不易滚动、起皱或卷曲, 是种理想的选择。高品质的松紧带拉伸后仍能复原并保持其形态。

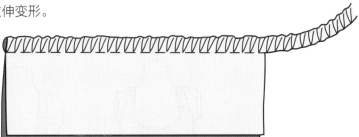

图 5.9A 三线包缝: 宽度根据不同针织面料调整

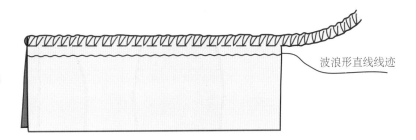

图 5.9B 与波浪形直线线迹结合的包缝

波浪形直线线迹

图 5.9 针织面料 1cm 宽的侧倒缝份

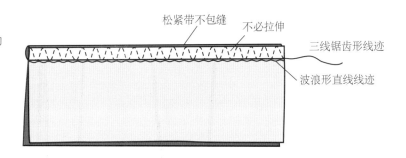

图 5.10A 加缝 1cm 宽的透明松紧带对缝份定型

松紧带不包缝　不必拉伸　三线锯齿形线迹　波浪形直线线迹

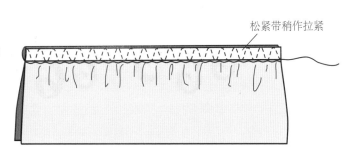

图 5.10B 加缝 1cm 宽稍拉紧的松紧带

松紧带稍作拉紧

穿带器（见图5.16C）是种用于穿松紧带的工具，无论是在腰身、手腕还是脚踝部位都十分便利，但其宽度不适于穿过窄于1.2cm的抽带管。在无法使用穿带器时，可以用大的安全别针代替。但是它通常会在穿的过程中弹开，而且往往是在中间弹开，那么就不得不将整条松紧拉出来重新再穿。除了重新穿松紧带的不便，别针会卡在抽带管里几乎无法关上，而且针尖会破坏面料，扎出小孔，或者被面料缠住，那就需要拆开抽带管重新缝制。无论用什么工具，它都要与抽带管相配，并且安全。

以下方法适用于短裙与裤子设计。弹性腰身可以：

- 设计成连身式样，隐藏于服装表面下方（见图5.12A）。

- 设计成单独部件，与服装缝合在一起（见图5.12B）。
- 正面车缝明线，再将松紧带穿入抽带管内（见图5.12C）。

隐形抽带管

隐形抽带管（见图5.14A），松紧带缝在腰线边缘，然后翻折到服装内侧，再在侧缝处缝合。这类松紧带的制作方法，外表看起来应平滑合身。这种方法既保持了松紧腰带的舒适度，又避免露出松紧带的抽带管外形。在服装正面没有任何除接缝以外的其他缝合线迹。关键是，如果没有其他开口，面料就要有足够的弹性以满足臀围。

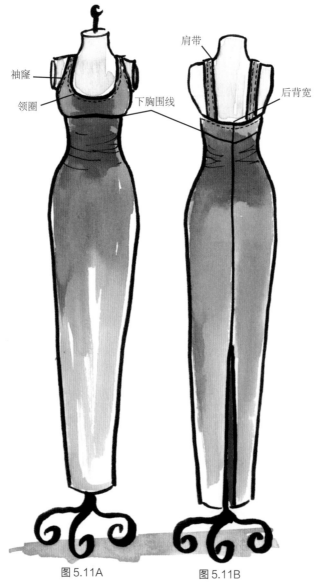

肩带

袖隆

领圈

下胸围线

后背宽

图5.11A　　　　　图5.11B

图5.11 弹性针织连衣裙：边缘部位加松紧带后服装贴合身体

1. 缝合短裙或裤子的侧缝。

2. 松紧带长度为腰围尺寸减去2.5~5cm（不加缝份）。应考虑松紧带宽度与所用松紧带品质。

3. 松紧带缝合在腰线边缘时会有拉伸。

4. 松紧带两端对接形成一个圆圈，然后车缝一段宽锯齿缝线，或者缝三针锯齿缝线（见图5.13A与图5.13B）。

5. 将松紧带与腰围线四等分（见图5.14A）。

6. 松紧带放在服装反面，松紧带的结合点对齐后中心或侧缝。

7. 用珠针将松紧带与服装腰围线别在一起。

8. 松紧带反面并朝上，沿松紧带外缘与腰围线缝合（见图5.14A）。

9. 用中号针距的锯齿形线迹或包缝线迹，但是不可让包缝机切割掉松紧带，这需要练习。

10. 缝另一排锯齿状线缝迹，将松紧带内缘与服装固定（见图5.14A）。

11. 将松紧带翻到服装内侧，从面料正面，在每个垂直接缝部位用漏落针固定松紧带（见图5.14B）。

松紧抽带管拼接

虽然这种腰身与传统腰身一样需绱缝拉链，但松紧抽带管拼接是种针织与梭织面料皆宜的腰部制作方式。

1. 剪一条2.5cm宽平整结实的松紧带，长度与腰围尺寸一致。

2. 将松紧带的两端重叠1.5cm缝成一个圈。

3. 将松紧带四等分，标记等分处，避开重叠缝合的部分。

4. 缝合腰身两端的面料，再将缝份分烫后车缝完整一圈。

5. 将腰带别在服装上，正面相对，将服装的刀眼与腰带对上，缝合。

6. 将松紧带的四等分处与腰身侧缝、前中心、后中心分别对齐。

7. 用锯齿形线迹将松紧带与服装缝份缝合，拉伸松紧带到适合服装的尺寸，同时保持松紧带下缘与腰身侧缝对齐（见图5.15C）。另一边做包缝。

8. 将腰身翻折紧贴在松紧带上，在适当位置别针（见图5.15C）。

9. 在服装的正面用车缝漏落针（见图5.15D）。

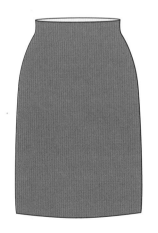

图 5.12A 隐形腰身

图 5.12B 接合腰身

图 5.12C 波浪直线车缝腰身

图 5.12 松紧腰身

抽带管车缝明线

1. 根据腰围尺寸减去5~10cm裁剪松紧带，具体长度取决于所用松紧带的宽度与弹性、松紧带的质量与舒适因素。

2. 增加2.5cm重叠部分，将松紧带两端缝合起来。

3. 抽带管宽度应为松紧带的宽度加缝份，再加0.5cm。

4. 抽带管的两边都要车缝。总共加1cm，抽带管的上端与下端各车缝0.5cm。

5. 折叠分配抽带管的量，将毛边向下折1cm，手缝固定抽带管位置（见图5.16A）。

6. 如果面料蓬松，考虑用包缝代替折叠抽带管边缘。

7. 从后中心或侧缝的缝线处开始缝合抽带管。

8. 绕腰围线缝合一圈，留一个5cm的开口（见图5.16B）。

9. 用穿带器将松紧带穿过开口（见图5.16 C）。

10. 将松紧带的两端都拉出抽带管并重叠（将一端放在另一端上面，而不是按照拼缝的方式车缝），缝一个正方形固定松紧带边缘（见图5.16D）。

11. 用缲针缝合开口，然后正面车缝明线，完成抽带管。

针织褶皱边与波浪边

轻薄的针织面料易形成悬垂感很好的褶皱边与波浪边。避免用厚重针织面料制作褶皱边与波浪边。

- 由于大多数针织面料不易脱散，褶皱边与波浪边边缘可考虑留毛边。这可以节省很多时间，但必须事先制作试样，确保针织面料不会脱散。

- 卷边包缝是另一种褶皱边与波浪边制作方法。

- 尝试"生菜叶"的加工方式（见图5.17）。

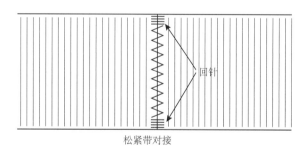

图5.13A　松紧带两端缝合

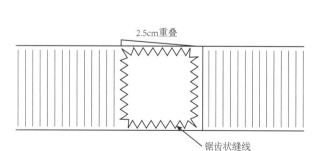

图5.13B　2.5cm重叠

图5.13　拼合松紧带

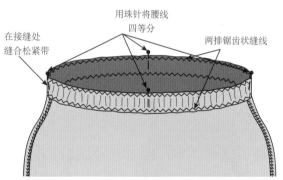

图5.14A　在腰身以锯齿形线迹缝合松紧带

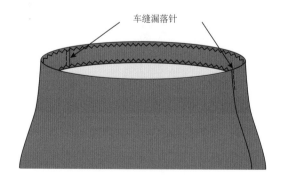

图5.14B　隐形松紧腰带完成

图5.14　隐形松紧腰身

下册图7.24是将两层面料折叠后一起车缝对边缘定型。缝合前，边缘向内折返2cm。如图5.17所示，薄型针织面料在缝制时拉伸形成卷曲。面料拉伸越多，下摆波浪起伏越大，就像生菜叶子一样。

1. 事先必须制作试样，所做布样下摆应与实际服装的布纹方向相同。这对成功缝制生菜边缘非常重要，因为缝线的宽度、密度与张力要根据面料类型加以调节。

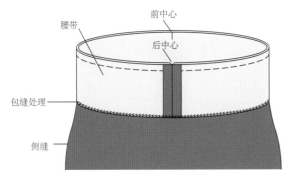

图5.15A 确定腰带的位置

图5.16A 连接腰身两端

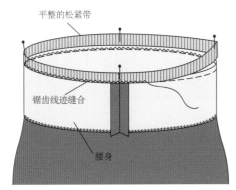

图5.15B 缝合松紧带与腰带

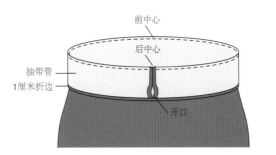

图5.16B 车缝抽带管到腰部开口处

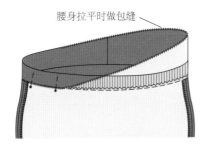

图5.15C 用珠针别腰身

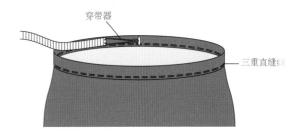

图5.16C 抽带管车缝明线并穿入松紧带

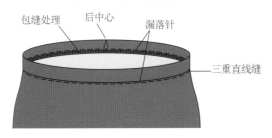

图5.15D 完成腰身

图5.15 拼合松紧抽带管

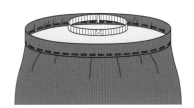

图5.16D 缝接松紧带两端并用缲针缝合开口

图5.16 抽带管车缝三重明线

2. 配好线的颜色或结合三种不同颜色，从而呈现有趣的设计效果，比如：包缝线颜色与面料颜色形成明显的反差。或用人造丝线包缝增添光泽。

3. 将面料正面朝上，下摆边缘放在包缝机压脚下面。缝折边时，下摆边缘应对齐刀片并拉紧面料。刀片会修剪多余的面料。

4. 当包缝回到起始端时，尽量少地重叠缝线，抬压脚、松夹线器。

5. 小心将服装拉出缝纫机，留15~18cm线头。

6. 车缝完成后，继续包缝少量包缝线迹。

7. 小心用绣花剪剪掉多余面料（见下册图7.24）。

针织领圈与袖窿收口处理

针织服装有各种领圈与袖窿的处理方式。关键要记住：如果没有其他开口，那么服装必须有足够弹性能确保头部穿过领圈。

衣领

- 用加衬贴边定型针织衣领可防止其拉伸变形；有门襟的领口无需弹性。
- 套头衫衣领应有弹性，因此不需要牵带定型。
- 衣领应大小舒适且适合套头，这样才兼具美观与实用性。
- 圆领、高领或高翻领必须用具有足够弹性的本身针织面料制作。

- 罗纹针织面料可用于制作高领与高翻领。

贴边

用针织面料做贴边看起来无疑是个矛盾。贴边的作用是定型，而针织面料的特点是有弹性。相同形状的贴边或斜料梭织贴边可用于针织服装上，而且同样类型的针织贴边也可用在针织服装上。但是，在选择贴边与定型料时必须考虑弹性。

- 门襟与锁眼，还有一字领贴边都可用作针织服装收口处理。
- 罗纹带可代替贴边，用于加工服装的边缘（例如领圈、袖窿、袖口与下摆）。
- 适当的定型处理、按形状裁剪的贴边可缝在任意需定型的针织衣物边缘。但也可能有其他更好的加工方式，因此需事先制作试样。
- 羊毛开衫，后领贴边经包缝后可直接以明线车缝在针织面料上，这种处理方法可使服装保持平整。
- 双针线迹可用于车缝有弹性的针织服装的折边（见图5.22）。
- 可以在贴边接缝处车缝漏落针，这样服装正面就看不到缝线（见图5.14B）。
- 加固加宽的贴边可用在某些针织服装的前中与后中，例如裙装、有结构分割线的上衣或带扣眼的夹克。
- 梭织斜料可用于服装的领圈部位，形成对比，比如POLO衫（见图5.18）。

图5.17 生菜叶状边缘：在缝制时拉伸下摆形成卷曲

领圈、袖窿与下摆部位的滚条

滚条可用于服装边缘处理；作为服装边缘的延伸，例如上衣、女衬衣、袖子或内裤下摆；或者在服装的表面作为装饰。针织滚条可用于搭配服装边缘。罗纹针织滚条可按长度购买。针织滚条可根据特定宽度裁剪，还可用于处理针织或梭织面料领圈、袖窿、袖子以及腰线部位。滚条可以用明线、止口线以及漏落缝车缝。

滚条宽度取决于其在服装上的位置、服装整体风格以及设计偏好。针织滚条既可作装饰也可作为功能性细节，如风衣的袖口。首先应确定滚条宽度。

- 服装滚条宽度取决于其在服装上的位置。例如，手腕处的滚条宽度约为10cm，领圈或者前中心线处为4cm。
- 前中或后中部位的门襟式样也将决定滚条的宽度。
- 针织滚条可根据弹性要求使用定型料；如果在滚条上开扣眼或钉钮，需加定型处理。
- 在服装车缝滚条前，边饰或滚条应该先粗缝到服装上，确认效果。

领圈或者袖窿部位加针织滚条，罗纹滚条长度应比实际尺寸稍短。在弯曲的部位最好使用具有50%~100%伸缩能力的罗纹。也能使用本身料，但必须确认其回缩性，是否能回到原来的长度。2.5cm宽的罗纹是制作水手领的最佳材料，6.5cm的宽度最适合做高领。这由具体设计决定。

如何决定领圈罗纹的长度：

1. 将服装的前片与片肩缝拼接缝合起来。将服装对折。
2. 沿着接缝线（不是边缘）测量领圈，竖起卷尺测量更精确。
3. 将测量结果乘2。
4. 圆领或高领的领圈长度应该是服装领圈长度的2/3再加上1.5cm的接缝。
5. 取颈围量的2/3，可将颈围量三等分后的值乘以2。例如，领圈长度为52.5cm，52.5÷3=17.5cm，然后，17.5×2=35cm再加1.5cm缝份量，整个领圈罗纹的长度为36.5cm。

领圈缝至服装

使用罗纹或弹性好的单面针织面料制作领圈。

1. 服装边缘的缝份宽为1cm。
2. 将带有1cm缝份的罗纹头尾缝在一起，形成一个圈（见图5.19A）。
3. 用手指拨开缝份，反面向上，沿长度方向对折罗纹面料，对齐边缘（见图5.19B）。
4. 将罗纹面料一圈四等分，用珠针在等分点固定（见图5.19B），接缝处就变成了后中线。

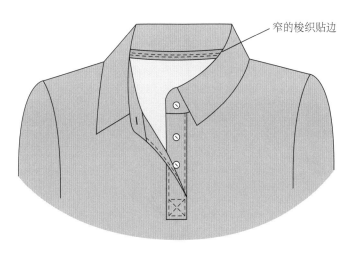

窄的梭织贴边

图5.18 带有窄的梭织贴边的针织保罗衫

5. 将服装边缘四等分，用珠针分别标记四点。

6. 将罗纹与服装用珠针钉在一起（见图5.19C）。注意：标记点不在肩缝位置。

7. 将罗纹正面朝上拉开并缝到服装边缘上（通过伸缩缝或包缝），面料与罗纹上的对位点应对齐（见图5.19C）。如必须使劲拉长才能重合，那就是这块面料太短了。这导致其他缝合的区域出现收缩，无论多大的压力都无法使其恢复原形。

8. 将缝份向服装一侧烫倒。

已缝合的罗纹边缘处理

尝试用以下几步处理罗纹边缘：

- 将罗纹与缝份小心地包缝在一起；避免将服装衣身（的面料）缝进去，尤其是弧形部位。

- 做二次缝合,在距离之前缝线的0.5cm处加车缝一道，车缝时要将所有层缝合在一起。

- 在接缝下使用双针明缝线（见图5.20A）或跨接缝车缝双线（见图5.20B），车缝时要拉伸所有面料。

- 用绷缝线迹车缝缝份。

梭织斜料滚边

- 梭织斜料滚边（见图5.21）常用于不易变形的针织服装，在无袖袖口与领口部位的滚边，有些领口没有其他开口，必须保证头部可以穿过。

- 切记，服装边缘用于车缝斜料滚边缝份的大小决定了滚边的宽度。

- 斜料滚边可以是单层的（见图5.21），也可以是双层的。

针织袖

针织服装常做成装袖式样。在不易变形的针织服装上绱缝装袖的方法与处理梭织面料服装相同。

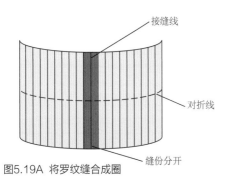

图5.19A 将罗纹缝合成圈

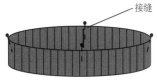

图5.19B 将罗纹面料竖直方向对折

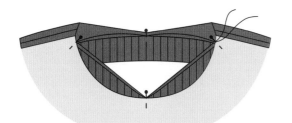

图5.19C 等分、对位罗纹缝合到服装上

图5.19 将罗纹缝合到服装边缘上

图5.20A 接缝下车缝双针明

图5.20B 跨接缝车缝双线

图5.20 双针明线车缝织带

1. 对齐袖山、腋下点以及腋下与袖山点之间的等分点,确保针织袖(面料)分配均匀。

2. 服装放在上面,袖子靠住针板(无论是车缝还是包缝)车缝,慢慢将袖窿缝合到袖子上。

3. 不可过分拉伸袖窿,因为这会形成波浪形的接缝。

平滑绱缝

缝合侧缝前,将袖子与袖窿车缝或包缝在一起的方法就叫做平滑绱缝。该方法用于缝合针织装袖:

1. 消除袖山上的余量,这需要在制作试样阶段完成。

2. 用珠针或手缝将袖山与袖窿固定,修正对齐缝份,将剪口与肩缝标记对齐。

3. 缝份烫倒向肩部。

4. 连同侧缝一起车缝或包缝,袖窿接缝线要对齐(见下册图6.9D)。

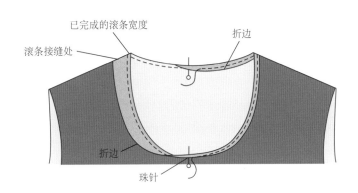

图5.21 梭织滚边

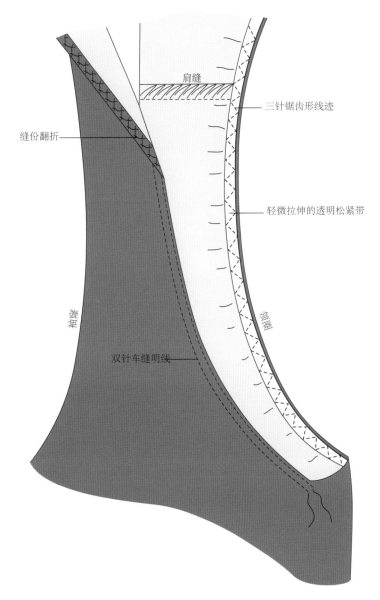

图5.22 将透明松紧带车缝到针织服装边缘

5. 如果袖子边缘是卷起的,可以用双针车缝一圈。

6. 如果用罗纹或本身料滚条,可在侧缝缝合前将其绷缝到袖窿上。

7. 包缝时,包缝线打结后,用大号绣花针或者塑料针将包缝线穿到反面再修剪。

针织面料的弹性下摆

当涉及针织面料的下摆折边车缝时,就必须考虑设计的实用性;在车缝下摆后,完成的折边及线迹必须有弹性。

车缝下摆

- 对于针织面料而言,双针车缝是理想的下摆缝合方式,因为面料背面是锯齿形线迹,这使得下摆保持弹性(见图5.23)。
- 缝好的下摆折边可作为T恤衫的理想底边。
- "生菜"边下摆处理适用于薄型针织服装。
- 包缝下摆折边的耐用性好,是专业的下摆处理方法。
- 如果紧身服装下摆用单线车缝,服装穿着后,缝线会出现不规则断线(见图5.5)。

手缝

- 针织面料包缝后,边缘用三角针手工暗缲是理想的处理方式;手工针前后交错可使底边保持弹性(见图5.1D或下册图7.18B)。
- 弧形、A型展开下摆的贴边不能像直线贴边那样反折。当弧形下摆翻折后,其长度大于实际缝合长度。
- 下摆用手工粗缝一道(见下册图7.10A)。

- 轻轻收紧缝线,抽缩边缘使其长度与翻折长度相符(见下册图7.10B)。
- 用蒸汽整烫下摆折边,不可用熨斗直接压烫折边。注意:这些步骤用在天然纤维的编织物上效果最好;化纤面料不适合抽缩余量或烫压。
- 选择最适合面料的边缘线迹:好的手缝边缘不会在服装正面露底,这需要不断的练习!

针织面料的里布

使用里布可提升针织服装品质。里布可防止短裙、长裙以及裤子后片受到张力与挤压时出现变形。里布还能够使得衣物滑过身体,减少针织面料紧贴于人体等恼人情况。针织服装里布有以下一些品种。

弹性里布

针织或梭织里布可加入弹力纤维,以增加长度与宽度方向的弹性。里布与面料弹性相配是很重要的。例如,泳衣是用各个方向都有弹性面料制作的。因此,泳衣里布必须与泳衣面料一样在各个方向都具有相同的拉伸性(见图1.7)。

里布弹性不能小于面料,否则服装就无法正常活动,因为里布会限制伸展能力。例如,针织长裙或者短裙的里布只需要在纬向上能够拉伸;也可以使用在各个方向上都能够伸展的衬里(见图5.1C)。

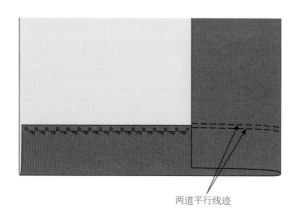

两道平行线迹

图5.23 双针边缘车缝

弹性针织衬里

经编针织里布具有轻薄、细腻紧密的特点。经编针织面料可以是纤薄的或透明的，其表面可以做成缎面、绉绸或拉绒面。经编面料很牢固，有不同厚度，是制作针织服装里布的理想材料，其价格合理，颜色丰富。

运动服与泳衣的里布可用于短裙与长裙等裙装类针织服装。这些里布纱线的材质多样，包括涤纶纤维/弹性纤维、纯尼龙以及尼龙/弹性纤维。里布颜色只有白色、象牙黄与黑色。

双罗纹是针织面料。没有加入氨纶的罗纹面料回弹性少，它可用作针织服装里布，也能用作梭织服装的里布。其拉伸性很小，但是可以满足活动的需求。全棉双罗纹布几乎不能回弹，因此应避免用作里布。

网眼布是一种弹性的面料，可以用作里布。它很轻很薄，看上去就像薄纱，但强度高。对于需要薄透手感的服装而言，它是极佳的里布（见图5.1C）。

本色料是作为里布的理想选择，因为有些面料既可以用作面料也可用作里布。选择里布的最佳方式是使用轻薄型面料。本色面料通常用于弹性上衣或紧身裙的里布，尤其在处理全部采用同种面料的针织服装时是种可靠选择。

针织服装的开口与扣合部件

纽扣与扣眼

- 钉纽扣与开扣眼的位置必须作定型处理（见图5.4A与图5.4B），这样可防止缝纫与穿着时扣眼拉伸变形。
- 女装的扣眼开在门襟右侧，纽扣钉在左侧（见下册图9.3）。
- 门襟扣上后，服装左右两侧的中心线应该准确地重合（见下册图9.4）。

纽绊

扣绊对于针织服装而言是种理想的扣合方法。可用薄型或中厚型针织布做扣绊；但要避免使用厚重针织面料，因为将管子缝合制成环后无法翻转。对比鲜明的梭织面料也可做扣绊，但是必须裁斜料。扣绊夹缝在服装面子与里布或者挂面之间。

1. 将经向的针织面料或是狭长的梭织斜料车缝成管状（见下册图9.18A）。
2. 用线绊钩或针与线翻转扣绊管，如下册图9.18A与图9.18B所示。
3. 每个扣绊长度应根据纽扣大小来剪切，并加上缝份量（见下册图9.18C）。系扣位置最好从胸围线开始（服装前身的重点位置），然后从这点开始放置其他系扣位置。扣绊的位置安排取决于设计，但必须发挥其应有作用，使服装能够合拢。
4. 将扣绊设置在服装右侧（记住：女性的扣绊在右侧，男性的在左侧），将扣绊毛边一侧朝服装边缘，用车缝固定到位。（见下册图9.18C）。
5. 将贴边置于扣绊上面；右边对齐放在一起，与面子车缝在一起后再车缝暗针（见下册图9.19）。

包缝线迹制成的扣绊

包缝机缝出线辫作为扣绊，用于连接里布与缝份，或者用作纽扣的小环，如在上衣领圈后中位置。

1. 没有面料时空踩包缝机，做出包缝线辫。
2. 根据所需的扣绊强度，将线辫对折一次或两次。
3. 将包缝机设置为窄型的锯齿型线缝（0.5）、针距尽量减小（1.0）。
4. 将折过的线辫置于压脚下，在机针的前面、压脚的后面，握住线辫尾部。
5. 随缝纫机的锯齿型缝迹引导线辫并车缝。
6. 单根线辫可做出了轻柔灵活的扣绊，这对于将里布与缝份连结，或作为小纽扣的扣绊效果非常好。两根及两根以上线做成的线辫则更结实耐用，例如：固定连衣裙腰带的腰带绊（见下册图1.14）。
7. 缝线的颜色应与服装协调，若配色不理想，可用多色线搭配组合使用。

针织服装熨烫

　　针织服装并不像梭织服装那样需要大量熨烫。制作梭织服装时，需要熨烫接缝处。但针织服装不必如此处理。在缝合针织服装时，多数缝合处都不必熨烫。但是，有些接缝处也需熨烫，其中典型部位如衣领。衣领缝合完毕，并翻至正面将与领圈缝合前，接缝边缘需要轻微熨烫。

　　高温熨斗直接熨烫很容易损坏针织面料，熨斗会在面料表层留下光斑。以下是熨烫针织服装的小窍门。

- 了解所熨烫的针织面料的纱线成分，这有助于掌握所需加热的温度。如果不清楚纱线成分，可将温度设置与较低的"合成纤维"档，或用手指压住接缝防止面料被高温烫坏。
- 熨烫前，用该针织面料样品作测试熨烫及蒸汽温度。
- 一般情况下在反面熨烫。
- 熨烫成衣时（从正面熨烫），使用垫布来保护面料，防止高温损伤。
- 熨烫过程中请勿拉扯面料，边熨烫边举起面料的动作可避免拉扯发生。
- 轻轻熨烫，熨烫过度会使线圈变平。
- 如果接缝在制作过程中拉伸变形，熨烫可帮助其缩小，恢复原来的形状。使用垫布必不可少。

缝制棘手针织面料

轻透纤薄织物

- 用75/11的小号圆头针与近似1.0/1.5的锯齿形针脚缝制1cm的缝份。
- 接触皮肤的弹性花边里布、透明薄纱针织面料以及疏松的毛线衫针织面料都可使用弹性里布。
- 用3针包缝机可缝制出紧密光滑的接缝。
- 使用圆盘刀与垫子保证更精确的切割。

真丝织物

- 此类美丽奢华的针织服装最好用70/10的弹力线迹缝制。
- 弹性双针可做出2.5针距的平坦卷边。
- 进行裁剪或缝制时保持面料平整。
- 将熨斗温度设定为丝绸档位，进行轻微熨烫。
- 剩余布料可用作其他针织面料的滚边。

运动服面料

- 应警惕罗纹车缝过程中出现破洞。
- 缝制过程中请勿拉伸面料。
- 裁剪样板前确认折痕不是永久的。
- 三重弹力线迹是加固服装受力区域的最佳选择。
- 底线用尼龙羊毛混纺线，面线用常规缝纫线即可。
- 包缝机的钩针线使用仿毛尼龙线。

双面针织面料

- 相对中厚针织面料，双面织物较易缝制。
- 因为有两套连接纱线，双面织物更加稳固。
- 使用伸缩缝机针，如75/11。
- 如果这类针织面料可以使用针织贴边衬。

紧身针织服装

- 紧身针织总是会"变大"，因此事先必须对针距、线迹宽度与车缝方向进行试样。
- 紧身针织面料不易脱散，不需采用缝份收口处理。
- 包缝会在边缘增加过多的缝线，增加服装厚度。
- 领圈与肩膀部位的接缝用透明松紧带定型。
- 水平方向的接缝会下垂，垂直方向的接缝则不会。

融会贯通

根据所掌握的针织面料包缝及缝制技法，通过创作一款裙装来拓展所学的知识。许多设计是从一款基本T恤连衣裙开始的，但首先要选择合适的针织面料。

1. 一件上装应舒适地贴合臀部并有适合的松量。

2. 检查上装臀部位置合体程度，比较裙子尺寸与人体臀围。切记裙装臀部坐下时会承受张力。

3. 设计好裙装的长度。

4. 将侧缝线画至设计长度，此时服装的款式结构可加以调整（如：侧缝上的曲线改得更合体）。

5. 确定服装廓型：是A字型、直筒型，还是锥形？该选择会受到面料因素影响。

6. 样板下摆加入缝份量。

创新拓展

本章所学的知识可以应用于以下方面：

梭织面料及针织面料混合应用，可在同款服装上加入两种甚至更多的肌理效果。针织服装边缘上使用梭织斜料而非本色料或罗纹料，可以避免服装边缘过厚。尽管可以选择不同材质的面料，但衣物应有弹性。切记服装最终是人穿着的，所以应仔细考服装的穿着效果，并考虑是否需要加开口（见图5.24B）。

皮革与针织面料结合使用。皮革可以用在在针织服装上，使用皮革的部位必须经过定型处理，避免因为皮革重量而下陷。这是体现定型料重要性的例子。针织面料与皮革的厚度应相互协调。如果将厚重的牛皮与单面针织等薄型面料结合使用，牛皮会导致衣物变形，任何定型或熨烫工艺都无法消除此类明显的变形。如使用较轻薄的合成革面料，可在缝制成衣前制作试样。试样阶段还应确定适用的缝纫工艺，比如在皮革下垫薄棉纸（防止其被送料齿擦毛表面），在标准缝纫机上装塑料压脚或调整线迹长度等（见图5.24A）。

包缝机可以使用特殊纱线，包缝机的优势在于其钩针的开口大，可以穿过特殊的纱线、缎带等材料，形成特殊效果的线圈。可以根据设计缝制出特别的接缝，也可以在衣物上车缝别致的装饰。

疑难问题

如果包缝机刀片划坏面料？

对这于服装的弯曲部位是家常便饭。处理弯曲部位，如领圈等部位时，包缝机可能会将压在刀片下的面料割坏。如果是在领圈部位的饰边，可以事先增加一些缝份的宽度。车坏后先拆下原来的饰边，再将其重新固定到位后，小心地将饰边与面料一起包缝。包缝过程中应控制好面料，确保面料平整。如果担心重复包缝会出现同样的问题，可先用缝纫机车缝一道，再用弹性线迹包缝边缘。但是当服装损坏面积较大时，唯一办法就是重新裁剪整个衣片。这已经是最糟糕的状况了，希望有足够的面料能够力挽狂澜。在损坏区域添加设计元素也很有效，即使这并不是最初的计划。

领圈太紧了？

　　如果服装对于头围太小，则应拆开领圈。由于领圈大小是在制作样板时确定的，因此需要重新校对样板。确认对于领圈而言，面料弹性与回缩量是否足够充分。缝份包缝时，很容易切割掉过多面料，这种误差会导致穿着时的合体问题。如果肩缝无法放宽，需要重新修剪、调整领圈。另一种解决方法是在领口部位加钮扣与扣袢，这可以增加颈部围度，使衣服在穿着时可以舒适地套入头部。

接缝不平整？

　　包缝机通常采用差动送料，以减少包缝过程中拉伸接缝。尽管如此，许多针织面料的接缝仍会不平整。单面针织布的边缘应做定型处理，如使用透明松紧带。如果针织面料成分是天然纤维，可用蒸汽熨烫使其恢复形状，并在缝份边再缝一道明线使接缝更加平整。这个问题可以通过事先制作试样来解决。

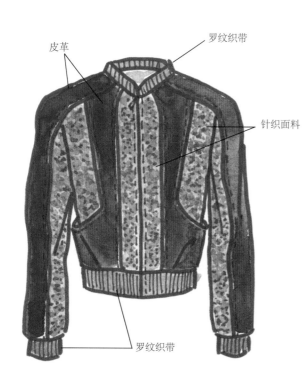

图5.24A　皮革针织面料混合夹克

图5.24B　针织与梭织面料混合上衣

图5.24　创新款式设计

服装太大？

衣物太大时，应问以下问题：

1. 设计是否选择了正确的针织面料类型？

2. 针织面料弹性是否合适？如果不是，衣物在制作过程中会变宽松。

3. 样板是否正确？切记针织面料缝份的宽度通常为1cm。

4. 是否按正确的缝份进行包缝？许多初学者首次包缝时都会担心切掉过多面料，因此有可能造成缝份包缝不完全的问题。

5. 最佳方案是在包缝前先试穿，否则设计师就需要在拆掉包缝后重新试穿。一部分学生会试图不拆缝线直接重新包缝，这样就无法缝出平整光滑的接缝。记住制作过程不理想就无法呈现完美的设计。

松紧带太紧？

选择高品质的松紧带，准确估计松紧程度对设计至关重要。松紧带太紧会造成穿着不适，衣物也会与臀部不合。回缩率决定了松紧带的用量。读者可阅读弹性腰身的部分内容，以便更好地理解如何确定松紧带的大小。小心拆掉衣物上过紧的松紧带，重新量取松紧带，车缝到服装上。制作松紧带的经验是：先测量两次后再缝制。

自我评价

看看自己完成的服装，问问自己是否会购买或穿着。如果不会，为什么？是因为设计不好，不合身，还是缝制粗糙？考虑以下因素：

√ 服装是否适合穿着？

√ 衣片是否按面料丝缕裁剪？

√ 测试接缝：弹性合适吗？能否能拉伸并回缩？

√ 测试头部尺寸是否合适，是否有足够的松紧？

√ 领圈收口处理后能否回弹恢复？

√ 腰部的松紧是否合适，能否保证臀部服装得到合理伸展？

复习列表

学习新的技法，包括学习包缝制作以及应用缝纫机各项功能，可以使缝纫知识得以增加。熟能生巧，制作试样是必不可少的一步。根据不同种类的针织面料，调整线迹长度、宽度、针线，并及时记录结果。将缝制的布样保留在工作手册里以备今后参考。这种习惯能不断增加与积累新的针织面料样品。这些工作不会花费太多时间，却能再下次制作服装时节省很多时间。

缝纫机

√ 是否知道缝纫机可以缝制什么样的伸缩线缝？

√ 试样制作时是否使用了正确的机针与缝线？

√ 是否明白缝纫机可以缝制针织面料？

√ 是否记录了本章中关于缝纫机及包缝机的使用技巧？

包缝机

√ 是否根据面料采用了正确的缝制方法？

√ 是否学会了包缝机穿线，并根据面料使用适合的缝线？

√ 是否在包缝前，事先制作了试样以确定面料、线迹以及缝线？

√ 是否掌握了平缝与包缝的异同点？

时装设计师只有掌握针织服装的缝纫技术与知识，才能创造出充满设计感的、制作精良且实用的服装。这需要时间、练习与耐心。针织面料相对于其他面料而言在缝纫时困难较大，但是只要态度积极、设计合理、备料充足，所有问题都会迎刃而解。

第6章

图示符号

■	面料正面	▦	衬布反面（有黏合衬）
□	面料反面	▨	底衬正面
▨	衬布正面	▦	里布正面
▨	衬布反面（无黏合衬）	▨	里布反面
▨	缝制顺序		

省道：
构成服装的合体性

省道与接缝是服装的基本构成元素。通过制作省道，可将平面塑造成贴合人体曲线的立体轮廓。对于合体服装结构，省道的作用相当重要。切记每件服装都应精心制作，服装穿上后，其胸围、腰围与臀围等部位均应适合体型。倘若服装省道缝制不当，在不该制作省道的部位做省道，会导致服装出现褶皱或鼓起。

要制作合身的服装，首先需要缝制省道，然后缝制接缝。

为了使服装外观平整，服装制作过程中必须准确地标记、缝合与熨烫省道，并加以细致调整与改进。制作省道时应仔细操作，确保车缝精确、省柱左右对称、部位正确。在熨烫省道前，应先检查服装的合体效果。如果服装省道位置不正确或车缝不佳，就必须在熨烫前加以修正。

本章将介绍不同省道的制作方法，并根据服装款式选择合适的省道制作方法。关键是根据面料特征选择省道类型。省道特点应与款式造型风格一致。省道的功能是构成服装廓型，增加装饰元素与设计焦点。必须再次强调的是事先应制作试样，确保每个省道的缝合质量，并适合人体廓型。

关键术语

不对称的省道

锥子（服装裁片钻洞标记的工具）

胸点

曲线省

省道

省道两边

肘省

剖开省

缝合

领省

公主线

造型省

肩省

直省

对称省

腰省

特征款式

本章将介绍省道的式样。不同的省道可产生不同的合体效果。如图6.1所示，服装在不同部位应用了不同的省道制作方法。

工具收集与整理

缝纫制作工具对于制作省道相当重要。缝制服装时，合手适用的工具非常必要。完成本章的缝纫制作需要准备的工具包括卷尺、面料记号笔、划粉、样板复写纸、描线轮、剪刀、珠针、拆线器、手工针、烫枕、熨斗与烫布。准备好这些工具后就可以开始缝制省道了（见图2.1）。

现在开始

省道是时装制作中的基本元素。在设计初稿阶段常会忽略省道。制作省道要求准确的标记、精细的缝合与熨烫。比如，胸省缝合后，两侧长度应一致。

省道是什么？

省道是布料从平面转变成立体型状后出现的多余量。省道一般出现在胸部、臀部、腰围、肩部、领圈与肘部，省道使服装与人体曲线一致。一块平面布料可以通过制省道形成立体形状。

有的省道是直线或锥形，如胸部的省道（见图6.1A），腰部的省道与臀部的省道（见图6.1E与6.1F），及肩省与肘省（见图6.1D）。有些省道有形状，如轮廓省（见图6.1C）或剖开省（见图6.1B）。当接缝在服装的侧面时，公主线也可以加入胸省（见图4.1A）。位于公主线上的胸省有助于塑造人体胸部曲线。

要点

缝合接缝前，应该先完成省道的制作与熨烫。

省道可以形成服装的形状与轮廓。对于服装规格与人体尺寸以及省道位置的清晰理解对制作省道必不可少。如图6.1所示，省道数量与位置不同会影响服装的宽松程度：从宽松到贴体修身。设计师们可以通过应用这些省道来实现想要的服装合体度。许多初学者在其设计中并未充分考虑服装的松量与合体因素。在款式设计阶段必须考虑服装结构，再通过制作样板，最后缝合成服装。如果仅仅将平面的面料直接放置在人体上，并不会出现服装的形状与轮廓。切记服装必须要考虑体型与人体曲线，按照体型特征构成服装轮廓（见图2.3）。

省道应与面料、服装的合体与舒适度，以及服装设计造型与轮廓等因素协调一致。这是非常重要的！许多学生的设计作品并未体现出这点。做出来服装的松量不是太小就是太大。有些服装放在人台上看起来不错，但是穿在人身上则太紧，使人无法动弹与呼吸。所以，服装必须同时满足时尚与功能的需求。

省道是楔形的，如图6.2A所示。省道的构成部分包括省底、省柱（省的两条边）、折叠量与省尖点。做省道由省底开始，它使得面料更贴合人体。省柱应等长。省柱的缝合线可做成一条略微内凹的弧形缝线，使其更加符合人体曲线，比如从腰部到臀部的曲线。省尖点，或者说省道的末端，将最大丰满度释放到人体的曲线部位。轮廓省是由两个基本呈一直线的省道组合而成，将省底合拢后定向缝合（见图6.2B）。剖开省可以将折叠量剖开，以减少接缝厚度，使省道更平整（见图6.6）。

省道的位置

省道可以塑造各种造型，并且使服装合适人体穿着。可以缝制坯布样衣以了解清楚其曲线部位所在，也可以用服装面料先做一件样衣。如果使用以前未曾接触过的面料，制作省道前必须先做试样。

胸省, 如图6.2A所示, 位于服装前身, 沿着侧缝处。胸高点指的是胸部中心点, 即胸部凸起的尖端。省尖并不经过胸高点。胸省形成胸部丰满的曲面, 从而使服装与人体曲线贴合。胸高点与省尖点之间距离的变化取决于省道数量、大小与位置变化。每位设计师可根据自身喜好设计服装的贴体度与胸围大小。

对称省是省道对称地分布在服装两侧, 如图6.2A、图6.4A与图6.1所示。

不对称省, 如图6.4B所示, 两个省道都从同一侧缝开始, 穿过服装前中心。设计师在制板时应确定好省道位置。

腰省(见图6.1E与图6.1F)用于短裙、裤子与连衣裙设计。腰部制作省道能使臀部更丰满。通常服装前身有两个省道, 后身有两个或四个省道。所有省道可分为几个小省, 形成相同的折叠量, 并产生不同的设计效果。

图6.1A 胸省　　　　图6.1B 剖开省　　　　图6.1C 轮廓省　　　　图6.1D 肩省与肘省

图6.1 省道的类型

肘省（见图6.1D）是从袖子腋下缝向肘部形成的。其功能是塑造连衣裙、合身上衣的袖子造型，并且让合身的袖子有一定的活动空间，让手臂可以自由弯曲（见图2.3）。可以用一个省或多个小省。有些设计可能不需要缝合省道，而是将省道转化为接缝余量。

肩省（见图6.1D）用于塑造服装后身、袖窿与领圈部位的曲线。肩省可以使服装的衣领与人体伏贴，领口不会张开。

领省使服装与人体颈部贴合，并可以代替胸省。如果领省转移到不同位置，仍然能塑造胸部曲线形状，就可以作为一种服装设计元素。

图6.1E 裙腰前身省道　　　图6.1F 裙腰后身省道　　　图6.1G 裤腰前身省道　　　图6.1H 裙腰后身省道

图6.1 省道的类型

轮廓省（见图6.1C、图6.2B与图6.5A），也被称为长腰省或两头尖省。通常用于合体服装、上衣的腰身或没有腰缝线的大衣上。该省的上半部分起到胸省作用，下半部分是腰省。

剖开省（见图6.6）也称弧线省，剖开省形成了一条从腰部侧缝到胸部的弧线。剖开省通常出现在服装的前身（见图6.1B）。因为它比直形省道要宽，因此为了实现理想的缝制效果，在车缝之前必须将省道剖开。剖开省能很好地塑造从胸部到腰部的完美曲线，并且可以使服装腰部到胸部的曲线轮廓更贴合人体。

标记省道

省道在制作时应做标记。用锥子（见图2.1），根据样板在省道内进行钻孔（见图2.7B）。省道缝合必须准确（正好在标记点外面），缝合后，服装表面不能外露任何标记（见图6.2B）。

缝合省道

缝合省道前，样板上所有的标记都应转拓到服装裁片上，并定向车缝固定。有时省道可以放在稍后工序缝合。省道缝合：

1. 准确地标记省道（见图2.23B）。
2. 珠针垂直别合车缝线。

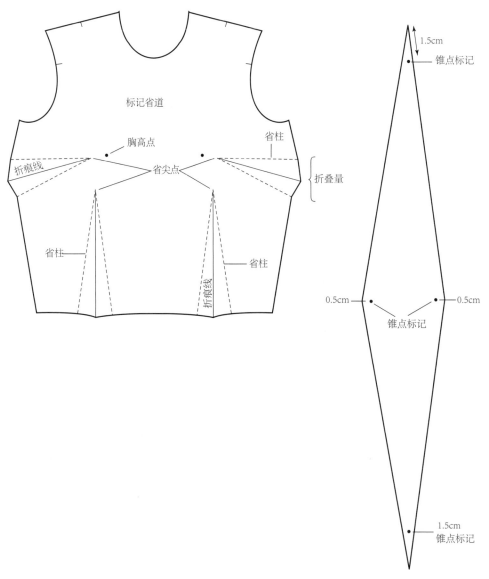

图6.2A 标记省道　　　　　　　　　　　图6.2B 轮廓省

3. 由省道底部开始车缝（见图6.3A）。

4. 当接近省尖点2.5cm时，将针距长度减少至1.5或1.0后，车缝完成省尖点（见图6.3A）。

5. 不需要回针：以免省尖点出现聚集，聚集量会导致胸围处产生无法消除的凹痕。

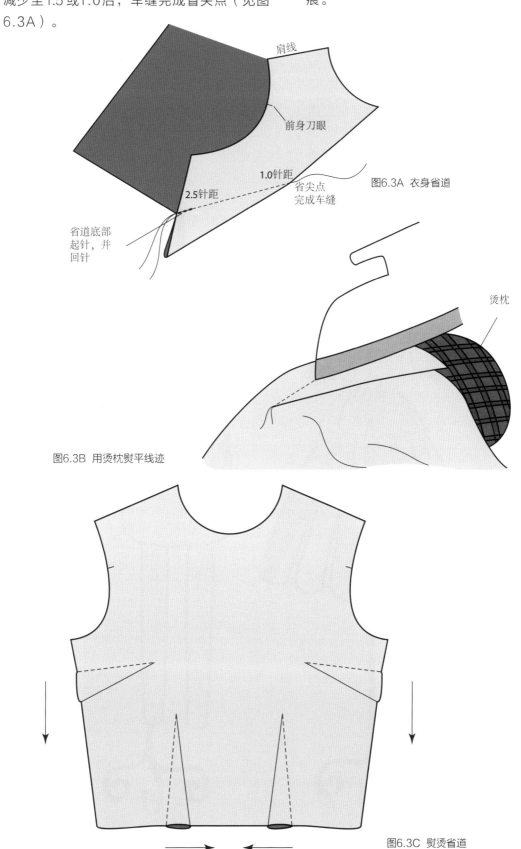

肩线

前身刀眼

图6.3A 衣身省道

1.0针距

2.5针距

省尖点完成车缝

省道底部起针，并回针

图6.3B 用烫枕熨平线迹

烫枕

图6.3C 熨烫省道

6. 始终沿车缝方向熨烫（见图6.3B）

用烫枕熨烫，并将胸省向服装下摆方向烫倒；所有其他部位的省道应向服装中心方向烫倒（见图6.3C）或者剖开省方式分烫（见图6.6A）。

熨烫省道

先在烫枕上测试省道熨烫的效果（见图6.3B）。如果服装面料上出现印痕，可将条状牛皮纸垫放在省道下面来预防印痕。熨烫时省道部位一旦出现烫痕，通常无法消除。

胸省向下熨烫，倒向服装下摆；所有其他省道倒向服装中线（见图6.3C），或者剪开省道分开烫（见图6.6A）。

缝合轮廓省道

1. 在面料上准确标记省道（见图6.2B）。

2. 面料正面相对，沿着中心折叠省道，标记对齐，别合省道或以手工粗缝固定（见图6.5A），手缝避免了长省道在缝合时被移动。

图6.4A 异形省道　　　　图6.4B 不对称省道

　　3．从省道中心开始缝至其中一端，然后从省道中心缝至另一端（见图6.5B）。

　　4．在中心处回针加固该受力区域。

　　5．如果熨烫后省道不平整，可在开始缝合与回针处沿着中间剪开省道。用锋利的剪刀剖开省道，小心不可剪开缝合线。这一步只用于带里布的服装。

缝合剖开省

　　1．精确标记车缝线，包括剖开线（见图6.6A）。

　　2．在剖开省上加入缝份；打样板阶段可以制作试样，确定省道能否做好收口。

　　3．车缝固定线，并在弧线部位做剪口（见图6.6B）。

　　4．面料正面相对，对齐并别合省道的缝纫线迹。

　　5．在做好标记的缝合线内手工粗缝（见图6.6B）。

　　6．从省底车缝到省尖点，在距离省尖点约2.5cm位置减小针距缝合省道（见图6.6B）。

　　7．沿缝合方向熨烫省道。

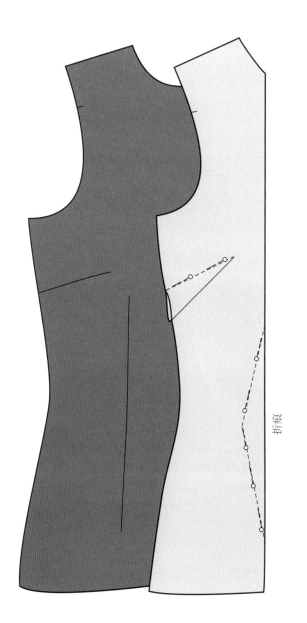

图6.5A 别合胸省与腰省，准备缝合

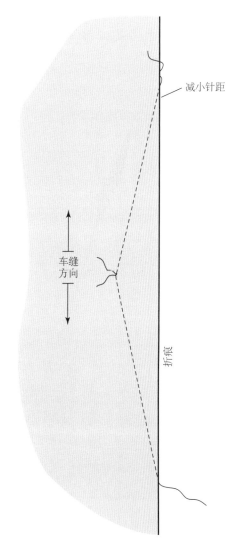

图6.5B 缝合轮廓省

8. 拆掉手工粗缝线迹。

9. 用烫枕熨开省道（见图6.3B）。

棘手面料的缝制

面料是所有服装缝纫技术的基础。面料的特性、悬垂性与手感（硬或软）会影响省道的种类。面料是否有支撑、服装是否有里布等会影响省道的位置与类型。

省道与服装的廓型密切相关。为了达到呈现最好的外观与舒适度，省道是设计中必不可少的因素。本章虽然无法涵盖所有面料类型，但以下事项会有助于决定如何在一些特殊面料上制作省道。

要点

烫枕是种圆形枕垫，形状看起来有些像火腿，表面包裹一层紧密的梭织面料，有时一面是棉布，另一面是羊毛面料。它用来定型那些曲面与立体区域。省道缝合后不能熨平面料，否则形状会被熨平。

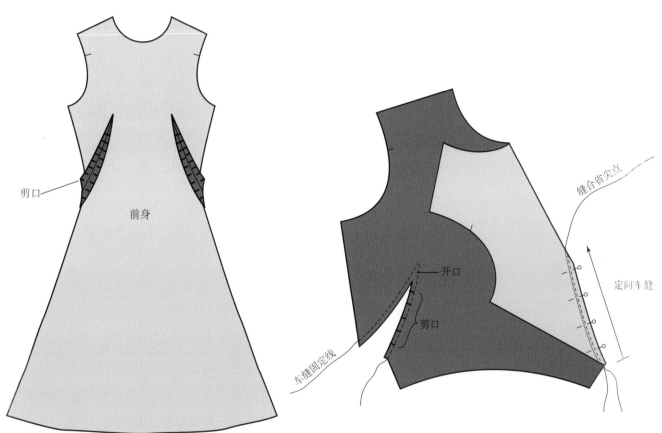

剪口

前身

图6.6A 剖开省上做标记并打剪口

缝合省尖点

开口

剪口

定向车缝

车缝固定线

图6.6B 缝合并熨烫剖开省

图6.6 剖开省的标记与剪口

要点

通常省道应向服装的中间烫倒，胸省则是向下摆烫倒（见图6.3C）。

条纹、方格、印花图案以及循环图案

前中缝与后中缝部位必须对条对格。在存在侧缝省道的情况下，侧缝省道以下部位应对条对格（见图2.19）。

对于有循环图案的面料，排列时应慎重，应考虑图案的规律，避免破坏面料的整体效果。

胸省部位必须用珠针或手工粗缝的方法对齐条纹。

条、格面料上的腰省应尽量与面料丝缕方向平行。

条格面料的腰省必须对条格。

斜料裁剪的条格面料不需要对齐。

切勿将大花图案或明显的重复几何图案放在胸部。

腋下部位的省道无需对条对格，因为这是不可能的。

纤薄面料

省道部位可用抽褶、折裥、塔克或余量吃势的方法处理。

务必车缝省道两次以减少阴影，操作方法如下：

1. 标记缝纫线。
2. 缝合至省尖点。
3. 在针插入面料时抬起压脚。
4. 转动省道再缝一遍，修剪，结束。

底线车缝省道

1. 在省柱内侧手工粗缝。
2. 按常规方法穿面线。
3. 将梭芯线与线轴线系在一起并打结。

4. 轻轻将底线从梭芯中拉上来绕在线轴上，把线结拉到线轴上来。
5. 车缝省道，由省尖点开始而不是省底处。

纤薄面料不宜制作带有过多省道的合体式样。

蕾丝

蕾丝宜通过层叠的方式制作省道。

蕾丝省道

1. 用手工粗缝标记省道形状（见图6.7A）。
2. 沿着蕾丝图案曲边裁剪（见图6.7B）。
3. 重叠省道，沿着手工粗缝线迹对齐省柱（见图6.7C）。
4. 在省道左侧手缝，并修剪掉线迹旁多余部分的蕾丝（见图6.7D）。
5. 修剪掉省道下层的蕾丝（见图6.7E）

不宜在蕾丝上用常规的方法缝制省道：否则服装表面会出现印痕。

绸缎

服装车缝省道前，必须用面料制作试样，这点尤其重要！

在车缝时加垫薄棉纸，避免车缝时送料齿或省道在绸缎表面形成印痕。

必须根据面料厚度选择省道样式。例如，较厚重的绸缎不宜缝制异形省道，否则表面不宜做平整。

切勿过度熨烫绸缎，这会毁掉面料。

珠片面料

必须仔细考虑服装省道的位置，省道应设置在对珠片影响最少的部位。

应准备几种不同的省道制作方法，以选择最佳效果。

缝制省道前，尽量将珠片去掉。

省柱内侧用手工粗缝。

珠片面料的省道只能手工缝制，因为机缝珠片的效果非常差。

省边缘用手工粗缝方式固定在底衬上，确保省道平整，若无底衬，可将省道暗缲到服装上。

不宜直接熨烫省道，只能熨烫省柱部位。

牛仔布

尽量用剪开与分烫的方法减小省道接缝厚度。

省道边缘尽可能用不影响平整的方法处理。

牛仔布省道上宜车缝明线。

可用其他方法代替省道，如款式分割线代替省道。

厚重的牛仔布不宜使用过多的省道制作贴体款式。

丝绒

丝绒放置与缝制省道时应非常小心，因为在丝绒面料表面易留下痕迹。

用蒸汽熨烫与手指按压的方法处理省道。直接熨烫丝绒会损伤绒毛，并在面料表面留下去除不掉的印痕。

图6.7A 手工粗缝标记省道位置

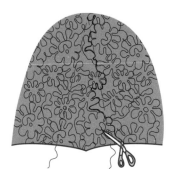

图6.7B 沿着蕾丝图案曲边裁剪省道

图6.7C 重叠省道，对齐手工粗
缝线迹，沿蕾丝边缘缝合省道

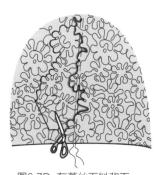

图6.7D 在蕾丝面料背面，
沿缝合线剪掉多余的蕾丝

剪掉下层

图6.7E 将下层的蕾丝沿着蕾边图案边缘修剪后，看不出省道的缝线

图6.7 蕾丝省道

丝绒面料熨烫时，应配合专用的针板。

避免在厚重丝绒上产生堆积，省道必须剖开，然后用暗三角针缲缝省道边缘，使成衣上的省道平整。

考虑使用剖开省。

丝绒的亮点在于面料本身，所以款式不宜设计过多的省道。

皮革

应考虑到皮革的重量与厚度。

缝制直的锥形省道时，可用手指按压拍打使其平整（见图6.8A）。

缝制较宽的省道时，可在背面将缝份宽度修剪至1.2cm（见图6.8B），靠近省尖的部位做剪口，并将其拍打平整。最后用黏合剂或车缝明线的方法收口（见图6.8C）。

比较窄的胸省宜用叠合省（叠合省就是将面料里面的余量修剪掉，仅留下0.5cm的量，然后将两个边缘叠合起来车缝明线，这样两个剪好的边缘就会叠合在一起）。

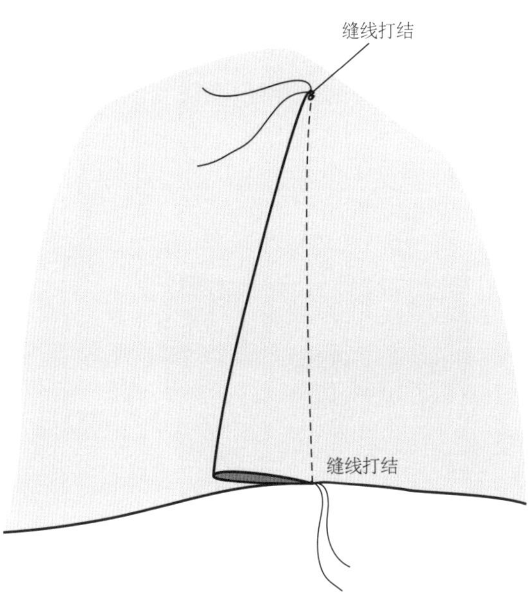

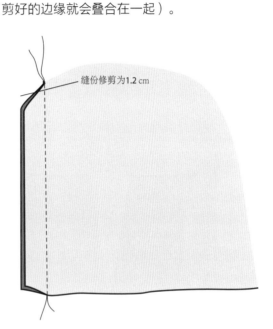

图6.8A 在省尖点背面手工打个线结（不需要回针）

图6.8B 斜向剪掉省尖处多余的部分

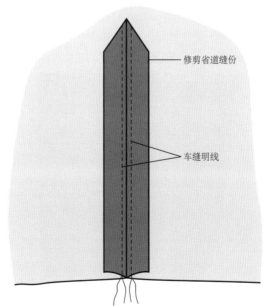

图6.8C 省道上车缝明线时应距离省道缝合线0.5cm的位置

皮革缝制叠合省

1.沿着上层省道的车缝线剪开，一直剪到省尖点（见图6.9A）。

2.剪开后在省道的下层涂上黏合胶。

3.将剪开的边缘对合到下半片的缝线上（见图6.9B）。

4.在省尖点放置一小块衬布。

5.沿剪开的边缘车缝明线（见图6.9C）。

6.修剪掉背面多余的皮革，薄型皮革反面可用塔克褶代替省道。

任何省道都不要留下多余的皮革，因为缝制省道的目的就是使皮革表面光滑平整。

人造毛

按缝线将省道缝合后，在边缘以三角针缲缝缝份。

在缝线的线迹部位一定要将绒毛拨开，防止缝合处有堆积。

缝好后用牙刷将毛拨向合适的方向。

可用款式分割线代替省道，因为堆积的皮毛会覆盖本身复杂的廓型。

不要用常规的方法缝制人造毛的省道。

厚重面料

缝制省道前应先将面料从省道中心剖开，这样可避免面料堆积。

将面料向两侧烫倒，熨烫时应多加蒸汽配合压凳压平省道。

将省柱与服装以手工粗缝的方法缲合。

结合修剪、做剪口等工艺整理省道，确保其平整。

图6.9A 裁剪缝份重叠的省道

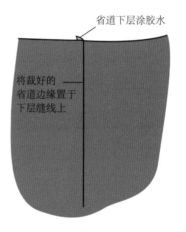

图6.9B 重叠缝份并黏合省道

图6.9C 车缝两道明线

融会贯通

在掌握了如何制作各种省道的基础上，应学会将这些知识拓展应用至各种不同的省道制作中。牢记应用一项省道制作技术时，除了事先制作试样，还应投入时间加以练习，因为制作试样的结果往往会超出预计范围。

缝制异形弯省

各种形状可爱的弯曲省道是服装的设计特色。异形省可使服装更好地贴合人体。并增添设计细节。异形省可置于肩缝，或置于腰线。如图6.4A所示，服装一侧的省道置于肩部，另一侧省道置于腰部。

缝制异形省

1. 准确拓转样板，省尖内1.5cm部位须剪开。

2. 在省道两侧缝份内侧车缝固定线，一直缝到省尖点（见图6.10）。

3. 内凹的省道缝份上应做剪口（见图6.10）。

4. 用珠针小心别住或用手工针粗缝，将所做的对位点对应起来。

5. 从间距最宽的对位点开始车缝。

6. 通过按压使缝好的省余量往两侧倒。

缝制带角度省

准确排好对位点，刀眼是缝制带角度省的关键。

1. 小心拓转所有对位点与标记（见图6.11B与C）。

2. 先缝合省道。

3. 将省道缝份向中心线方向烫倒。

4. 在转角处车缝宽0.25cm的固定线，并做剪口（见图4.14B与6.11C）。

5. 对齐对位点，起针时将带剪口一侧置于上层（见图4.14B）。

6. 缝到转折点时，机针插入面料，抬起压脚转动服装，再落下压脚继续缝制（见图4.14C）。

7. 在缝完后应车缝回针。

8. 将省道整烫平整。

要点

重中之重：缝制服装任何部位时，在每次车缝后结合整烫是非常重要的，尤其对于缝制省道，熨烫的作用更加重要。因为服装全部车缝完成后再熨烫是非常困难，甚至是不可能的，必须边缝纫边整烫。

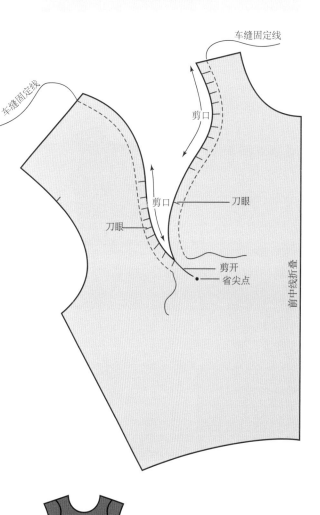

● 车缝省道
● 将省道向前中烫倒

图6.10 车缝异形肩省

省道的转化——抽褶、褶裥、塔克褶、分割线、荡领

根据不同款式，省道可转化成其他的形式，如塔克褶，可抽褶，可做成碎褶、褶裥或三角插片。这样可使款式变得丰富多样，在保持服装基本形态的基础上，设计师应思考省道的转化。梭织面料需要用省道来维持成衣的形态，但针织面料本身的弹性与设计时所做的裁剪都会影响其成衣的合体度。

服装上的省道可以围绕着一个中心点进行变化。但为了维持服装本身的形态，省柱间折叠量可以其他浮余量形态出现。浮余量通常指向中心点，但是省尖决不会设置在中心点，比如胸省尖点并不在胸高点位置。

通过分辨服装设计，在样板上确定如何处理省道的浮余量，以及将浮余量置于哪个部位，这些都是有规律可循的，在转移省道的同时不影响成衣尺寸与合体度。必须考虑各种变化方式是否适合服装款式，思考这样改变是否能够维持服装原来的合体度。

抽褶

抽褶的方法适合于制作柔软、轻质面料，这种方法是增添服装松量的方法。比如抽褶连腰裙，上衣与下身裙子缝合前，用抽褶的方式可使其看起来不那么贴体。

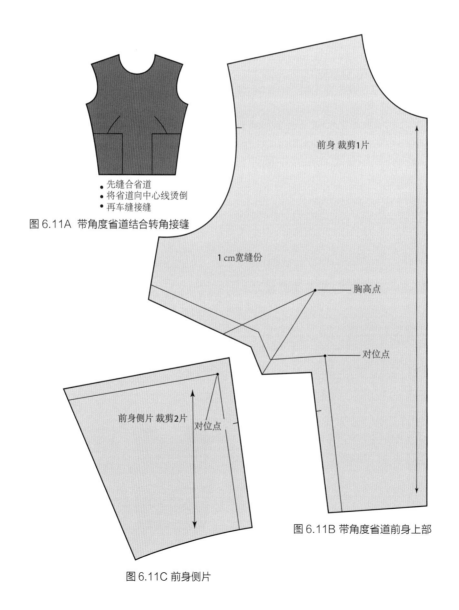

- 先缝合省道
- 将省道向中心线烫倒
- 再车缝接缝

图 6.11A 带角度省道结合转角接缝

前身 裁剪1片

1 cm宽缝份

胸高点

对位点

前身侧片 裁剪2片

对位点

图 6.11B 带角度省道前身上部

图 6.11C 前身侧片

制板提示

尽管制板并非本章重点，但在处理省道转移时须应用制板的原理。样板的省道原理对于本章省道制作非常有用。比如通过将省道变为褶裥，使服装显得更加柔软。切记，在将省道转为其他细节，比如褶裥或缝褶时，转移的浮余量应保持不变，这点非常重要。比如说，省道在前中折线部位，其开口大小为1.5cm，那么转移后，其宽度变化可以达到2.5cm。如果要加入其他改变，那必须在制板阶段加以调整，而不是直接在服装上作改动。

褶裥

褶裥是做在接缝线部位折叠的未缝合省道。褶裥分散排列于服装上，可增加设计趣味。褶裥常应用在裙装上，也可放置在裤装、上装或连衣裙上。褶裥形状可大可小，其大小取决于省道中可折叠面料的多少。然而并不是所有面料都适合打褶裥，褶裥式样应与面料特点相符合，这点对于服装设计而言非常重要。

褶裥的式样可以是侧褶、活褶裥或是工字褶。重点是省道需调节的松度多少，这影响着褶裥的大小，有些褶裥可能过窄无法起到效果。较窄的褶裥适用于服装上细小部位。详细内容可见第9章褶裥与塔克褶相关内容。

塔克褶

塔克褶是种较窄的褶裥形式，可用来控制服装的松量与形状。塔克褶可代替省道，使服装看起来更宽松，其一般放在服装外侧，但有时也会放在内侧。设计师会将其摆放在最适合的位置以使服装更加吸引人。最常用的塔克褶形式有暗塔克褶、间隔式塔克褶、开花省与细褶。具体内容可见第9章褶裥与塔克褶相关内容。

暗塔克褶是相互连接的塔克褶。塔克褶的折线与相邻塔克褶的缝合线相接，塔克褶之间没有间隙。

间隔塔克褶是彼此分开的塔克褶。在一条塔克褶的接缝与相邻塔克褶的接缝线中留下空隙。

塔克省

塔克省是指部分缝合、褶量的省道。这种塔克褶形式可增加服装松量。当需要一些柔和的线条时，设计师用这些省代替省道。通常会在腰线与领围处制作这类塔克省，可在服装表面或服装内部的制作塔克省。

塔克省在一头或是两头打开，也可直接延伸到服装下摆。用珠针别合塔克省时，应保持布纹与塔克省方向保持一致，以免制作时出现面料拉伸变形（见图6.12）。

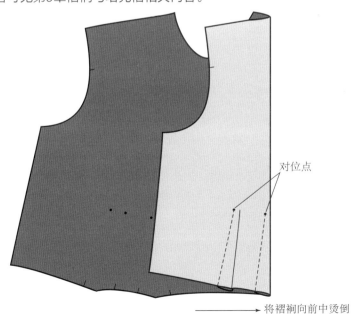

对位点

将褶裥向前中烫倒

图6.12 车缝并向前中烫倒褶裥

通过手缝或车缝的方式，制作与边缘平行的细小的塔克褶。铺平后，将塔克褶向同一方向烫倒。塔克褶可设置在不同部位，如肩部、袖山、袖子、袖口或腰部。通过用珠针固定与调整的方法，可以做出合体的塔克褶式样。制作塔克褶时，应根据各个部位的形状，小心地捏出，并调整褶裥量，直到形成满意的设计效果为止。关于塔克褶制作的具体方法，可见第9章相关内容。

造型线：公主线——不是省道！

公主线常被误认为是种省道。公主线是造型线，它是由向外和向内弯曲的肩省与腰省连接而成。这条弯曲的接缝线在胸部向外凸，腰部贴合，再由臀部向外。后身也可放置公主线。具体方法可见第4章接缝相关内容。

垂褶领（荡领）

衣身部位的垂褶是省道的转移方式。领深越低，垂褶量越大，在胸围与腰围之间的垂褶领可以消化一半的腰省量。这是省道转移的一种应用。在制板阶段就需要确定垂褶的式样。垂褶可以与衣身连成一体，也可以为了减少用料而单独成片。具体的制作方法可见下册第3章中领子相关内容。垂褶可以代替腰省，与剖开省结合应用。

根据不同场合，还可将所掌握的技能应用到其他部位省道制作中。制作时还应把握好时间、精确度，要有足够耐心，结合大量的试样制作。通过不断地制作试样，熟练程度会得到提高。对于设计师而言，通过不断缝制与设计，"下一种可能"永远存在。

创新拓展

拓展创新需要将本章学到的缝制知识应用在独特、与众不同的设计中。无论如何，创新思维时，设计师必须不断思考设计中需要加入或减去什么元素。切记设计元素的添加与减少只能因势利导、不能强求。

- 在服装正面边缘不同部位添加省道使服装更贴身更好看（见图6.13A）。
- 在领圈外缝制数量不均的省道，与缝线形成鲜明对比（见图6.13B）。
- 在连衣裙表面不同位置缝制不均匀的省道（见图6.13C）。
- 在服装前身创造不对称的省道（见图6.4B）。

疑难问题

省道起皱？

检查面料的缝合长度，用手工粗缝方法缝合省道，然后再重新缝制。

省柱长短不齐？

仔细测量拓转样板的省道，确保省柱长度一致。有时因为面料滑动或是标记不清，很难在面料上准确拓转省道。用手工粗缝来标记省柱然后小心地将省柱粗缝在一起。车缝前检查省道的位置，只有样板准确，缝制才会准确。

服装的省道不平整？

再次重申，只有测量准确，省道才能平整。拆掉缝好的省道后烫平面料，重新用裁剪样板将省道拓到面料反面。然后用手工粗缝标记点会更精确。

省道剪开后是弯曲的？

在省柱边上加缝一片面料或薄型黏合衬（热熔胶会定型未加工省柱的边缘），或是里布，并且重画出省道，仔细检查位置。先手工粗缝边缘，再车缝边缘。

省道拆掉后露出之前的缝线？

拆除缝线后会在面料上留下小洞，这就是关于为什么要对面料事先制作试样。有时在面料反面用蒸汽熨烫，并用指甲摩擦那些小洞会使其消失。如果这还不够，试着在该部位反面贴一条细小的衬布，但服装前身正面不能露底。如果这还无济于事，就只能重新制作裁片了。这是所有设计师与缝制者都会遇到的处境。

自我评价

看看最终完成的服装，并问一个决定性的问题："我会穿这件服装吗？我会买这件服装吗？"如果答案是否，问问你自己为什么是说不。

如果你都不会穿自己做的服装，这可能是因为你不喜欢其设计、比例、裁剪或是面料的选择。无论如何，当老师询问学生这个问题时，通常收到的答案是：阻止他们买或穿他们自己服装的原因是缝制质量。

图6.13A 在服装表面作省道转移　　图6.13B 服装表面的领口省道与剖开省结合　　图6.13C 服装表面省道不均匀分布

图6.13

然后问问自己下面的这些问题来评价省道的缝制质量：

√ 这些省道在缝制时省尖点是否有凹点？

√ 胸省压烫方向是否正确（向下边）？

√ 在服装正面是否能看到压烫的痕迹？

√ 省道的长度与宽度是否相同？

√ 省道看起来是否均匀，两边是否对称？

√ 如果不是，这些省道可以成功地改成其他细节结构吗，比如说塔克褶、碎褶与褶裥？

√ 这是客观评价自己工作的机会。切勿等到项目最后才做这些，在整个缝制过程中应始终注意这些问题。

复习列表

√ 这些省道是否在服装的正确部位加入松量？

√ 省道是否与整体设计协调？

√ 这些塔克褶、碎褶、褶裥或其他细节能否维持服装的原来造型结构？

√ 那些代替省道的细节结构是否与服装造型协调？

省道是服装造型、轮廓、形状与结构中十分重要的部分。省道可以影响并控制着服装的造型设计。如果没有正确的结构，就无法产生成功的设计。通过与样板设计、缝纫与整烫等技术的结合，省道将会成为服装设计的重要组成部分。

第7章

试衣：培养试衣的眼光

图示符号

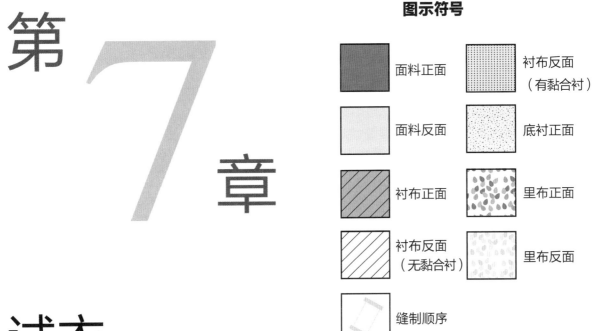

面料正面

衬布反面（有黏合衬）

面料反面

底衬正面

衬布正面

里布正面

衬布反面（无黏合衬）

里布反面

缝制顺序

设计师埃雷拉的设计表现出别致与高雅的风格。当埃雷拉被问及什么是成功服装所共有的，她回答道："简单来说，那些穿起来非常舒服的服装让你感到自己好像没穿服装。我讨厌看到那种花费整晚时间来打扮自己的女士，太多的褶边与皮草，过于紧绷从来不会让人感到性感或迷人。"埃雷拉有很好的试衣眼光。她知道女性喜欢什么样打扮，也知道合身对于服装是多么重要。

契合人体曲线是缝纫最大挑战之一，因为没有两人的体型完全相同。如果服装不合身，太宽松或太紧绷，会分散穿着者的注意力，影响女性的感觉与肢体行动。设计师的目标是修饰女性的形体，使女性看起来别致和与众不同。这是她可以做的最大的美化外观的方法。

试衣眼光的培养是一个科学观察的过程。通过了解面料特点，确定是否适合合身设计。接下来，设计师的工作是塑造面料（通过固定、收拢、调整、改变、更改、变形与重缝）直到这件服装能修饰女性的曲线，这样才是理想的合身效果。

著名设计师巴伦夏加·克里斯托巴不仅在服装款式与结构方面有着敏锐的眼光，同时他也是修饰女性曲线的大师。通过训练，他的眼光达到了完美的水准，这使他成为一名著名设计师。穿着他设计的服装后，顾客们反映服装穿脱非常容易。

关键术语

客户试衣

设计松量

松量

批量生产

样板松量

坯布试衣

判断合体问题是实习设计师需要学习的技能。这章会帮助你知道服装试衣时应该看什么。试衣效果好坏会影响最后的设计。如果一位女士花费整晚来调整穿着，关于这身造型想要传达什么呢？培养试衣的眼光，树立高标准，就像巴伦夏加那样集中训练自己。不要失去信心，不要放弃，如果你需要更客观的判断，可以向他人寻求帮助。

特征款式

上装、衬衫与裤子试衣时可能出现的试衣问题，如图7.1~图7.3所示。每种试衣问题都会表现为各种形式的面料褶痕。本章会介绍这些试衣问题。

工具收集与整理

设计师在服装试衣时最主要的工具就是一双敏锐的眼睛。手上需要的工具，比如卷尺、珠针与面料记号笔划粉，剪刀也是必要的。准备好这些工具就可以开始试衣了（见图2.1）。

购买面料记号笔，红色、蓝色与绿色的针管笔，用来修改半成品服装。

现在开始

服装试衣不是一个简单的过程，而是学习如何从不同角度去美化女性曲线。这需要时间投入，不断练习与培养耐心。设计师必须拥有创造性，并不断探索设计创新元素（线、面、颜色与结构）。完美的设计比例与平衡的试衣不会突然发生。在设计学院里，大部分服装是根据特定的体型与规格制作的。现实生活中，人的体型往往是不对称或不平衡的。一个人的肩膀也许有高低，丰胸窄肩，细腰巨臀。也许两个人的胸围尺寸相同，而版型完全不同，因为他们的身材比例不同。由于体型的差异，不要期望一次就将试衣做到位，完美的试衣也许需要多次尝试。对于裤子更是如此，因为它们更加难以试衣。

如果是学习试衣初学者，可以找其他人或指导教师一起完成试衣。另一双敏锐的眼睛也许会发现你错过的试衣问题。试衣时，就你的裙子形态询问某人胸围、腰围、臀围尺寸来确保合身，功能与时尚应该实现统一。

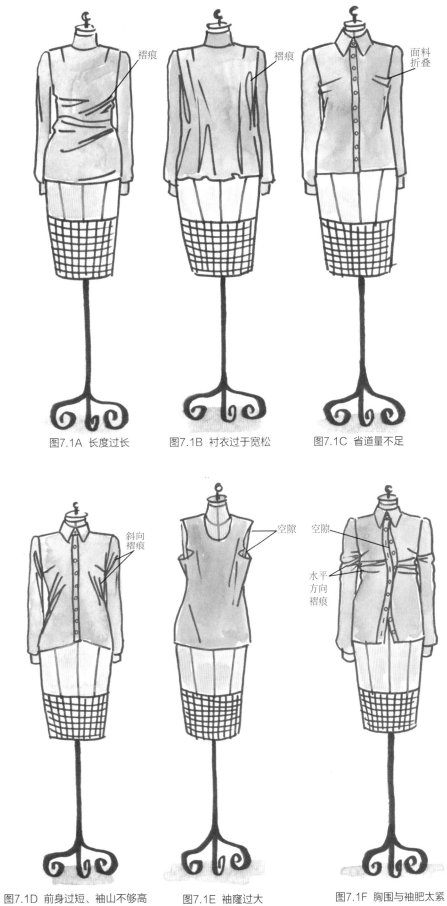

图7.1A 长度过长

图7.1B 衬衣过于宽松

图7.1C 省道量不足

图7.1D 前身过短、袖山不够高

图7.1E 袖窿过大

图7.1F 胸围与袖肥太紧

图7.1 不合体的上衣

批量生产与量身定制

这两类服装针对完全不同的价格定位，从而导致其在面料质量、缝纫技术与制作时间上有显著差异。

批量生产

为了满足大范围人群体型与喜好所设计的服装必须解决试衣与合体性问题。由于这个原因，批量生产的服装无法令每个个体实现完美的合身效果。批量生产（即成衣）服装在时尚产业链会不断向低端市场发展，制造更加廉价且合身的服装产品。比如，批量生产服装通常采用1cm包缝（见图4.10C）。对量身定制服装而言，缝份宽度会采用1.5cm，并用滚边收口处理（见图4.33B）。

购买一件批量生产服装产品后，有必要找裁缝微调尺寸使服装更加合身。这项服务也应成作为服装购置预算的一部分。

量身定制

量身定制的服装（高端服装）是为了满足每位顾客独特的身材与品味而制作的，拥有出众的合身度。定制服装是作为昂贵的作品来制作的，因为它们是为了贴合个人的身体曲线、轮廓与身高而制作的。以前内衣（很大程度上是紧身内衣）帮助人们维持好的身体曲线，现在这种情况已经不常见了。量身定制必须私人绘图、手工缝制与个人试衣，因此服装的价格昂贵。因为，价格与合身性密切联系。服装制作的每一步（制板、裁剪，省道、接缝与下摆的缝制）都会增加服装成本，还有试衣的时间与费用。

图7.2A 裙子太宽松   图7.2B 臀围太紧   图7.2C 侧缝偏斜

图7.2 不合体的裙子

那些有时尚意识、并渴望完美试衣的女性会寻觅像巴伦夏加或埃雷拉那样，在试衣与缝制方面具有高水平的设计师。

寻找合身的服装: 我是什么规格?

我们无法期待每个服装品牌都适合所有体型，因为女性的比例各有不同。主要的体型类别有矩形、梨形、沙漏形、球形、钻石形。女性体型或高或矮，胸部或大或小，臀部或丰满或纤细，腰围或大或小，肩部或宽或窄，胳膊或长或短。

如果你正在寻找一个特定的正确尺码，那就停止吧。因为每位设计师的尺码都有些不同，尺码并非是一致的。一家公司的8码也许与另一家公司的8码完全不同。不要被你牛仔裤里的尺码标签所左右，而应寻找一条最合身的。对比并不应该感到惊讶，因为我们不可能始终都是同一尺码。随着时间的流逝，对于设计师而言，定期更换模特是种惯例，那些规格曾经非常合身的服装，也许并不适合新模特的尺码。随着年龄增长，身体也会发生改变，这也同样影响了服装的合身。

图7.3A 裆部过紧

褶痕

图7.3B 裆部过长

折叠痕

图7.3C 腰围与腹部过小

空隙

紧绷褶痕

图7.3 裤子不合体

目标客户与试衣

　　一条服装产品线可以满足一类目标客户。为了给目标客户做设计，你需要了解核心客户的年龄、体型、收入与生活方式。通常，设计者即为目标客户，例如唐娜·凯伦开始她自己的产品线就是因为她想用自己个性化方式创造属于自己的独特服装，从而穿起来会感到非常开心。

　　同时，你也需要人体系列规格。制作样板与试衣时，这些尺寸可用来作为参考。设计的款式可以根据季节的更替，目标客户的改变或者某些款式销售作出相应的设计。

　　表格7.1中为三种不同品牌（X、Y、Z）测量出的胸部、腰部与臀部不同的尺寸。

　　很明显可以看出，不同的品牌有着不同的客户与一套针对各年龄层不同的尺寸。

　　例如，最近有位联系人曾提到她总是购买某品牌的服装作为工装，因为这些服装适合她的身材。这节省了她很多时间，显然，她就是这个品牌的目标客户。

表7.1 体型数据（单位：cm）

品牌	胸围	腰围	臀围	年龄段
品牌 X	88	66.5	90	20-30 岁
品牌 Y	90	69	92.5	30-40 岁
品牌 Z	92	72.5	96.5	40-50 岁

　　有些公司的产品并非为标准规格。生产尺寸偏大的服装会引起服装尺码的混乱。根据目标客户的年龄不同，服装的尺码与合体度也会有所不同。女装的尺码会发生偏离。如今女装的6码将相当于20世纪80年代的10码。

完美的尺寸始于准确的测量

　　为了建立准确的数据库，必须准确测量体型，获得可供试衣的参考尺寸。如果数据不准确就无法作为参考，服装也无法达到完美。

- 如图2.2所示，在测量人台时，应先标贴前中线、后中线、前胸宽、腰围线、臀围线、后背宽。

- 测量前将卷尺缠绕在脖子上，如图1.1所示。然后沿着标贴去测量人台尺寸。
- 如果为顾客测量，如图2.3A与图2.3B所示。
- 如果测量袖长，如图2.3B所示：手臂稍微弯曲，从领圈开始穿过肩膀，延伸到手臂手腕后面。

加垫人台以符合具体人体尺寸

　　可根据特定人体体型/形状加垫人台，以适应客户或适应学生手上现有尺寸。因为在服装制作过程中，需要检查客户尺寸细节。

　　加垫人台是件费时的事。必须投入时间与耐心才能得到良好的结果。人台加垫如图7.4A与图7.4B所示。加垫人台始于个体测量。

准备工作

- 穿好日常穿着的文胸。
- 穿内衣后，人体会展现出明显的体型。
- 在腰部与臀部找到正确的测量位置。臀部是最丰满的位置，确保卷尺与地面保持平行。
- 让其他人来帮助你进行个体测量。
- 通常情况下应测量两次以确保数据准确。

　　以下是在填写表格过程中一些重要步骤：

　　1. 选择最接近你的表格数据（表格内的数据不要比你自己的数据多大）。

　　2. 准确测量体型。

　　3. 计算人台规格与个体测量数据的差异，从而确定人台需要加垫的确切位置，确定添加多少量。

　　4. 人台加垫，见表7.2。

　　5. 人台加垫完成后，最后一步就是人台上贴标记带（见图2.2）。

6. 各部位加垫成型完，将坯布覆在加垫成型的人台上，做出上衣前后片，以及裙子的样板。裤子可根据裙子样板从臀围线部分进行设计。然后将布片转成样板。形成样板后，裁剪并缝制样衣、试衣，最后完成服装。

试衣：合体或不合体

什么是合体的服装？

布莱克·莱弗利是位好莱坞演员，观众通常认为她的穿衣品味与优雅的风格无可挑剔。她在采访中被问到是否有一套时尚理论时。她回答："对服装而言，最重要的是自我感觉良好。"这位时髦女演员喜欢穿着让人感觉轻松的服装。服装的好坏主要在于穿着是否合身，是否具有它本身该有的实用性。

合体服装的影响因素

- 服装尺寸样板完美无瑕（服装尺寸样板比例平衡，尺寸正确）。
- 样板设计一丝不苟（差劲的样板设计不出好服装）。
- 选择优质的面料（面料与设计同步）。
- 服装按照丝缕方向裁剪，直丝缕与横丝缕成直角（确保服装能贴合人体）。记住再好的工艺也无法弥补差劲的剪裁。

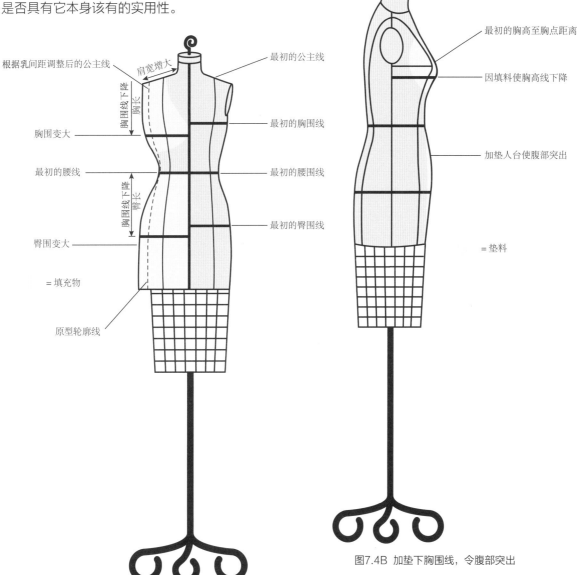

根据乳间距调整后的公主线
最初的公主线
肩宽增大
胸围线下降
胸长
胸围变大
最初的胸围线
最初的腰线
最初的腰围线
胸围线下降
臀长
最初的臀围线
臀围变大
＝填充物
原型轮廓线

图7.4A 加垫胸部与臀部

最初的胸高至胸点距离
因填料使胸高线下降
加垫人台使腹部突出
＝垫料

图7.4B 加垫下胸围线，令腹部突出

表7.2 测量人台、测量身体并加垫人台

步骤1——测量人台	步骤2——个人测量（见图2.3a与b）
胸围：　　　腰围：　　　臀围：	胸围：　　　腰围：　　　臀围：
臀长：　　　肩宽：	臀长：　　　肩宽：
腹围（上坐围）：　　　（腰围向下3cm处）	腹围（上坐围）：　　　（腰围向下3公分处）
胸高（胸高点）：	胸高（胸高点）：
胸距：	胸距：
下胸围：　　　（胸点向下3cm）	下胸围：　　　（胸点向下3cm）
肩膀中部到胸点：	肩膀中部到胸点：
前腰节长：	前腰节长：
后腰节长：	后腰节长：
前胸宽：	前胸宽：
后背宽：	后背宽：
步骤3——计算人台与个人测量数据的差	**围线"更低/更高"与文献数据**
下面的数据意味着需要在人台上增加的宽度的数值（见图7.4A） 胸围+：　　　腰围+：　　　臀围+： 胸距——更宽/更窄： 下胸围+：　　　腹围+： 肩宽+： 前胸宽+： 后背宽+： 下面的测量部位意味着需要在人台上加长或变短的数值的部位（见图7.4B） 臀长（见图2.3A） *测量时手臂微微弯曲* 袖肘长度： 袖长： 袖肥： 肘宽： 袖口宽：	胸高（胸高点）—比人台更低/更高： 前腰节长—更低/更高： 后腰节长—更低/更高： 臀长—更低/更高： 说明：参考Fairchild出版公司出版的教材《时装设计师制板实用指南》（或其他书籍——译者注）设计袖子的样板。利用个人的袖长，袖肥，肘宽与袖口宽的测量数据。设计袖子使之与根据填充过的人台的躯干形态制造的样板相匹配

步骤4——加垫人台

1. 使用涤纶填充材料、泡沫棉、羊毛、垫肩或新雪丽棉来加垫人台

　如图7.4A所示，由于人台加垫而增加的胸围与臀围

　如图7.4B所示，由于加垫而降低的胸高与增加的腹围

2. 选择一个最接近最小人体测量数据的人台

3. 从需要增加最大的量的部位开始加垫

4. 用丝钉来固定填充料一不要使用圆头钉，将针扎进去使他们不会突出，以使加垫后表面平整

5. 当你加垫人台时，测量人台来保证数值与比例是正确的

6. 加垫完毕后，用伸展性极差的针织面料覆盖人台

7. 用胶带标贴人台。在图7.4A中按照加垫后的人台，用胶带标贴左侧人台

8. 将布片披覆在人台前后来贴合加垫好的人台

9. 将布片转换成样板

10. 裁剪并缝合面料使之合身。用珠针别住任何需要改变的部位

11. 如果需要改变，那么根据变化来调整垫料。小心地移动胶带与覆盖的针织物并减少或增加垫料

12. 对样板作相应修改

- 服装没有褶皱与扯线（有褶皱说明服装太宽松，扯线说明服装太紧）。
- 服装穿着舒适。
- 服装使女性身材迷人。
- 具有良好的缝制（这有利于服装的合体）。
- 服装平整（穿在身上看起来总是更加美丽）。

什么是不合体的服装？

低价服装经常会试衣效果不佳，对许多人穿着者而言：太大的服装让人显得更胖不讨人喜欢。有许多不理想的试衣效果，如肩膀太宽，袖子直接从肩膀上落下，腰围太大或者袖窿太深（可以看到胸罩）。

产生试衣效果不佳的因素有以下方面：

- 绘制样板草率，布纹线不一致。
- 裁片未按面料丝缕方向裁剪（丝缕线歪斜会使服装扭曲）。
- 面料类型与面料厚度与制作款式不相配（服装悬垂效果不好）。
- 缝制质量不佳（导致接缝处出现皱褶或扭曲）。
- 服装的功能性不佳（不能舒服地活动）。
- 服装太紧/太松（服装的松量太少/太多）。
- 整烫效果不佳（服装看起来有皱褶）。

服装的试衣

根据服装的宽松量不同，有不同的试衣方法。服装的宽松量可让人穿着服装后活动保持舒适。在制板阶段应充分考虑服装的宽松量。图7.5中每个款式的试衣效果都很漂亮，但是每件服装的试衣方式都不同。宽松量形成人体与成品服装之间的空间。不同的目标客户，其样板的加放量各有不同。

这些服装可以分为三种类型试衣，具体如下：

- 修身款——宽松量为5~8cm（见图7.5A）。也可能涉及到试衣。

- 半修身款——宽松量为7.5~10cm量（见图7.5B）。服装后身收省，改变廓型，如图6.1D所示。
- 宽松款——宽松量为12~15cm的特大号服装（见图7.5C）。

面料类型影响服装的合体性

不同类型的面料会影响服装的试衣效果。关于面料方面的内容详见第2章相关内容。本章介绍两种面料：梭织面料与针织面料。这两类面料的区别包括：

- 无弹性梭织面料需要通过省道与接缝线来塑造外形。如果是斜料裁剪的款式，可利用斜丝缕特点，但是斜丝缕款式试衣较费时。
- 弹性梭织面料含氨纶，因此在试衣时应有更多的灵活性；但是款式还需制作省道与接缝线。
- 弹性针织面料比较容易试衣，因为弹性面料可按照体型试衣。款式宜简洁，不需要省道或接缝线。因此，试衣时不会有太多问题。有些针织面料弹性不足，例如双面针织物，则需要加入省道或者接缝线。

样板宽松量设计与服装合体度

服装合体度取决于各种加入样板的宽松量，具体如下：

样板宽松量意思是在基础样板上加入些余量，使服装穿着舒适便于活动（如站立、弯身、蹲下、行走与奔跑）。宽松量也称为穿着松量或合体松量。样板宽松量不是一个标准量。尺寸的增加量会因制造商的尺寸标准与目标客户的年龄有所不同。例如青少年的裙子可能只需要4cm的宽松量，而对40岁的人群而言则需要8cm的宽松量。人体测量的尺寸与样板的大小是不同的。样板宽松量可在样板边缘处调整。

弹性针织面料服装经常会有负松量。负松量是指样板尺寸需要减小，因为这种面料可拉伸贴合人体。在此情况下，针织衫的拉伸量构成了功能松量。因此，针织服装与梭织服装采用不同的样板。一些款式设计采用弹性较小的针织面料，因为不需要变形量。在这种情况下，样板尺寸大致等同于人体测量的尺寸（没有任何宽松量）就可达到更贴体的目的。有些针织衫可能是超大规格，以此形成特别的视觉效果，此类宽松量属于款式设计松量。

款式设计松量是在功能松量之外，为了创造特定的风格与外观而加入样板的额外宽松量。加入款式设计松量可改变服装轮廓。设计师们应事先想象款式外观，然后计算出样板中应加入多少宽松量。

- 图 7.5A 修身裙没有任何设计松量，因为这件服装设计符合人体曲线。合体的款式仍然是舒服并且有功能性的，因为其本身有功能松量。
- 图7.5B中的裙子较宽松，带有功能松量与款式设计松量。
- 图7.5C中的宽松裙既有功能松量，又有款式设计松量，这种宽松型服装适合肥胖人群。

图7.5A 修身型   图7.5B 较宽松型   图7.5C 宽松型

图7.5 服装的试衣

坯布试样

坯布试样是制作服装成品的初样。学校里通常用全棉坯布制作初样。坯布的种类、厚度及悬垂性应与服装成品所使用的面料类似。

学生写论文时，在论文最终完成前，可能已经写了好几篇草稿。与此类似，对于创造时尚的设计师而言，他们需要根据设计稿，用坯布反复制作样衣，从而达到与人台贴合的目的。与此同时，还可以对坯布样进行各种修改，包括改变接缝位置，调整下摆长度，改变袖子长短等等，直到服装的比例与尺寸令人满意为止。

全棉坯布并非适合制作所有类型的服装样衣。制作初样坯布的特点与厚度应与成衣面料相似。

如何选择合适的坯布样面料？
- 如果成品是梭织面料，那么用梭织面料。
- 如果成品是有弹性的梭织物，则应选择相同类型的面料做成样衣。
- 如果成品是弹性针织物，则应选择与成品面料弹性相同的针织面料。
- 本身布料也可用来制做样衣。这是最好的选择，但可能花费较大。
- 应使用厚薄相似的面料。如果成品是轻薄型面料，则应选择与成品相似，悬垂性接近的较廉价的轻质坯布。
- 家具布与牛仔布是替代大衣用料的理想材料。
- 毛毡、牛仔布与廉价的合成革是皮革的理想替代品，代用料的颜色宜浅，这样更容易标记尺寸的变化。
- 如果要立体裁剪有大印花、条纹或格子的面料，在代用料上用铅笔标出花型图案是一个好主意。

坯布样的数量？是否需要缝合？

在缝制过程中，核查样衣的合体性非常重要，否则完成服装制作后仍需要用更多的工作量去检查其合体性。有些布样可能需要通过缝制工艺来解决其合体性问题。

艾尔丹姆·莫拉里奥格鲁是位在加拿大出生，生活在伦敦的设计师。他是如此评价自己的比基尼系列作品的："虽然一件比基尼只有4条接缝线，但是试衣次数（通常需要10次）是其设计成功的关键所在。"例如，每次试衣会从裤子上修剪部分面料。

关于布样试衣次数并没有明确规定，这需要根据服装视觉效果是否令人满意而定。

需在坯布样上做什么标记？

坯布经裁剪后应做标记。

应在布料反面做标记：
1. 标出省尖点（见图2.23A与图2.23B）。
2. 标出对位点（见图2.23A）。
3. 缝合线：使用复写纸，如图2.24A所示。
4. 做刀眼剪口（见图2.23A）。

当面料正反两面很相似（如棉质坯布）时，选择要用的那面作为正面。应保持面料一致，并在反面用粉笔做区分标记。使用其他布料时，尤其是有印花或提花布料时，布料正面看起来更清楚（光亮）并且平整。

用铅笔在布料正面做标记：
- 胸围、腰围、臀围水平线。水平线垂直于前中线与布边线（见图7.6）
- 前中线（见图7.6）在下册图9.4A与图9.4B中，外套已标出前中线，然后对齐并用针别住使服装固定。如果服装的开口不对称，在衣片扣合处标出偏中线（如下册图9.4C与图9.4D中不对称门襟）。
- 袖肥线、肘围与丝缕线（见图7.6）。

如何缝制并完成坯布样?

1. 制作某个设计的坯布样试衣,首先应车缝服装的结构缝(如省道、接缝,袖子与袖窿缝合)组成服装的基本结构。缝纫并烫开缝份。

2. 为了能准确绱缝好拉链,应先用手工粗缝或车粗缝。压烫并用珠针固定下摆。

3. 如果服装还有其他部位(如领子、口袋、褶子或者腰身),在缝制这些部位之前,应事先制作坯布样试衣。

4. 坯布样完成后应整体熨烫,从而使面料平整。

5. 将样衣置于人台上,正面朝外进行试衣。

6. 接下来,任何部位的改变都应调整相应的样板。

7. 在坯布初样上标出试衣的修改标记后,再次裁剪与制作衣领、口袋、褶边等部位。然后对这些设计部件进行试衣与修改。

紧身胸衣/连衣裙

如需对紧身胸衣或连衣裙进行试衣,应在领圈部位车缝固定线,防止其拉伸变形。图7.7中的坯布样连衣裙领圈部位已经车缝好固定线(车缝固定线与做剪口方法见图4.6与图4.12A)。

裙子/裤子

1. 如果对裙子或裤子试衣,则应根据成衣的实际长度试衣,以此确定面料悬垂性与款式长度。

2. 拉链可用手工粗缝或缝纫机粗缝,下摆要压烫并用珠针固定。

3. 在人台上对基本型试衣。如要对样板腰部修改,那必须重新裁剪,缝制坯布样衣。

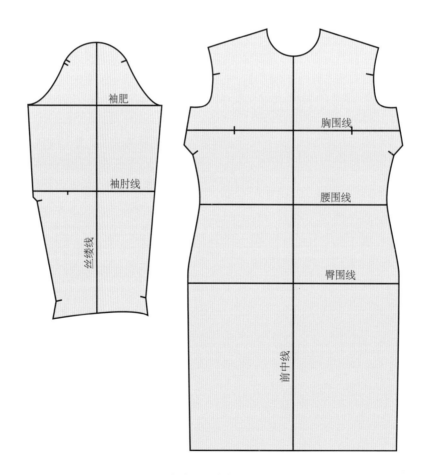

图7.6 坯布样上的水平线

领子

如果仅对领子试衣，只需将其缝到衣身上。若想观察完整比例，就应缝制全部服装。上衣的衣领可以绱缝到前后身上。

在人台上完成坯布样试衣

图7.7中半件连衣裙坯布样置于人台上试衣。注意坯布样的对齐方式:

1. 坯布样前中线与人台的前中心线标记带对齐。

2. 水平线与人台胸围、腰围与臀围线对齐。

3. 如果前中线与水平线无法与人台对齐，那仍有试衣问题未处理好。

4. 试衣时，应从前、后、侧面各个角度去观察。

根据客户体型进行坯布样试衣

当为客户定制服装时，必须安排客户按以下步骤进行试衣准备:

1. 穿着固定款式的内衣。因为胸罩有不止一种形状。如果顾客每次试衣穿不同款式的胸罩，服装就需要继续作修改。

2. 如果试衣时穿了塑形内衣，那今后每次试衣都应穿着。塑身内衣能创造出理想的形体并使人体尺寸变小。

3. 顾客需穿着与服装相配的鞋子。鞋跟高低会影响舒适度以及服装的悬垂性。

4. 如顾客打算将服装穿在外套或大衣里面，试衣时应与外套搭配。

5. 顾客试衣时，应使用一个全身、可看见三面的试衣镜，向顾客360度全面展示服装。

怎样在坯布样上标注修改部位?

有几种方式可用于标注试衣修改部位:

1. 珠针固定:用珠针固定，针尖应向下插，如图7.8所示。连衣裙试衣时，服装形态切勿收缩太紧，应有一定的松量，使人穿着服装后能够自如地坐下、行走、奔跑或舞蹈。

2. 画虚线:用铅笔在布上标出新的接缝线（坯布上不需要用彩色）。如图7.8A所示，新的肩膀位置与下摆的宽度已经标记在布样上。

3. 做笔记:将"降低领圈"与"缩短长度"等信息写在布样上，见图7.8A。

4. 拆开接缝:拆开接缝是添加松量的方法。缝隙的两侧用珠针别入额外的放量。这种放量是非常明显的。接缝会变松并且放出所需松量，改善紧绷的感觉（见图7.8B）。如果服装太大，拆开接缝后，重叠多余的面料并用针别合。在虚线部分画出新线，如图7.8B所示。

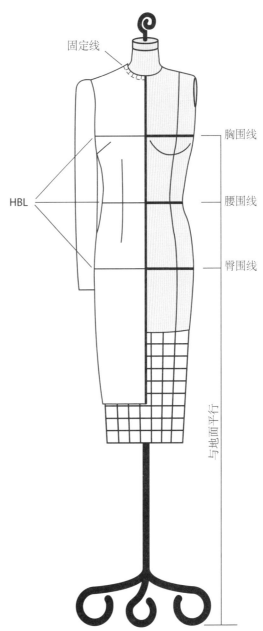

图7.7 置于人台上的坯布样衣

试衣的评价：观测与分析面料

　　试衣的主要目标就是观测与分析面料，面料能传达出各种试衣问题。观测各种褶皱，织物褶痕、拉痕、张口、接缝扭曲与弧线痕（见图7.1A~图7.1F、图7.2A~图7.2C、图7.3A~图7.3C）。

　　1. 确定坯布样衣衣身与加标贴人台相符，没有出现前后身向下或向上偏移(见图7.7)。

　　2. 服装正确悬挂时，侧缝应是直的并垂直于地面，胸围、腰围与臀围与地面平行，如图7.7所示。

　　3. 应按照不同的设计目标试衣。有些服装设计是修身型（紧身裤为例），有些为半修身型，还有些设计是宽松型（见图7.5A~图7.5C）。

以敏锐的眼光发现试衣中出现的各种问题

　　服装试衣时，最好能按不同的顺序观测：先从上至下，再从下向上。试衣问题可以归纳为以下几类。

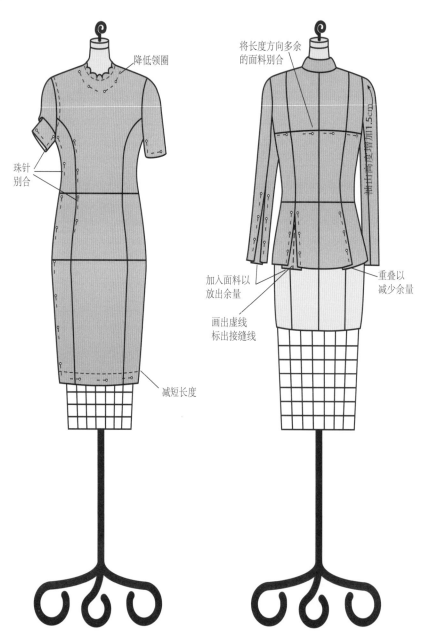

降低领圈

将长度方向多余的面料别合

珠针别合

袖长高度增加1.5cm

加入面料以放出余量

重叠以减少余量

画出虚线标出接缝线

减短长度

图 7.8A 坯布样连衣裙　　　　图 7.8B 坯布样上衣

图 7.8 试衣时坯布样上所作的修改标记

- 面料起皱：表明服装太长、太宽或太松（见图7.1A、图7.1B与图7.2A）。
- 面料折痕：侧缝处省道对于胸部的丰满量不足。如果服装没有胸省，应在此添加省道（见图7.1E）。图7.3B中的织物折叠表明裤裆太长。
- 斜拉纹：表明服装的长度不够或者太紧（见图7.1D）。
- 横拉纹：表明服装太松了（见图7.1E、7.2B与7.3C）。
- 空隙：表明服装太紧或太松。如图7.1E所示，因为服装太松所以有空隙。图7.1F中袖隆的褶皱是因为太紧。
- 弧线纹：裤子上的弧线纹表明裤裆部位需要加入更多的量（见图7.3A）。

样板修改

有多种方法可以解决试衣问题。这对于设计专业学生而言是具有挑战性的。试衣修改时，可以经常向指导教师征求意见。

本章无法覆盖所有试衣问题。有些基础样板的修改在图7.9~图7.11中有说明，还可查阅其他资料来确定试衣中出现的主要问题。当某个样板或衣片改变时，会影响其他部位。

修改服装时，应不断检查样板是否正确。所有试衣修改量最终应在样板上减除。最后不要忘记在调整好的样板上标出丝缕线。

上装

- 图7.1A：减少长度时，由衬衫长度造成的面料皱褶会消失。在图7.9A中，将整个前片沿横向剖开并重叠，以此来减短长度。（如果服装太紧，面料也会起褶。如出现这种情况，应在侧缝加一些宽度）。

- 图7.1B：衬衫肩膀与衣身太大会出现很明显的面料褶皱。在图7.9B中，样板沿纵向剖开并重叠，以此来减少宽度。然后将肩线画顺。
- 图7.1C：衬衫侧缝的面料折痕说明，胸省量相对实际胸部弧线不足。图7.9C从袖隆至胸点将省道剖开增加省量，同时加大胸围尺寸。调整样板时，不可改变袖隆弧形。改变袖隆的大小会影响袖子的效果。
- 图7.1D：衬衫前身与袖山没有足够的长度会导致衬衫出现明显的斜拉褶皱线。沿袖山中部剖开后，增加袖山高量消除褶皱。在样板上通过剪开、拉伸的方法可增加样板长度（见图7.9D）。沿胸围线剖开，增加前片长度，如图7.9E所示。
- 图7.1E：横拉纹与空隙说明服装合体性有问题。在前、后身侧缝处，以及袖底缝部位增加宽度，如图7.9F所示。
- 图7.1F：无袖上衣袖隆部位出现空隙是合体问题。为了达到合身紧贴，可以剪开、并稍增加袖隆部位的省道，减短袖隆弧线长度消除袖隆部位的间隙（见图7.9G）。用曲线板画出新的袖隆弧线。也可减少袖隆到肩线间的距离，防止出现空隙。如果是有袖子的袖隆弧线，则袖子也应改变。下册图6.4A说明如何用袖山弧线余量的方法，使衣身袖隆弧线与袖山弧线相符合。

如果服装的肩线改变了，则一定会影响领圈线长度。如下册图3.3所示，服装与领圈线必须平衡，接缝应完美配合。

裙子

- 图7.2A：垂直方向的褶皱表明裙子过于宽松。裙子减少部分宽度后，褶皱就会消失，如图7.10A所示。

- 图7.2B：横拉纹表明裙子太紧。在臀部增加松量可以消除这种褶皱，裙子也会变得漂亮合身（见图7.10B）。注意：图7.10A中腰围与臀围部位同时发生改变；图7.10B中，仅改变臀围部分。图7.10A中裙腰也应减少长度来适合新的腰围尺寸。
- 图7.2C：出现侧缝后斜是裙子的合体问题。裙子侧缝线应该竖直并与地面垂直。将裙子后片臀部位剖开，然后将这部分展开，使臀部弧线长度增加（见图7.10C）。这可以使侧缝回到应该在的位置。后中线可以保持弧线（不需要画成直线）这并不影响装拉

链。不要增加下摆长度，因为无法解决这个合身问题。

裤子
- 图7.3A：裤子上的弧线纹表明裤裆需要更多余量。可用加宽后片横裆内侧缝的方法加以改善（见图7.11A）。还可以降低底裆曲线，提供额外延伸量，使弧线纹消失。
- 图7.3B：由于裆部弧线过长使裤子前裆部位面料形成折痕，通过提高前裆的方法可减短裆部弧线长度（见图7.11B）。

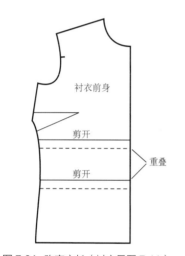

图 7.9A 改变衣长（衬衣见图 7.1A）

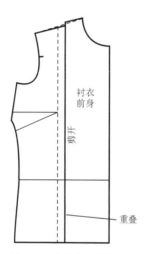

图 7.9B 改变胸围（衬衣见图 7.1B）

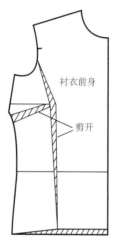

图 7.9C 增加省道折叠量（衬衣见图 7.1C）

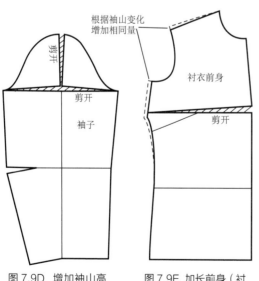

图 7.9D 增加袖山高（衬衣见图 7.1D）

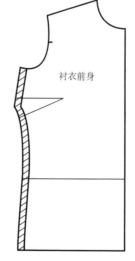

图 7.9E 加长前身（衬衣见图 7.1D）

图 7.9F 增加胸围、腰围与臀围的宽度（衬衣见图 7.1E）

图 7.9G 减小袖窿弧长（衬衣见图 7.1F）

图 7.9 样板修正：上衣

- 图7.3C: 裤子的横拉纹表明裤子太紧, 前拉链无法拉上。在臀部到腰部之间, 增加前后片臀围宽度, 经过改动后拉纹会消失 (见图7.11C)。同时增加裤腰长度使其与裤片腰围相符。

将对坯布样的调整拓转到样板上

在坯布正面用记号笔 (红、蓝、绿三色) 标出试衣修改的位置, 三种不同的颜色代表三次坯布样调整的内容 (如有需要)。通过不同颜色的记号, 可以了解每次试衣具体调整过哪条接缝或省道。

整块坯布就像张地图, 清晰指示样板上需要调整与修改的具体位置, 这些修改内容转移到样板上后。坯布样可以重新裁剪并缝制, 并不需要另裁新的坯布样。

在坯布样上标出调整

1. 将坯布样从人台上取下。

2. 沿着用针别住的调整位置, 用铅笔画出虚线。

3. 取下别针。

4. 用拆线刀将其一片片拆开。

5. 将每个衣片熨烫平整。

6. 用红笔在缝合线上做上记号, 如图7.13所示。

7. 如需要加大衣片 (如图7.8A中上衣后中下摆部位所示), 在所需位置缝上一小块坯布。布料重叠后以直线车缝在一起 (见图7.14), 缝合后将其熨烫平整。如何通过加缝布料增加臀围尺寸, 如图17.5A所示。

8. 如果样板需要去除一部分 (如图7.8A中上衣后片部位所示), 将那部分标记出来, 然后沿着标记裁剪缝合, 重复与图7.14相同的步骤。

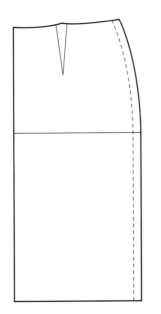 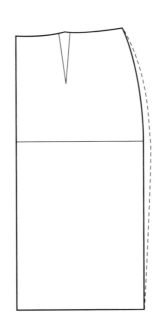 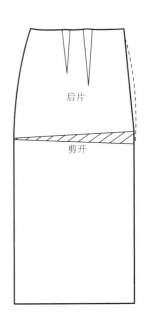

图 7.10A 减小宽度 (裙子见图 7.2A)　　图 7.10B 增加臀围量 (裙子见图 7.2B)　　图 7.10C 增加后中长度 (裙子见图 7.2C)

图 7.10 样板修正: 裙子

整理坯布样板

　　在坯布样上（沿着虚线）准确地划顺每条接缝线。应比较需缝合的车缝线长度，确认长度一致。制板时，应用弧线板画顺接缝线。

- 图7.13中，用弧线板与红笔描出新公主线的车缝线。注意：在描出车缝线前应对齐缝份。这就是裙子上被针别好的需要改动的部位（见图7.8A）。
- 图7.13中，用弧线板与红笔画好新的袖窿与领圈线。这是裙子试衣时标记出的需要改动的部位，见图7.8A。
- 肩膀/袖窿、领圈/前中、腋下/袖窿、侧缝/下摆都呈直角，这也是调整内容之一。
- 在图7.13与7.15B中，用弧线板描出车缝线。
- 拓好调整改动的部位后，在坯布上连接新线条，标注缝份，再裁剪出衣片。

坯布样试衣调整内容拓转到样板上

　　不能将坯布样直接作为样板使用，因为布料会拉伸变形。应将坯布样的试衣调整内容转移到样板上去。

　　1. 如图7.16所示，将每块衣片用针别在打板纸上。

　　2. 在布料反面与样板纸之间夹入复写纸。

　　3. 使用描线轮描出样板的新轮廓线（接缝、下摆线、领圈线等线条）。复写纸会在布料两边都留下记号。

　　4. 在样板纸上画出新的接缝线（沿着描线轮的穿孔），然后依此样裁下样板。

重新裁剪坯布样进行第二次试衣

　　可再次使用相同布料重新裁剪坯布衣片。将坯布面对面叠在一起，将调整好的样板放在上面，钉住后裁剪下来（见图7.17）。

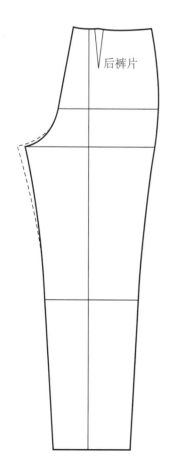

图7.11A 增加横裆宽度（裤子见图7.3A）

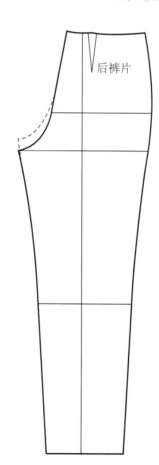

图7.11B 减小裆长（裤子见图7.3B）

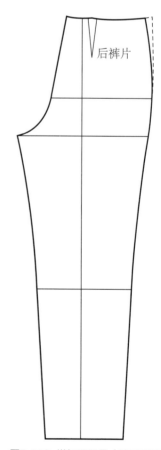

图7.11C 增加腰围量（裤子见图7.3C）

图7.11 样板修正：裤子

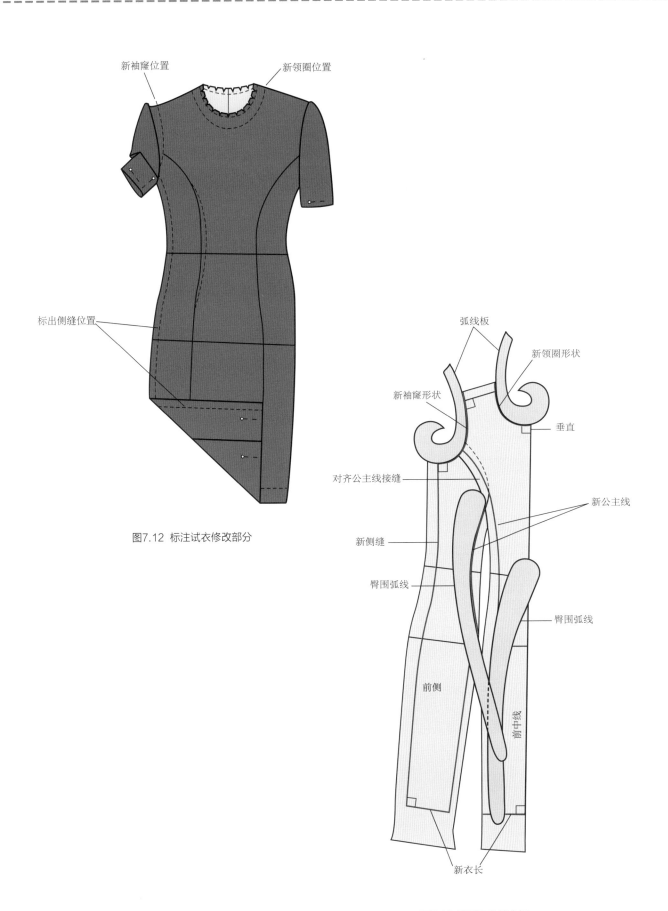

新袖隆位置

新领圈位置

标出侧缝位置

图7.12 标注试衣修改部分

弧线板

新领圈形状

新袖隆形状

垂直

对齐公主线接缝

新公主线

新侧缝

臀围弧线

臀围弧线

前侧

前中线

新衣长

图7.13 整理坯布连衣裙

重新缝制坯布样进行第二次试衣

1. 重新车缝、整烫坯布样。在人台上做试衣。

2. 如果仍有需调整改进的地方，重复之前试衣调整的步骤（见图7.8）。

3. 在布料上标出所修改部位的方法，如图7.12所示。

4. 用绿色记号笔画出第二次试衣产生的新线，各线之间应避免混淆（见图7.13与图7.15B）。

5. 缝制试衣修改部分，如图7.15B所示。

6. 将坯布料上标注的试衣修改部分拓转到样板上（见图7.16）；然后重新裁剪坯布样（见图7.17）。

7. 车缝坯布样，进行第二次试衣。

8. 如果需要第三次试衣，用蓝笔做出相应的记号，并重复之前的过程。

9. 样板调整好后检查丝缕方向是否绘制正确。

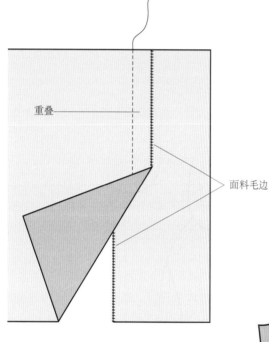

图7.14 去除多余面料、重叠并缝合

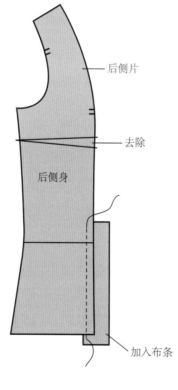

图7.15A 标注坯布并加入布条

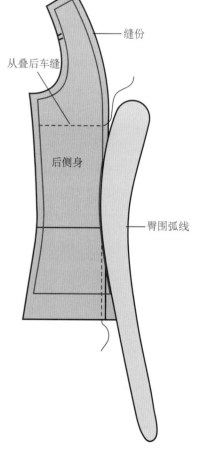

图7.15B 整理坯布上衣

棘手面料的试衣

- 轻薄的梭织真丝乔其纱是一种具有代表性的棘手面料。确保试衣的布料与实际使用的布料在厚度与悬垂性上相似。使用细珠针固定任何需要调整的部位。薄料拆线应十分小心。车缝轻薄织物时，务必使用正确的机针与缝线（详见表2.5），同时尽量减小针距。

- 处理斜裁服装之所以棘手，是因为斜裁的丝缕面料易拉伸变形，面料的控制更具挑战性（图2.16中的服装即用斜裁制成）。衣片裁剪后，在包缝前应悬挂放置几天，因为下摆部位包括三种不同的丝缕方向（纵向、横向与斜向），这会导致长短不一。在制作裙子时，应在车缝前修改裁剪样板。

- 皮革与小山羊皮无法修改，是因为机针会损伤皮革表面，产生无法去除的针孔。因此坯布样试衣变得至关重要。

融会贯通

　　褶皱、面料的折痕、拉伸纹、挤压纹、空隙、接缝的偏斜都是与试衣相关的问题。无论是上衣、裙子或者裤子的试衣，都会出现这些相似的现象。应学会看懂这些褶痕，并将这些知识灵活运用到解决其他问题中去。解决这些问题的方法，就其本质而言是相同的。

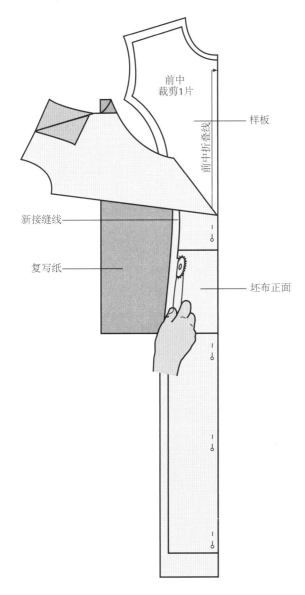

图7.16 将坯布样拓转到样板

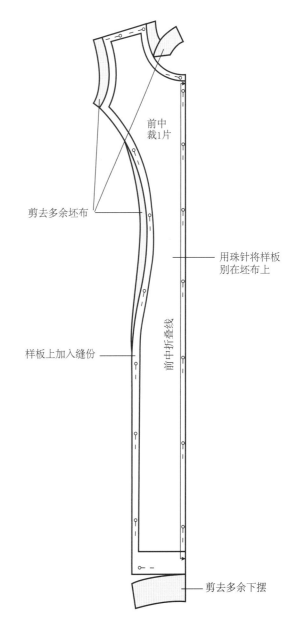

图7.17 重新裁剪坯布样

例如：

- 图7.1B中的衬衫出现褶皱是因为衬衫过于宽松。样板宽度减小后，服装的这些褶皱也会消失，如图7.9B所示。如果衬衫、裤子或上衣过于宽大松弛，也能以相同的方法解决这类问题。

- 图7.1D中的前片与袖山头长度太短。图7.9E中的样板都相应加长，以便弥补这样的缺陷。当裙子、袖子或其他款式出现明显的牵拉纹时，可用相同的方法调整样板。

- 图7.2C中的后片的侧缝线发生倾斜的原因是后片长度太短。图7.10C中后片被加长。使用相同的修改方法可解决裙子或者裤子样板中类似的问题。

疑难问题

服装不合身？

是否缝制过坯布样？避免服装出现不合身的最好的办法就是制作坯布样试衣，调节服装尺寸使其合身。

外套太紧了并且也做了坯布样，哪里出错了？

所用的坯布样面料也许与实际面料的厚度与类型不符。记住：必须选择与服装面料厚度与类型相同的布料制作坯布样。例如，因为全棉坯布制作的坯布样与厚型毛料外套之间差异很大，因此无法产生正确效果。

已经做了三次试衣，但为什么服装仍然不合身？

有些服装可能需要三次以上的试衣才能达到合体的效果。因此继续尝试第四次试衣，永远不要放弃。

我认为制作坯布样并非必要

为了得到最合身的效果，挑选任何合适的材料制作坯布样是十分重要的。永远记住：设计师的工作应该是完美主义的职业。无论在制板、缝纫还是在试衣中，仅仅0.25cm的变化都关乎服装是否合身。

自我评价

本章是学习服装试衣方法与掌握服装所传达的信息。掌握这种技能需要经过时间的积累。专注度与规范性是优秀设计师必须具备的品质。专业技能必须通过刻苦努力的学习。

可扼要归纳出以下关于如何取得理想合身性的知识要点：

√ 正确测量形体的尺寸。

√ 画出正确的样板。

√ 学会辨识关于面料的合身信号。

√ 学会如何根据坯布上标记的修改方案修改样板。

√ 用专业的缝纫技术来缝制，因为这会影响服装是否合身。

√ 如需帮助可寻求专家的建议。

√ 永远不要放弃！

复习列表

√ 是否理解服装的尺寸不是统一的？

√ 是否理解服装合身与否影响着服装的整体品质？

√ 是否理解样板宽松量与款式设计松量的含义？

√ 是否理解为什么衣物应有不同的合身分类？

√ 是否能识别上衣、短裙与裤子上出现的试衣信号？

第 8 章

口袋：
便利的收纳空间

图示符号

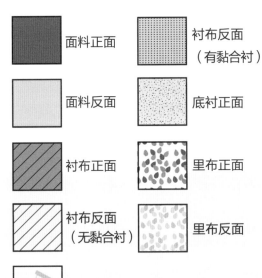

面料正面

衬布反面
（有黏合衬）

面料反面

底衬正面

衬布正面

里布正面

衬布反面
（无黏合衬）

里布反面

缝制顺序

本章将介绍口袋的缝制方法，如何根据面料与款式选择合适的黏衬与里布，以及如何使用正确的线迹缝制口袋。口袋可以设计成很多种形状、大小与类型。设计服装时，应注意口袋的设计，使之与服装款式相适合并且符合功能性要求。口袋是服装构造的一部分，它可以是种装饰，也可以是服装的实用部件。口袋的位置和大小与服装的功能性与舒适性息息相关。本章还会介绍如何制作带有装饰物、绳带与滚边的口袋。口袋是个便利的收纳空间。只要精心缝制，口袋就一定能起到这样的作用。

关键术语

止口线

袋盖

贴袋

袋布

单层袋

车缝明线袋

嵌条

特征款式

图8.1为几种不同款式的口袋，以及它们在设计中的应用。

> **要点** ✂
>
> 功能性设计是指口袋应具有实际使用功能；而装饰性设计的口袋不仅具有实用性，而且具有装饰性。

工具收集与整理

缝制口袋需要以下工具：适合的机针，如12或14号机针适用于中厚面料，9或11号机针适合轻薄面料；剪刀、缝线、拆线器、镊子与记号笔、滚条(购买半成品或自制)；装饰边、拉链(用于对比突出、装饰或实用)与用于对比突出或装饰的明线(见图2.1)。

现在开始

确定设计中需用哪种口袋。应考虑口袋设计的目的是什么——是实用，还是装饰。

如果是实用性口袋：

- 最重要的是袋位正确，这可以使口袋用起来舒适。
- 口袋不对称会比较抢眼，这会让人产生服装制作不良的印象。
- 口袋大小是否适合服装？是否太大或太小？
- 口袋是否经得起反复使用？口袋制作成本是否太贵，是否能产生利润？
- 耗时少的口袋是否应用更广泛（例如贴袋相比于嵌线袋）？

如果是装饰性口袋：

- 口袋是否增添了重要的设计细节？
- 装饰性口袋的比例是否与服装的整体风格协调？

- 生产时间就是金钱，口袋生产是否花费过多的时间？
- 辅料的成本，如滚边条、丝带、钮扣或缉缝明线，是否过高？
- 口袋细节可能是某些价格适中服装的卖点。服装加入漂亮的口袋意味着使用高档面料与辅料。

> **要点** ✂
>
> 口袋的位置对服装整体与口袋本身都是至关重要的。仔细检查口袋是否太靠近前中或底边。

口袋与袋盖的衬布

何时应在口袋或袋盖中使用衬布？具体方法可见第3章服装定型料相关内容。

- 为了支撑结构松散的面料。
- 为了支撑剪开的区域。
- 为了防止接缝分开。
- 为了防止接缝滑移。
- 为了使边缘平整，不卷曲。

贴边衬布的类型

口袋会使用各种贴边衬布，观察黏合衬能否适用于所用的面料（见图3.4）。

- 为实现理想的效果，在面料上尝试不同类型的衬布。
- 为口袋或袋盖选择衬布/黏合衬前，应明确面料与衬布间的关系（见第3章）。

口袋里布

许多面料会与里布配合使用（详见下册第8章里布相关内容）。口袋里布必须适合面料。口袋应满足手的进出，里布使手掌出入口袋方便，并使手部触感柔软。

图8.1A 带袋盖的接缝插袋　　　图8.1B 带插袋长裤与单层袋上衣　　　图8.1C 暗缝贴袋　　　图8.1D 异形袋盖

图8.1 几种不同款式的口袋

- 相比西装上衣或裤子的口袋, 外套对口袋有不同的要求。它要求口袋结实耐用。西装外套与裤子口袋常用的厚实棉布非常耐用。
- 对于大衣或外套上衣, 是否保暖是需要考虑的因素。因此羊毛或法兰绒是很好的选择。
- 如果口袋或袋盖使用厚重的面料, 则应配合使用轻薄、结实的梭织里布。
- 带里布贴袋所用的里布应减少口袋的体积感, 并容易缝制。
- 白色或浅色的口袋最好使用中性色米色内衬, 以减少衬里透出颜色的情况或是缝份透出口袋表面的情况发生。
- 用本身料做里布的口袋能减少里布颜色透出的情况发生。

口袋款式

本章将口袋分为以下款式: 插袋、贴袋 (有或没有袋盖)、单层口袋与嵌线袋 (有或没有袋盖)。口袋款式应该在制板阶段就考虑清楚, 在缝到服装或里布前应先做好样板。

插袋

插袋应放置在接缝部位, 如果缝制正确, 插袋应光滑、平坦、不外露。精致的缝纫能使口袋掩藏在缝合线里。

上衣、大衣与连衣裙的插袋位置

本节中口袋位于公主线上。

- 样板上标出口袋位置(见图8.2A)。照照镜子, 将手插入口袋, 感觉最舒适的位置。用珠针做好标记。袋位与袋口大小应让人感到舒适, 不宜太紧。将标记拓转到样板上。这是功能设计的一部分。
- 如果外套有钮扣, 应标记每个扣位。

- 将手插入样板上的口袋位置, 在样板上标示手的插入方向。
- 环绕手画一圈笔迹, 将其作为口袋样板的参考。口袋边缘与扣眼位置不可太近, 因为口袋需要袋盖, 而袋盖不能遮挡扣眼。
- 扣眼与口袋边缘留2.5cm的距离, 如图8.2A所示。

口袋样板

- 绘制口袋样板。口袋与衣身连成一体比分开更费料, 这种做法就生产而言是不经济的。
- 裁剪出四片袋布, 布片的上边与侧边部位应加出余量, 防止口袋里布露出袋口。
- 标出口袋的缝制对位点。裁下口袋部分, 并画出口袋丝缕方向 (见图8.2B)。
- 为了确保口袋的温暖与舒适, 底层 (手放置的地方) 应用服装衣身面料。
- 用衣身面料缝制口袋效果会更好。口袋其他部分 (上层袋布) 最好用里布裁剪。这可以防止口袋太厚。标记对位点——这些标记对缝制过程至关重要。在口袋缝合处添加标记点, 如图8.2B与图8.2C所示。

缝制插袋

1. 面料正面相对放置, 四块袋布应与各对应部分缝合。两片口袋面布应与前侧片缝合, 两片口袋里布应与前中片缝合。

2. 烫开口袋缝份 (见图8.2D)。

3. 两个转角处打剪口, 与前侧片对位点对齐, 保留0.5cm的面料。

4. 熨烫外套时, 口袋应倒向前中线 (见图8.2E)。

上衣与外套带盖插袋

上衣或外套口袋加袋盖时, 应在制作口袋前缝好袋盖(见图8.1A)。袋盖长度与袋口应相同。袋盖的宽度取决于服装, 袋盖设计不可太窄, 否则会被面料遮盖; 也不能太宽, 这样会挡在衣服的前面。袋盖通常至少5cm宽, 再加上缝份。

1. 裁剪袋盖时将面料对折, 再根据面料的厚薄对袋盖贴衬。缝合带盖插袋时, 裁去两个大身衣片的延伸部分(改用尺寸完整的口袋, 见图8.3D)。

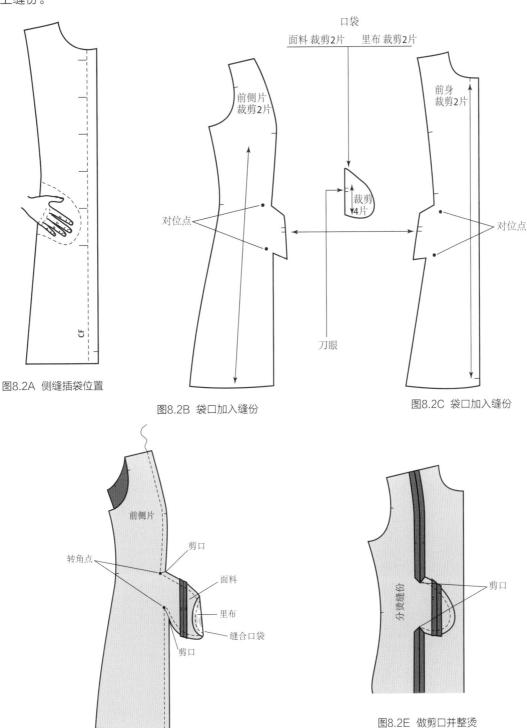

图8.2A 侧缝插袋位置

图8.2B 袋口加入缝份

图8.2C 袋口加入缝份

图8.2D 缝合前身

图8.2E 做剪口并整烫

2. 对折袋盖,使正面相对。三边用珠针固定,起针与收针时应回针。修剪转角部位以减少接缝厚度,将正面翻出并烫平(见图8.3A)。

3. 当袋盖是圆弧形时,在缝份上打剪口减少接缝厚度。修剪缝份,确保袋盖转角圆顺,如图8.3B所示。

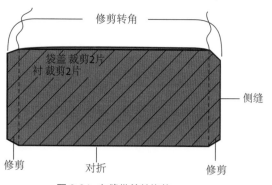

图 8.3A 车缝带盖并修剪

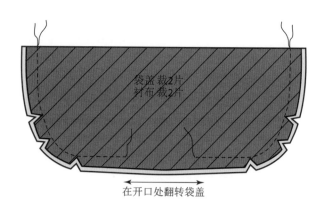

图 8.3B 弧形袋盖作刀眼并修剪缝份

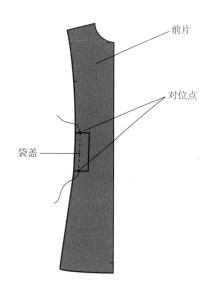

图 8.3C 车缝袋盖并绱缝到服装

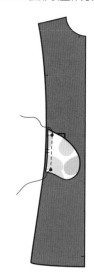

图 8.3D 将袋布与里布缝到服装

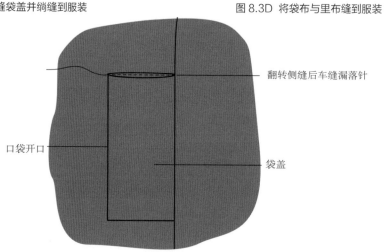

图 8.3E 车缝袋盖

4. 袋盖按设计车缝明线。为使袋盖挺括并具有明线装饰效果，应将袋盖的明线车缝好后与服装缝合（见图8.3E）。

5. 将袋盖放在前身正面，如图8.3C所示的对位点位置，将带盖对位，用缝纫机粗缝固定。

6. 将上袋布与底袋布分别放置在对应衣身及袋盖上，缝合并整烫（见图8.3D）。继续侧缝插袋的制作过程，并在缝份边角处打剪口。将插袋翻入，使袋盖在缝制好的口袋外。袋盖用珠针在衣身上定位。

7. 沿侧缝车缝漏落针，将袋盖与衣身缝合，注意袋盖两层均应与衣身缝合，保证袋盖位置固定。最后进行整烫（见图8.3E）。

裤子及半身裙上的侧缝插袋

裁剪上袋布时应使用里布，这样可使口袋体积小巧，外观平整。底袋布应使用服装面料布，这样当手插进口袋时，口袋打开后可以看到与服装相同的面料（见图8.2C）。

1. 将两片袋布与两片衣身，分别正面相对放置。

2. 将袋布与衣身缝合，再进行整烫。

3. 打剪口，如图8.4所示。整烫缝份。

4. 将口袋翻入服装内侧后整烫。

贴袋

贴袋常用于女套装、西装、运动装与日常休闲装，也常见于T恤衫。贴袋可以用不同于衣身面料的布料制作，可以制作成无里布、贴衬或者面料本身料的款式。它可以制作成任何形状。贴袋具有功能的同时，也可以成为服装的装饰。贴袋也可以用袋盖，贴袋袋盖常用揿钮或者钮扣实现口袋的扣合，诸如拉链或者尼龙搭扣等部件均可使用，还有饰扣、带扣、皮带、缎带及套索扣等。这些小部件都能用来完善服装设计。滚条可以装饰贴袋边缘，滚条所用布料的丝缕线方向应根据设计而定。滚条可用格条纹面料制作，常常按斜丝缕或横丝缕方向裁剪。贴袋易于制作。事实上，贴袋的制作只会受限于面料与设计意图。

要点

缝合贴袋与衣身前，应事先制作贴袋的试样。

自身料的贴袋（圆角及方角）
制作方法：

1. 裁下底部方角或者圆角的贴袋袋布。

2. 使用黏衬或缝入式衬处理袋布，使袋布硬挺、边缘不脱散（见第3章、图8.5A与图8.5B相关内容）。

3. 根据袋布面料选择用包边或卷边方式处理袋布上缘位置（见第4章、图8.5A与图8.5B相关内容）。

4. 袋布处理完，将上缘沿翻折线折返，翻折部分正面朝里成为贴袋袋口。从袋布上口边缘开始车缝1.5cm翻折线，沿袋布边缘缝制一圈（见图8.5A）。

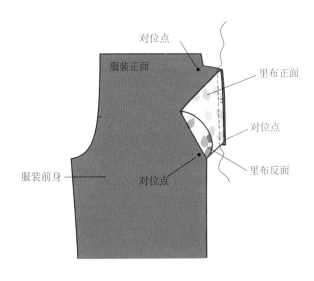

图8.4 对齐并车缝插袋与里布

5. 修剪口袋边角处的缝份使其平整，防止缝份堆叠过厚。再将袋布翻到反面后稍微熨烫。

6. 以步骤4的车缝线作为袋布折边的位置，为最后将袋布缝制到服装做准备。对于圆底角的口袋，应对圆角位置的缝线进行抽缩，使底边形成圆滑的曲线（见图8.5B）。为方便袋布抽缩，可将针距改为5.0或者其他合适长度，袋布车缝线如图8.5C所示。

7. 将一块步骤4处理后袋布大小相同的硬纸板模板放置在袋布中。仔细熨烫袋布，保证袋布边缘平整、干净（见图8.5C）。

8. 贴袋的对位点应打在衣身片放置口袋位置，袋口以下0.5cm处（见图8.4）。在工业生产中，对位点将直接用机器在衣身上穿刺打点。袋布对位至关重要，准确的对位可以防止衣身上的洞外露。

9. 将贴袋位置的衣身放置于烫枕上熨烫曲面位置，使得衣身形成近似人体曲面的造型，应防止贴袋在缝制后由于拉伸而不能贴合衣身与人体。

10. 将袋布采用明线缝线迹或者止口线迹在衣身上定位，并在缝纫开始与结束时回针，以保证缝纫的坚牢（见图8.5D）。

11. 熨烫贴袋，熨烫时应使用烫布，例如真丝欧根纱作为烫布。

由于贴袋是在服装表面，对于贴袋的结构设计与缝制工艺应十分仔细小心。事先应用的同样的面料与缝线制作试样，包括车缝明线或止口线。可尝试不同的针距，找出最适合的制作方法。由于这些工艺的细节会为服装增色不少，设计师肯定会乐于将这些样片加入到设计稿中去。

使用机器暗线车缝贴袋

在上衣及外套上的中型或者大型的贴袋，可以用缝纫机制成隐藏的贴袋。贴袋缝制时，可以做成竖直的，也可以做成有些倾斜的，如图8.1C所示。这款贴袋不仅需要耐心的准备工作，还应仔细地缝制。虽然缝制很繁琐，但成品会十分漂亮，绝对会让人觉得付出相当值得。以下是缝制步骤：

1. 使用底部圆角的贴袋样板。按样板要求裁剪贴袋袋布与相应的黏合衬。

2. 将黏合衬熨烫到袋布反面。

3. 将袋布袋口边缘包缝或卷边缝。车缝后将袋口折向袋布反面，最后进行整烫。

4. 从袋口开始沿袋布边缘放1.5cm的缝份。

5. 将与步骤2处理后相同大小形状的模板放置在袋布中。将缝份向模板方向熨烫（见图8.5C）。仔细熨烫袋布，使得袋布表面平整、边缘齐整。

6. 将模板移走，将缝份修剪为1cm。如果用的是结构疏松面料，在修剪缝份前，应先包缝缝份，或用锯齿形缝线迹对缝份进行包缝处理以保证袋布边缘不会脱散。抽缩缝份（见图8.5C）。

7. 使用单捻、颜色鲜艳的缝线，将袋布用手缝粗缝固定在衣身上（见图8.6A）。

8. 将颜色鲜艳的缝线安装在缝纫机上，并将缝纫机设定为宽的曲折缝线迹。使用缝纫机将袋布与衣身缝合（见图8.6A）。

9. 除去粗缝线。在贴袋内部，从袋口开始，回针固定后用2.5或3.0针距的直线线迹（针距大小依据所用布料厚度来定）沿袋布的侧边缝制到贴袋袋底中点。贴袋另一边也用同样方式缝制，缝合完成后，将锯齿形缝线迹除去（见图8.6B）。

10. 在缝纫小面积区域时，将缝纫机针停留在布料中。不时抬起压脚，展平面料，以免面料折叠抽缩。

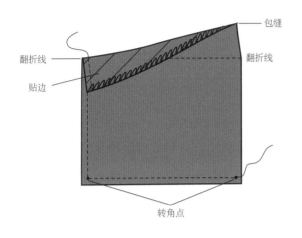

图8.5A 车缝方形贴袋的贴边

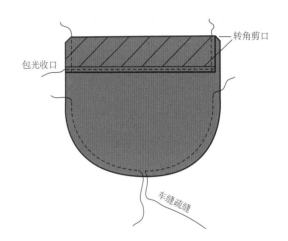

图8.5B 圆形贴袋车缝收缩线迹

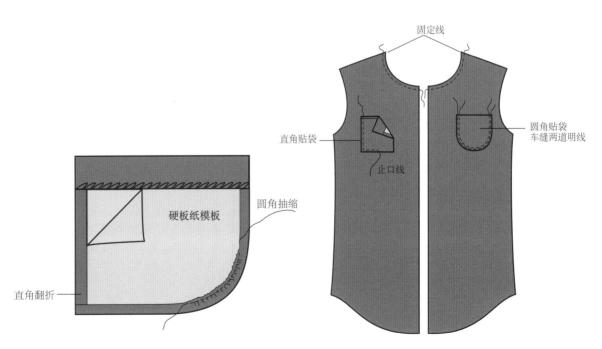

图8.5C 翻转并熨烫直角与圆角边

图8.5D 直角与圆角贴袋车缝止口线

无贴边、带贴边与本身料贴袋

带里布的贴袋不仅具有精致的细节，并为结构疏松的面料提供了全新的处理方式。里布可减小贴袋体积，使贴袋表面平整，同时也易于贴袋制作。这种制作方法可以便捷地实现各种新颖款式袋布的处理。制作漂亮的带里布贴袋的关键是：将不同形状的里布与袋布准确缝合，并准确修剪缝份。以下是制作流程：

1. 确定服装面料与贴袋里布。每一个贴袋，都需要一片与衣身面料一致的袋布与一片里布。

2. 将里布边缘修剪0.5cm，使里布比袋布小一圈。可保证从正面看：袋布遮住里布，正面不可露出里布（将图8.8A中里布缝份修剪0.5cm）。

3. 里布与袋布边缘对齐后，正面相对并用珠针定住。从袋布的底部中心开始缝纫，按照袋布形状缝纫一圈（见图8.7），最后在缝制到底部中心时，留下至少2.5cm大的开口。

4. 将袋布与里布缝份修剪到1cm，并在圆角打剪口以便翻转。将袋布从开口处翻出，使袋布正面朝外。用锥子或其他翻转工具，使圆角底部完全翻出，并保持平整。将开口处的缝份向内折，熨烫口袋，保证在正面看不到里布。

5. 将袋布放在衣身上设计的位置，使用珠针固定。用明线或止口线迹从袋口位置开始，沿袋布边沿缝制一圈，最后回针固定。再从另一侧袋口开始，使用同样方式缝制一圈（见图8.5D）。

带有本身料贴边的贴袋

带有本身料贴边的贴袋与没有贴边的贴袋样板相同。这种口袋的里布与贴边缝在一起，这样当手插入口袋时不会露出里布，而是露出与服装面料相同的贴边布料。以下是制作步骤：

1. 将袋布贴边朝反面方向折下，测量里布长度，从口袋底部上量至袋口处。里布边留出1.5cm缝份。

2. 缝合里布与贴边下部，在中间留出2.5cm的开口。用熨斗将缝份分烫开（见图8.8A）。

3. 里布与袋布正面对正面，从袋口开始，将两片缝合。修剪袋布缝份，在袋布转角处打剪口（见图8.8B）。

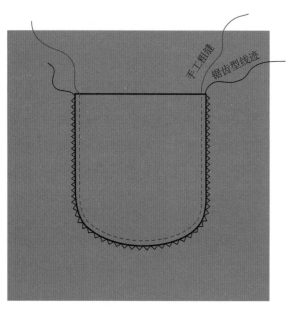

图8.6A 以锯齿线迹车缝贴袋边缘

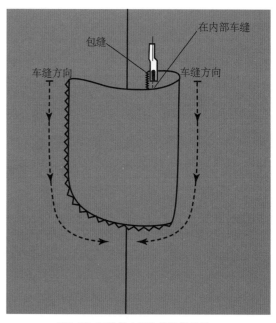

图8.6B 在贴袋内侧车缝隐性线迹

4. 将袋布从开口处翻出，使袋布正面朝外进行整烫。将开口处缲合（见图8.8C）。

5. 将衣身置与烫枕上，再将袋布放置于相应位置，用珠针固定。

6. 使用明线或止口线迹，将口袋与衣身缝合。

带袋盖的贴袋

带袋盖的贴袋兼具功能性与装饰性。贴袋的袋盖可做成任何形状以增添服装的设计细节，且具有装饰性。通常袋盖作为服装部件，往往都是服装结构中突出的设计细节。袋盖具有关闭与遮盖贴袋口的功能。设计这种口袋时，袋盖与贴袋的比例应格外注意，袋盖不能盖过口袋。贴袋缝制的位置也要十分注意，袋盖与口袋的缝纫需要对齐。任何不当的设计处理将会太过突兀，使得本该突出的设计黯然失色。因此，带袋盖贴袋的缝制要保证万无一失。以下是缝制方法：

1. 确定贴袋的尺寸。首先将贴袋与衣身缝合（见图8.9A）。

2. 袋盖的宽度尺寸应比袋口稍大，至少应比袋口宽0.5cm，以保证在缝制后，袋盖可以将口袋完全遮盖（见图8.9B）。这个宽度的值（0.5cm）并不固定，应根据贴袋布料厚度而变化。当使用厚重面料制作口袋时，袋盖需要更多的余量，以容纳袋盖本身缝份折叠的厚度。为了减轻袋盖的体积，使袋盖平服，可用里布作为袋盖里布（见图8.9B）。按袋盖样板，裁下两片袋盖的面料（当使用面料厚重时，可以裁一片面料，一片作为袋盖里布的布料）。

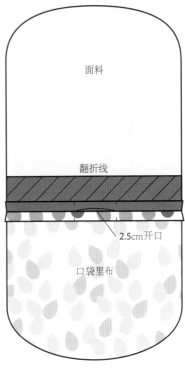

图8.8A 将贴袋里布与贴边缝合

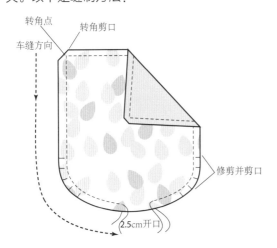

图8.7 车缝带里布的贴袋

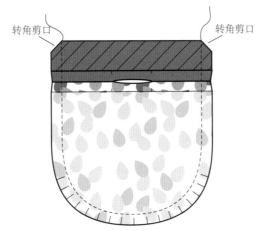

图8.8B 带贴边里布与口袋缝合并做剪口修剪缝份

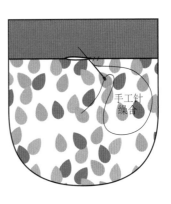

图8.8C 将里布与贴边缲合

3. 加黏合衬有助于袋盖的定型（详见第3章相关内容）。裁剪一片袋盖形状的贴边衬。将袋盖布正面对正面对齐，将两层面料与黏合衬缝合，沿袋盖外轮廓缝合，留出上口作为袋盖翻出口。修剪侧边缝份，使翻折后更易造型。

4. 翻转袋盖后车缝装饰线，如明线，再继续下一步制作.。

5. 将袋盖放在口袋上方，袋盖开口对着口袋上边。袋盖放置得离口袋一侧稍远一些。用珠针固定。沿缝份缝纫，修剪折角处减少接缝厚度。修剪缝份到0.5cm（见图8.9A）。折下袋盖并整烫，然后在距折后的袋盖上方1cm的地方车缝明线（见图8.9B）。这样可保证袋盖下翻并盖住贴袋。

前挖袋

缝制前挖袋时，将用到两种形状的裁片，一种是与服装面料相同的侧前片部位袋底布，另一种则需根据面料厚度选择使用里布或面料的口袋部位。设计口袋的形状有不同的款式设计。以下是前挖袋制作方法：

1. 袋底布使用与衣身相同面料裁剪，另一层袋布则使用里布，以减小厚度。

2. 口袋边缘作定型处理（见图8.10A与图3.11）。

3. 口袋里布放在衣身上正面相对车缝袋口，缝份宽度修剪为1.5cm后再整烫（见图8.10B）。

4. 整烫缝份，缝份向口袋里布一侧烫倒后再暗针车缝一道。

5. 口袋翻至衣服反面后加盖烫布熨烫。口袋边缘车缝明线（见图8.10B）。

6. 将口袋底布放在口袋部位，对齐腰线与臀围线（见图8.10C）。

7. 在反面以1.5cm缝份缝合袋布后包缝（见图8.10D），这可使口袋不易变形。

袋盖比口袋宽出0.5cm

图 8.9A 袋盖的车缝与定位

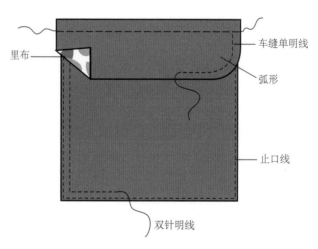

里布

车缝单明线

弧形

止口线

双针明线

图 8.9B 袋盖的车缝与定位

8、口袋边缘可以与侧缝一起包缝。包缝可采用三重直线线迹进一步加固。

单层袋

单层袋是用明线与服装表面缝合的口袋。通常用于薄料服装上。单层袋用一块单层面料剪成口袋的形状，留出开口的一边，再将其他边与服装面料缝合。单层袋可以做成各种形状来搭配服装设计。图8.1B中的上衣搭配有一个矩形单层袋。缝制单层袋的步骤如下:

1. 将袋布的所有布边做光。

2. 用大针距线迹先将口袋的曲线或弧线部位固定，烫平缝份。

3. 在距离烫好的折边1cm处车缝一道明线。

4. 口袋开口的一边车缝止口线，将线头拉至口袋反面打结。

5. 将袋布摆放在正确的位置，调整袋布与衣服的对位点，用珠针固定。

6. 将袋布与衣服面料缝合，从口袋开口的上端起针，车到顶时饶针旋转，接着车缝一圈到开口的下端，起针与收针时应回针加固。整烫。

7. 装饰线迹能吸引注意力，但要记住: 缝纫能手必须用这些线迹使达到最好的效果。

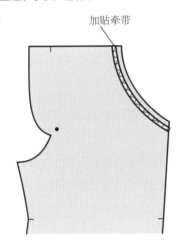

图 8.10A 袋口定型

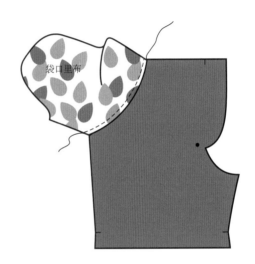

图 8.10B 车缝口袋

加贴牵带

袋口里布

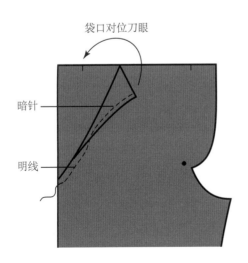

袋口对位刀眼

暗针

明线

图 8.10C 车缝前侧袋

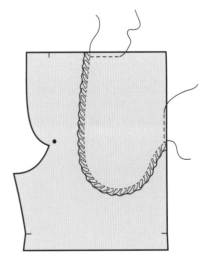

图 8.10D 车缝口袋并包缝

单层异形贴袋口袋

车缝明线

与贴袋相似，外露的单层口袋可与腰围线相连、成为腰身的一部分；或扩展到腰线用腰身或贴边收口。休闲装设计时，口袋与面料缝合前先做造型。有些面料应作定型处理，如贴黏合衬（见第3章），这对任何形状的口袋都适用。如处理斜插袋时，口袋可以是弧形的、斜的、方形的——只要适合衣服设计，任何形状或大小都可以（见图8.15）。缝一个异形单层贴袋时：

1. 如果布边不是露在表面的，应将其卷边处理。

2. 如果口袋边缘是曲线的，将缝份分开烫平，先在距曲线处0.5cm处明缝，如果必要的话，沿着曲线做剪口使口袋平整。如果有直角转弯，应在转角处做剪口放平缝份，并减少接缝厚度。

3. 沿着缝纫的线迹烫平。

4. 将口袋布放在衣服上，用珠针固定后车缝边缘。直线型的口袋，在距离边缘车缝线向内1cm的部位车缝第二遍。这道车缝除有装饰性外，还提高了贴袋的强度。

抽褶或褶裥袋

设计抽褶袋时，最终的大小应在加入抽褶量前确定。比例大小是至关重要的因素。抽褶量过多而袋口过小则不好看，而在大口袋上加几个褶裥可能会变得更好看，因为它们看上去更像是抽褶而不是褶裥。所用的面料类型也会影响是做褶裥还是抽褶。褶裥一般在正方形或长方形的口袋上更好看，而抽褶可以使圆形的口袋更加立体饱满。在开始设计前，必须考虑以下因素：

- 口袋是功能性的还是装饰性的？
- 口袋与衣服相称吗？
- 口袋是否增强了设计感符合流行趋势，是否增加了制作成本？
- 设计细节是否能够刺激消费者购买？

褶裥袋

褶裥是衣服上很好辨认的特点，例如短裙或是苏格兰方格呢短裙。其线条感很强，可以用在衣服上的各个部位，比如领口、领子、袖子，当然还有口袋（见第9章抽褶与褶裥相关内容）。褶裥的功能性在于多余的布料可以增加口袋容积。装饰性体现在无论是硬挺的还是柔软的布料，都可以带来线条感的重复。

有四种基本的褶裥款式，可以单独使用或组合使用：顺风裥的褶裥倒向一边；箱型裥的两个褶裥倒向中间；反向褶裥，即翻转过来的箱裥，裥底两两相对；风琴裥，由工业压裥机制作出窄窄的裥并定型。风琴裥在口袋上用得最少。

- 为了使折边整洁清晰，可以沿褶裥边缘车缝止口线，不必车缝固定褶裥，使褶裥看上去更自然。
- 褶裥下插入条带状牛皮纸，防止熨烫时产生压纹。使用压熨布完全压平褶裥。在完成口袋制作的时候，可粗缝固定褶裥的上下两端。

抽褶袋

褶是指布料小而柔软的折叠，是通过在缝份里机缝两行后抽紧缝线得到的。抽褶是圆形口袋不可或缺的部分（见图8.15）。见第4章接缝部分，以获得更多相关信息。

抽褶袋的制板提示

- 将口袋样板从上到下剪开，将袋口展开，增加一倍的余量供抽褶。余量的多少可根据面料厚薄加以调节，也可根据具体情况询问一下指导教师的意见。
- 做个新的口袋样板，标注缝份与剪口。

如何缝纫：

- 沿口袋上口边缘1.5cm缝份内，粗缝一行；留口袋侧边的1.5cm缝份不车缝。拉扯抽紧底线做抽褶（见图4.23）。沿口袋上边缘均匀地分配抽褶，完成后打结固定。
- 做口袋贴边的样板。贴边的样板应与抽褶口袋成品大小与形状相吻合。如果贴边太厚，可用斜纹牵带代替。
- 缝纫好的口袋边缘应作包光或包缝处理，或用斜纹牵带包边（见下册第4章）。
- 将余下的1.5cm侧缝翻下，在弧形部位车缝抽褶线迹后抽褶并熨烫（见图8.5B与C）。
- 将口袋用珠针假缝固定在对应位置。用珠针可以保持口袋形状饱满，避免缝纫面料边缘时出现褶，看上去做工差。
- 根据口袋对位标记的位置用珠针固定，再将口袋缝纫在服装上。
- 小心熨烫缝好的缝份，避免压烫到抽褶。

做抽褶袋时，面料的选择非常重要。尝试使用不同针距，以求达到最柔软的折叠效果。避免使抽褶僵硬、胡乱堆砌，除非这就是设计想要效果。

嵌线袋

嵌线袋的种类有单嵌线、双嵌线和加袋盖。

嵌线袋不难做，但是制作时要求准确的标记、裁剪与缝纫。在缝制嵌线的头与尾时，短密的线迹有助于控制缝纫的精确性。单嵌线袋与有袋盖的嵌线袋是双嵌线袋的衍生品种。标准嵌线长度约14cm，但可以为了舒适或是设计美感改变嵌线长度。在开始工艺制作前，应将袋位准确标在衣身正面。

单嵌线

如图8.11A所示，在裤片上缝制的是嵌线袋。首先缝合口袋，然后闭合省道或缝合侧缝（如果没有省道）。具体步骤如下：

1. 设计口袋的位置，然后标出嵌线的轮廓，画出口袋的形状（红色线代表嵌线的位置，如图8.11A所示）。

2. 在打板纸上画出单嵌线的位置（图中的红色线），在两边各留出约0.5cm的缝份。然后在缝份的两侧再画上口袋。在整个口袋的边缘加约1.2cm的缝份（见图8.11B）。

3. 衣身裁剪好后，在衣身正面用划粉标出车缝线（见图8.11A）。在衣身反面与划线对应的位置烫上一条2.5cm宽的衬布，其中心线位于这条线上（如布料已经烫过衬布，可略过此步骤；见图8.11C）。

4. 剪下嵌线的样板，其宽度为最终嵌线宽度的两倍。标出折痕线，加0.5cm的缝份。根据面料厚度裁剪嵌线布条，布条的一半或全部加衬。将嵌线反面对反面对折，缝合三边，修剪转角，并熨烫（见图8.11D）。

5. 嵌线置于衣身正面，与嵌线位置的标记线对齐，用珠针固定，沿0.5cm缝份缝合在衣身上（起针与收针部位应回针加固，见图8.11D）。

6. 袋布正面与衣身相对，与口袋位置的标记线对齐，用珠针固定，以0.5cm宽的缝份缝合袋布，如图8.11E所示。从嵌线的上边缘缝到下边缘（不可从袋布的边缘开始缝，因为上边缘1.5cm的缝份是独立的）。

7. 在缝纫线内侧1.5cm处剪开袋口，修剪每个转角，如图8.11F中红色线所示。将口袋袋布翻到反面并分烫缝份。

8. 在反面，沿1.5cm的缝份缝合袋布并包缝边缘（见图8.11G），再将整个口袋熨烫一次。

9. 在嵌线的上边缘明线车缝一道，将其固定在衣服上，如图8.11H所示，或者用漏落针方法车缝。

双嵌线袋

如何缝制双嵌线袋：

1. 测量成品口袋长。手工粗缝或在面料上标记出来，注意服装另一边的嵌线袋位置要与之对称。对于嵌线口袋而言，不对称是致命伤（见图8.12A）。

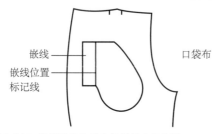
图 8.11A　单嵌线在有袋布的裤片上的位置

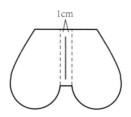
图 8.11B　口袋布的样板

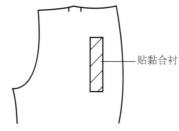
图 8.11C　嵌线位置贴黏衬

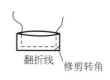
图 8.11D　裁剪、烫衬、缝制单嵌线

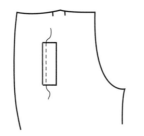
图 8.11E　调整单嵌线位置，根据位置标记线缝纫

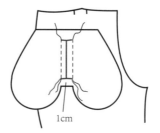
图 8.11F　将口袋缝在衣身上

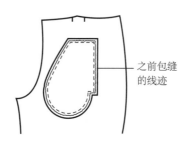
图 8.11G　缝纫口袋布，处理缝份

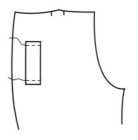
图 8.11H　单嵌线上缉明线

2. 在口袋位置的背面烫衬布加固。这个位置可能已经贴有黏合衬。在这个区域的边缘戳几下，以防在面料正面出现褶皱（见图8.12B）。

3. 裁剪两条嵌线布，4cm宽18cm长，用服装大身面料或与其风格对比鲜明的面料均可。嵌线布的丝缕方向可以与大身面料的横丝缕或直丝缕一致，也可以用斜丝缕方向。将嵌线布对折，至少在嵌线一半位置黏衬，距折边0.5cm粗缝（即缝合线）。修剪嵌线的缝份至0.5cm（见图8.12C）。缝份的宽度与嵌线布的宽度要相同。

4. 嵌线布放在衣身上，两条毛边并拢后与口袋标记线重合。手缝或者用珠针固定。测量两条缝线是否相距1cm（见图8.12D）。

5. 用小针距（2.5或者更小，取决于面料），将嵌线缝合在衣服上后熨烫平整。

6. 将缝线中间区域的面料沿线剪开，至两端缝线1cm的位置停止。向转角做斜向剪口，不要剪过缝线（见图8.12E）。

7. 折角部位滴些防脱散胶水防止面料脱散。使用前应先用块碎料作测试。

8. 将嵌线翻到服装反面。在正面整理嵌线，保证嵌线的横平竖直。用丝线将嵌线粗缝在一起（见图8.12F）。

9. 如果在转角处出现褶皱，将嵌线翻出来再向里修剪转角使其放平。

如何制作口袋:

10. 每个口袋裁剪两块袋布：一块是面料，一块是里布。

11. 将面料层的袋布与上嵌线反面对反面放置；沿着之前的缝线缝合。里布层的袋布与下嵌线缝合。

12. 服装正面朝向自己，反过来，将之前开口处的小三角掀开。将小三角与嵌线机缝几遍加固（见图8.12G），然后继续将口袋其他的缝份缝合（见图8.12H）。修剪多余的面料，留1cm的缝份。

要点

嵌线头与尾必须对齐。缝回针加固，否则服装表面口袋会不平整。

无盖暗袋

为了避免混淆，嵌线袋有时也指无盖暗袋。提前做好与衣服搭配和谐或者对比明显的滚边，可以用来做双嵌线袋的嵌线。或者嵌线里可以包裹绳芯形成滚边。绳芯与嵌条的长度相同，绳芯是在嵌条定位于服装正面的时候，并且在小三角翻折缝纫固定前放在嵌线里的，在车缝固定小三角前，修剪多余的绳芯以减少厚度。绳芯能让嵌线形成饱满的效果。

制作嵌线时的斜布条应比袋口宽。缝好后修剪多余量。

拉链袋

图8.1C中的裤子的拉链袋同时具备功能性与装饰性。因为拉链的种类繁多，这种口袋对运动装很实用，也可以用在其他的衣服上。这类口袋适用13cm或18cm长的拉链。加长口袋样板的长度，使手能舒服地放进去，并且与衣服长度成比例。将样板分成三个部分：上侧袋布（见图8.13B）、下侧袋布（见图8.13A）、里布（见图8.13C），为了保暖可以用法兰绒或羊毛来制作。贴袋在被装到服装上车缝明线前，应完成袋身制作。

图 8.12A　准确标记口袋长度

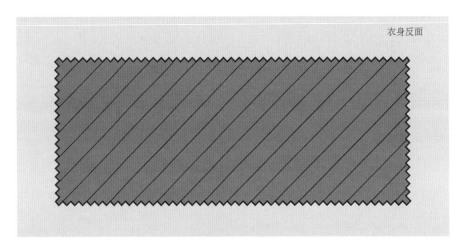

图8.12B　嵌线袋袋口部位贴衬

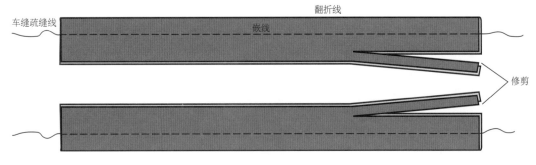

图8.12C　做嵌线

1. 拉链与下侧袋布正面相对后车缝一条线，将两者固定在一起，留1cm的缝份（见图8.13A）。这时拉链齿（正面）对面料正面，拉链尾必须被包含在缝线长度之内。将下侧袋布翻转正面朝外并熨烫，沿着折痕外沿，贴着拉链齿车缝止口线（见图8.13B）。

2. 将拉链与上侧袋布正面相对后车缝一道线，将两者固定在一起，留1cm的缝份。将上侧袋布翻转正面朝外并熨烫，沿着折痕外沿，贴着拉链齿车缝止口线（见图8.13B）。

3. 此时拉链齿位于口袋正面。将里布的正面与拉链口袋片正面相对摆放，小心地在口袋边缘车缝一周，留1cm的缝份。车缝的时候注意不可车缝到拉链体，否则机针可能会折断。为了减少布料堆叠，应修剪转角处的缝份。在口袋底保留一个大小足够将口袋翻转过来的小开口。将口袋翻转过来后，将开口部分的缝份塞入口袋内部，然后在给口袋车缝边线之前，这个开口就可以用手缝针收住（见图8.13C）。

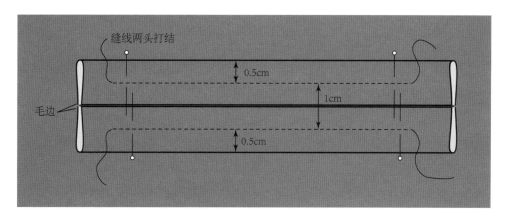

8.12D 准确摆放嵌线条

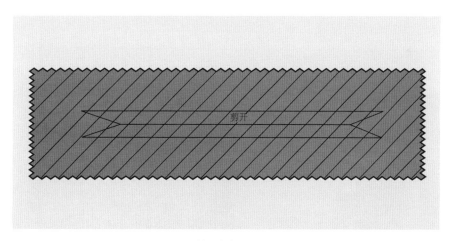

8.12E 剪开嵌线

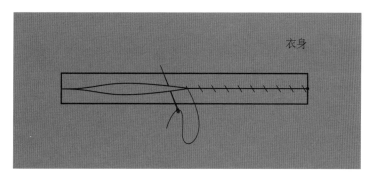

8.12F 手工针将嵌线条缝合

4. 将完成的口袋根据之前在衣服上做好的标记准确摆放在服装上。在口袋边车缝止口线，此时注意在口袋侧边或者顶边留下开口，其大小足够容纳手进入。开口两端都要车缝回针加固。然后在距离第一道缝线1cm距离的地方再车缝一条明线（见图8.13D）。

明拉链袋

明拉链在运动服与新颖服饰口袋中很常见。它们一般是以开孔镶嵌形式出现在服装上（见图8.14）。因为这些口袋上的开口是剪开的，所以整个口袋体都需要贴衬，以防布边脱线造成损坏。缝制明拉链袋时需要注意：

1. 在口袋背面画上的开口标记，要比拉链长0.5cm，宽1cm。

2. 在拉链开孔周围车一条1.5或2.0短针距的缝线。

3. 剪开口时向四个转角方向剪，但是不可剪到缝线。

4. 小心将剪开的布边缘翻到布的背面去，熨烫后用粗缝将翻折过去的边缘与口袋布缝合在（图19.14A与图19.14B使用同样的方法）。

5. 将拉链置于剪好的开孔下方，粗缝定位，或者用一次性假缝胶带固定拉链的位置。在开孔的边缘边缝，然后在距离第一道边缝1cm的部位做第二道车缝。

6. 在反面对口袋整烫缝份，根据定位点，将口袋与衣身对齐，车缝明线缝合。

袋盖

袋盖具有功能性，可用来遮盖口袋的顶部（见图8.1D）或侧部（见图8.1A）。袋盖也可作为装饰，内里并没有口袋。它们形状多样，可以用来呼应服装设计，或可以作为设计的亮点与细节。袋盖也可以遮盖住整个口袋或是插在挖袋的嵌条间。挖袋上的袋盖一般是从上侧的嵌条下伸出来的，是在两条嵌条缝好之后，口袋全部缝合好之前缝上的。袋盖与嵌条的区别是：袋盖是沿长度方向被固定在衣服上的，它是垂下的，并没有其他的缝线用以加固。而衣服上的嵌条可以朝向任意方向（不是垂下的）被固定在衣服上，它是用来提供开口的。四方形的袋盖是最被广泛应用的一种。缝制四方形袋盖时需要注意：

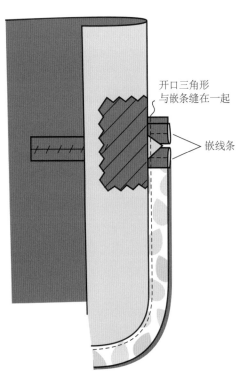

8.12G 对开口三角形加固与口袋缝合

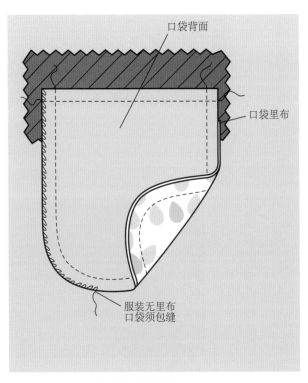

8.12H 缝合袋布

1. 袋盖与嵌线条布贴衬，将贴好衬的布正面相对并对折，留1.5cm的缝份，将布的两边车缝起来。为了减少面料重叠，裁剪边角。翻面并压按熨烫（见图8.3A）。这种袋盖或嵌条也可由两片布构成，其中袋盖底布可以用里布使口袋更轻薄。注意：要缝在袋盖或嵌条上的装饰线应在绱缝到衣身前完成。

2. 袋盖应根据衣身上的定位标记放置。摆放时，袋盖毛边是面朝里折起来的。毛边可以包缝处理。如果面料足够轻薄，也可以将毛边折到袋盖里面后车缝封口。

3. 沿着袋盖翻折线以下车缝一道，将袋盖的缝份与衣身缝合。

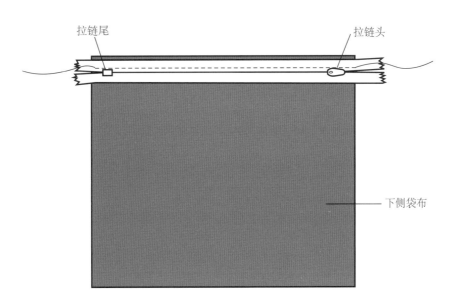

拉链尾　　　　　　　　　　　　　　　　　拉链头

下侧袋布

8.13A 拉链与下侧袋布缝合

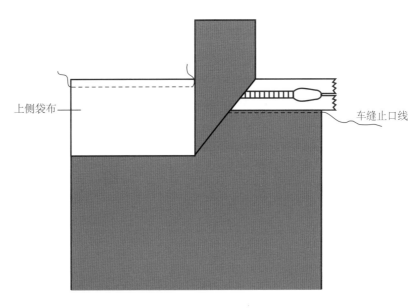

上侧袋布

车缝止口线

8.13B 拉链与上侧袋布缝合

4. 将袋盖折叠好，正面朝上熨烫。

5. 在距离折痕1cm的部位车缝一道明线，将折痕边缘烫平整，使袋盖牢牢地固定在衣身上。

要点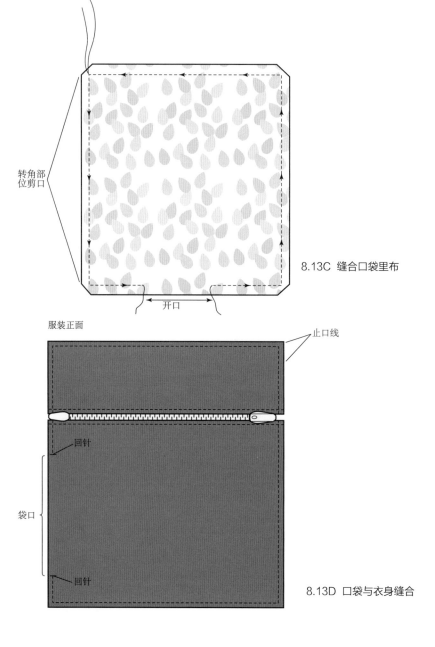

用镊子伸到嵌线条或袋盖的转角中（拉出）做出尖挺的尖角。

圆形袋盖（见图8.3B）是由两片布料构成的，其中表面面料与服装相同，底部面料使用服装面料或里布。其他各种创意造型的嵌线条

或袋盖的构成与其相同。制作圆形袋盖时应注意：

1. 要贴衬以防止脱散。

2. 车缝完弧形线后，从外缘朝弧线的方向打剪口，注意：不可剪到车缝线。将缝份修剪至1cm宽。整烫后将袋盖翻至正面。剪口可减少转角部分的接缝厚度。如果布料仍然堆叠严重，则可以考虑继续修剪缝份。

3. （反面都处理完后）将袋盖翻到正面整烫。注意：要缝在袋盖或嵌线上的装饰线应在将其缝到衣身上之前完成。

4. 按上面操作（方形袋盖中所述的）继续制作。

转角部位剪口

开口

8.13C 缝合口袋里布

服装正面

止口线

回针

袋口

回针

8.13D 口袋与衣身缝合

为满足消费者不同的喜好，尖角袋盖的尖角（或嵌线）位置可以居中，也可以偏离中心。袋盖由两部分构成：表面袋盖布，可用与服装本身面料或颜色形成强烈对比的面料；袋盖布里布应与面料及里布相配，其制作过程与本章前文列出的步骤相同。还应注意：

- 缝合到尖角位置时应缩短线迹，直接缝过尖角两针再转过角度继续缝纫。
- 这两针可以修剪，从而使尖角的布料不抽紧、看上去更平滑；也可用镊子适力捅戳尖角。

所有袋盖都可以车缝明线。车缝明线应在袋盖拼到口袋或服装上之前完成。注意：明线应缝在袋盖的表面（即外露的一面）；应仔细缝纫，与侧缝相平行。明线可以是一根或多根，可以是功能性的，也可以是装饰性的。车缝明线的功能性体现在它穿过袋盖的每一层布料，固定住袋盖；装饰性体现在它强调了侧缝和结构线。明线的颜色可以与面料相配，也可用撞色线。明线可以用特种纱线或双股线。明线应车缝得笔直准确，这需要扎实的工艺。这一细节能使袋盖甚至服装的其他部分显得上乘精致。

袋盖可以饰有嵌条（见第4章）。嵌条由斜料折叠而成，嵌条可以用不同的宽度，颜色可以与面料相适，也可以形成对比。嵌条可以包裹绳芯产生圆形造型。由于制作嵌条用的是斜料，所以有弹性且形状可变（见图4.20与4.21）。嵌条装饰可以强调边缘部位的凹曲线、凸曲线或荷叶边。缝纫时应保持嵌条宽度一致，以保持直线与弧线的造型。

嵌条可以预先制作，也可根据口袋设计定制。嵌嵌条的步骤如下：

要点

车缝明线前应先加以练习，尝试许多不同的纱线与线迹长度。

1. 将嵌条塞入缝份间，毛边与毛边对齐。
2. 用拉链压脚缝纫缝份，将嵌条固定在两块布料之间。
3. 缝份可宽可窄。最窄可至0.5cm，最宽可至1.5cm及以上。窄的缝份可减小接缝厚度，宽的缝份缝纫比较简单。
4. 按车缝、修剪、整烫三步完成。

打套结

打套结可在细小部位起加固绷紧的作用，可用于口袋上口以及服装的其他位置的加固。家用缝纫机带有锯齿状线迹或其他类似的特殊线迹。工业生产中有专用设备完成该项工艺。服装定制时，这种线迹为手工加固线迹，缝线宜用丝线或双股线。

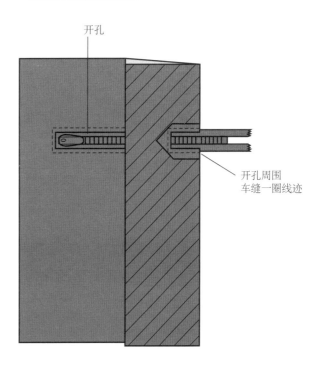

图 8.14 明拉链袋

口袋的扣合部件

　　口袋扣合部件的方法有两种：功能性扣合与装饰性扣合。功能性扣合部件有实际功能，就像钮扣与扣眼、拉链、扣袢、搭扣与扣环等。如图8.1D所示，穿透袋盖正反面的扣眼是功能性的。如果钮扣只缝制在袋盖表面（没有扣眼），那就没有实际功能。

　　装饰性扣合部件为服装（或袋盖）加入了新的设计元素，如未开扣眼的装饰性钮扣、直接缝制在口袋表面的纺锤形钮扣、拉不开的拉链以及沿口袋上缘的钮袢等（见下册第9章服装开口与扣合部件相关内容）。在这一方面，设计应优先考虑增加美感、与服装整体相呼应、与面料厚度及面料手感相适，再考虑设计的独特性。

棘手面料的缝制

条、格面料

　　使用条、格纹面料时，可以改变图案的方向，从而为服装增添新的设计元素。应考虑图案方向的改变对服装外观产生怎样的影响。如果使用斜料，应考虑布量是否足够。斜料条、格面料应加衬，将直丝缕方向的条纹改为横丝缕方向，可以增加面料的弹性。整个口袋可以加贴衬布，或在袋口处加牵带以防止拉伸。

纤薄面料

　　纤薄面料分为两大类：硬挺的梭织薄料（如欧根纱）与柔软悬垂的薄料（如雪纺）。在裁剪与缝纫薄料时，应进行特别处理（见图2.19）。为了更精准地裁剪和缝制，可以在面料下面加垫薄棉纸。

要点

　　用与面料相匹配的衬布对服装口袋扣合部位加固。

　　比如可以准备各种颜色的礼品包装纸作为薄棉纸，选择使用与面料颜色相似的即可。缝纫完面料后，包装纸很容易就能撕去；即使有碎屑卡在接缝中，包装纸的颜色也不会很明显。

　　需要强调的是，如果口袋是功能性的，那就不宜使用过于软薄的面料制作，例如乔其纱与细棉布。应该用硬挺的面料，如欧根纱，因为支撑效果更好。

　　如果口袋是装饰性的，比如雪纺的抽褶袋，则应加衬。

　　因此，选择合适的薄料才能使服装看上去做工精良、设计出众、结构完美。

蕾丝、珠片、丝绒与绸缎面料

　　这些需要小心处理的面料可以做插袋。蕾丝与丝绒面料易变形，应加衬布以减少面料的蓬松变形，并保证口袋的光滑平整。如果是用珠饰面料，制作暗缝袋时，应将袋布表面的珠片全部拆除后再缝纫。对丝绒面料，如果是用包边处理口袋的缝份，则易引起面料不平服，所以应使用平接的方法制作。

牛仔布

　　牛仔布车缝明线后适合用来做各种风格的口袋，制作口袋时，可以在面料上多尝试几种口袋风格再行决定。

皮革

　　皮革也可制作各种口袋，如嵌线袋。轻质皮料易拉伸，应作定型处理，如贴衬。皮革可尝试各种不同的衬布，找出适合皮革的材料（见第3章）。为防止皮革口袋拉伸开裂，应在口袋边缘用牵带固定。用皮革胶水将贴袋加固在皮衣表面，使其不易移位。

融会贯通

这一章介绍了各种不同类型的口袋，制作口袋时正确标记、裁剪与缝纫的重要性，如何设计与制作兼具装饰性与功能性的口袋（与袋盖），以及它们在设计中的应用。口袋是种重要的设计元素，因此制作口袋要由易到难、由浅入深，经过各种不同尝试后才能精进设计。

例如，对于粗花呢服装，皮质的嵌线袋是不错的搭配。即使从未用过皮革料，依然可遵循正确标记、裁剪、缝纫等工序来制作口袋。

根据掌握的知识与技术学进行操作，可以由以下工序开始：

- 放平服装前片。
- 准确标记嵌线位置。
- 皮革嵌条轧直线。

然后照着嵌线袋的内容，可以在皮革或其他各种面料上做嵌线袋，增进缝纫技术。贴袋与有袋盖口袋的制作原理也是相同的。

根据以下几条，标记、裁剪与缝纫的工序也可加以拓展：

- 选择面料设计的一处细节，如花朵或几何图案来做口袋。
- 在袋盖上沿面料的布纹，车缝色彩鲜亮的明线。
- 用缝纫机的锁扣眼针迹在连衣裙的袋盖口袋上缝制装饰嵌条。

- 将单层袋做成圆形的抽褶口袋，上口用斜料束紧。

创新拓展

以基本的贴袋、袋盖口袋或侧袋作为蓝本，尽情创意，创造出不相同的口袋（见图8.15）。

还有以下创意可供参考：

- 将不同尺寸、形状、颜色与质地的袋盖分层堆放，但应优先考虑面料厚度。
- 将袋盖裁剪成不对称的形状。
- 用大相径庭的里布创造新奇的口袋。
- 制作形状规则的口袋，比如三角形或弧线形。
- 改变嵌线袋的布纹方向，使口袋的外观与众不同。制作方法步骤不变。用机器自带的花式线迹给口袋袋盖缀以明线。
- 用比口袋大0.5cm的衬里给口袋做假滚边，将它翻卷到口袋外，用明线将口袋缝制在服装上。
- 在口袋周围加上褶边。褶边可用没拷边的斜料制作，或做双层褶边。
- 尝试改变口袋的方向，做不对称设计。
- 用轻薄的单层面料制作有松垮垂坠感的口袋，不处理布边。
- 在牛仔袋上车缝双明线时，可设计独一无二的线迹。

疑难问题

嵌条布剪口太大，超出标记线？

　　在改动线迹不多的情况下，可以先尝试调整线迹，使线迹远离剪口。不过，嵌条是不会裁成同一大小的，所以必须在嵌条上增加线迹，使它匹配相应尺寸。这个方法比较困难，但值得一试。只要未将嵌条多余的长度剪去，这一方法是有可行性的。否则就只能再剪一片较长的嵌条布，重做一次。

贴袋的线迹总是缝不规整？

　　准确的贴袋位置很重要。使用各种标记工具能有很大帮助，比如水（气）消笔、复写纸搭配滚轮与假缝线迹。在实际生产中，在口袋位置顶端向下0.5cm处与侧边向里0.5cm处有对位用的小钻孔。如果口袋准确放置，就能覆盖这些小孔。在手工操作时，对于容易滑动或不规则的口袋，可先以手工针粗缝或用胶带固定，在缝纫时暂时将口袋固定在相应位置。

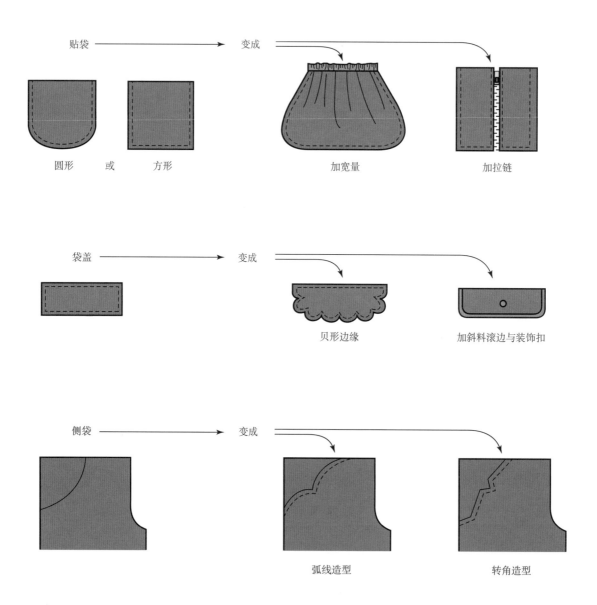

图 8.15 基本口袋（与袋盖）的造型变化

自我评价

√ 剪裁口袋布时，丝缕线方向正确吗？

√ 口袋放置对称吗？（除非设计是不对称的）

√ 口袋的侧缝是否光滑？布料有没有不必要的折叠与褶皱？

√ 装饰元素（钮扣、毛边、嵌条、闭合等）的缝纫痕迹隐形了吗？

√ 嵌条的宽度是否准确无误？在口袋打开的情况下呢？

√ 嵌条的转折角处是否平服？

√ 袋盖与口袋是否平整伏贴，没有褶皱？

复习列表

　　连袋盖与不连袋盖的贴袋有什么相同之处？有不懂之处，可向老师提出并寻求帮助。

√ 贴袋与袋盖可以用本身料、对比面料、里布料做里布层。

√ 袋盖都应定型处理。

√ 它们都可做成许多独特的形状。

√ 它们的扣合都可以是功能性的。

√ 它们的口袋与袋盖都可以是装饰性的。

√ 根据尺寸大小的不同，它们可以是功能性的，也可以是装饰性的。

　　观察完成好的口袋，考虑以下问题：

√ 这个口袋是功能性的吗？它有实际的作用吗？

√ 这个口袋与服装的设计相配吗？

√ 这个口袋能加强设计吗？对得起它的制作时间与成本吗？

√ 这个口袋的细节之处能激起顾客的购买欲吗？

　　只要反复练习、足够耐心、步骤正确，结合精良的缝纫技术，这样制作的口袋应该是服装最亮眼的设计元素。

第9章

褶裥与塔克：制作服装结构与面料肌理

图示符号

 面料正面

 衬布反面（有黏合衬）

 面料反面

 底衬正面

 衬布正面

 里布正面

 衬布反面（无黏合衬）

 里布反面

 缝制顺序

褶裥与塔克是用缝纫与折叠的方法，创造各种面料肌理或者服装形态的工艺。褶裥与塔克在体现时尚感的同时兼具有功能性。褶裥与塔克可用来装饰袖子、女衬衫、连衣裙与短裙。褶裥与塔克可以通过整烫产生清晰的褶子，也可形成柔软的折痕。褶裥与塔克的宽度取决于面料厚度与设计目标。

塔克可以缝制成开花省、细塔克或衬绳芯塔克。薄料的服装使用十字塔克可以增加表面纹理，而贝形塔克可以为高级面料创造精美的边缘。

褶裥有很多种变化，剑形褶是最常见的形式。在服装的前中或后中片，剑形褶可以倒向相同的方向，或倒向两个相反方向。其他类型的褶裥包括：顺褶（被按压后也称为剑形褶）、箱形褶与单褶裥。当箱形褶方向相反时，成为反箱形褶。多道褶是狭窄的、上下宽度相同的剑形褶。放射式褶裥从腰部到下摆宽度逐渐变宽，最常用于晚礼服。掌握了褶裥与塔克的应用原理后，设计师便可以得心应手地改变服装的宽度与长度。

关键术语

多道褶裥

暗塔克

箱形褶

衬绳芯塔克

十字塔克

开花省

单褶裥

剑形褶

缲缝塔克

细塔克

贝形塔克

放射式褶裥

泡泡褶

特征款式

如图9.1所示，本章将介绍褶裥与塔克的式样。看一看每种款式的变化。本章将具体介绍这些缝制技术。

工具收集与准备

缝制褶裥与塔克需要的工具包括面料记号笔、服装用描图纸与滚轮、珠针、手缝针、配色与撞色线与烫布、卷尺与直尺。

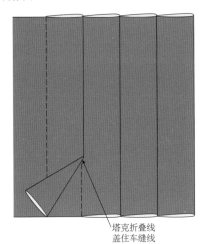

塔克折叠线
盖住车缝线

图9.1A 暗塔克

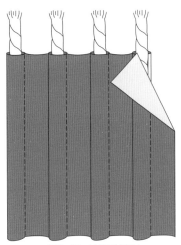

图9.1B 衬绳芯塔克

图9.1C 一端开口的塔克省

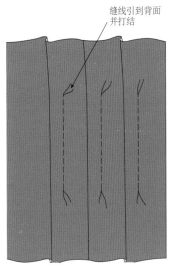

缝线引到背面并打结

图9.1D 两端开口的塔克省

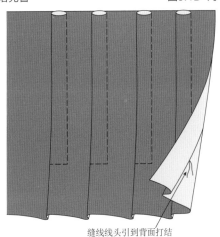

缝线线头引到背面打结

图9.1E 一端封口的省道式塔克

图9.1 特征款式

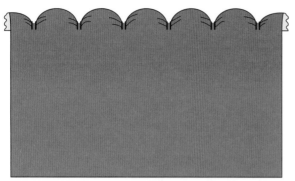

图9.1F 贝形塔克

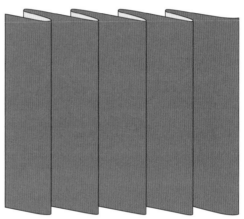

图9.1G 十字塔克

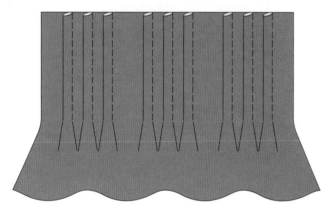

图9.1H 细塔克

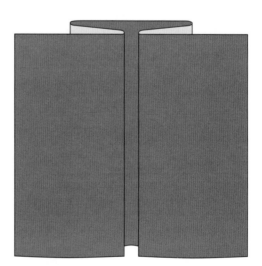

图9.1I 同向剑形裥

图9.1J 双向剑形裥

图9.1K 箱形裥

图9.1L 反箱形裥

现在开始

　　准备好工具后可以开始缝制褶裥与塔克了。

塔克

塔克是什么？

　　塔克是折叠面料并缝制以增加表面纹理，或是在服装上缝制部分面料后形成膨胀的工艺。塔克结构应在打板阶段设计好。通过在样板上增加额外的宽度形成塔克（见图9.2A）。塔克可以是功能性的，用于塑造服装的形状，也可以是装饰性的。塔克通常是纵向或横向折叠形成的纹理。如用斜料缝制塔克，则面料容易拉伸变形。每个塔克是由两侧面料搭在一起缝合后形成的。塔克的宽度取决于折叠线位置到车缝线之间的距离。塔克相遇或略有重叠时被称为暗塔克（见图9.1A）；间隔塔克是根据事先设计好的间隔距离制作的塔克；细塔克是非常狭窄的塔克（如图9.1H所示），大约0.5cm宽，或者设计师依据面料的厚度来确定宽度。

　　薄型与中型面料适合做塔克，但应考虑服装款式与面料花型。服装增加塔克后需要更多的用料。

- 为计算所需要的额外面料量，首先应确定塔克的宽度与数量。
- 宽度的2倍乘以褶的数量。
- 服装样板的宽度必须加上这个总量（见图9.2A）。
- 例如：10个褶乘0.5cm等于5cm，2倍是10个褶乘1cm等于10cm，附加量应在剪裁与缝制褶前加入。

要点

　　服装裁剪前，可以先缝好面料上的塔克。在面料上缝好塔克，将样板放置在缝完塔克的部位后剪下样片（见图9.4）。

制作塔克

　　1. 确定每个塔克的宽度与塔克间距。

　　2. 在塔克的起始端标记缝纫线，并用对位点标出每个塔克的结束位置（见图9.2A）。

　　3. 做装饰性塔克时，在面料正面用可消记号笔标出缝纫线位置。同时，为确保缝纫整齐，在面料反面标出塔克的形状。

　　4. 对于精美细腻的面料，应用手工针粗缝。

　　缝制塔克：

　　1. 折叠面料，将左右两侧缝纫线位置对齐产生塔克。褶的另一边是折叠线（见图9.2B）。

　　2. 按图9.3所示顺序缝制褶。

　　3. 从褶的中心开始往下车缝。

　　4. 完成两侧的褶之后，往上车缝。

　　5. 移到已经完成的褶两侧，往下缝纫直到完成。

　　6. 转变车缝方向，保持塔克笔直的，并且防止起皱。

　　7. 每个塔克车缝完成后，烫平塔克，熨烫时应加垫布。

要点

　　整烫开花省时应格外小心，只熨烫开花省部位，避开开花省末端未作折叠的面料。

塔克省

　　塔克省是没有完全缝合到省尖的省；它的缝纫长度短于省，余留出部分打开形成膨胀（见图9.4A）。塔克省可以缝在服装里面（见图9.4A与图9.4B）或缝在服装表面，起到装饰作用（见图9.4C）。一排塔克省可以缝成一排水平的直线（见图9.4C）或按某个角度排列（见图9.4B）。一个胸省或腰省可以分为几个小的、指向所覆盖曲面并膨胀的塔克省。

暗塔克

暗塔克的塔克紧密放置在一起，相互接触、之间没有空间（见图9.1A）。一个塔克的折叠线贴着一个塔克的缝线。塔克可以朝向同一方向，或经整烫后倒向前中或后中缝，或是倒向侧缝（见图9.5）。

细塔克

在薄型或中厚面料中，细塔克（见图9.1H）是种非常漂亮的细节，经常与传统的缝纫工艺结合。细塔克可以用机器车缝或手工缝制（见图9.6A），置于袖山、衣身前片与后片、腰部、袖子、口袋、领子，或是省道位置。总之，细塔克可以缝制在任何设计想要添加肌理效果的部位。细塔克可以通过改变末端开放的程度来调节膨胀效果与丰满度。

每个塔克通过不同的间隔形成各种不同的设计。可以隔开创造一种设计。细塔克的折痕可以产生工艺美感（见图9.6A）。家用缝纫机的细塔克压脚是种褶裥车缝工具。在家用缝纫机上，用双针调好面线张力，也可以做出漂亮的细塔克（见图9.6B）。手工制作理想细塔克的关键是要平稳缝制。细塔克的宽度变化可以创造更多不同的外观效果，同时还可以对膨胀效果加以控制。

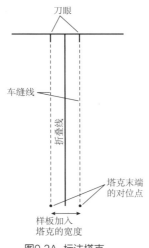

图9.2A 标注塔克

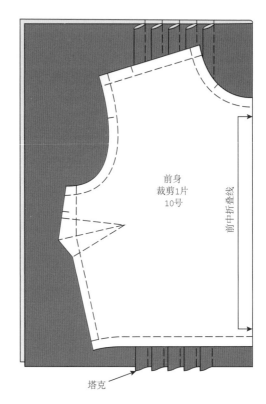

图9.2C 缝制塔克

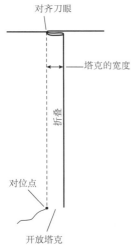

图9.2B 先在面料上缝塔克再裁剪衣片

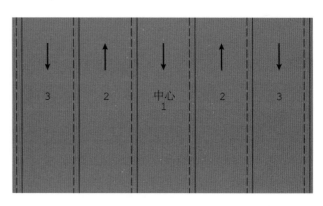

图9.3 塔克缝制顺序

要点 ✂

　　计划制作细塔克时，记住：一个4cm的省相当于8个0.5cm的细塔克；一个2cm的省相当于4个0.5cm的细塔克。

　　在家用缝纫机上制作细塔克时应使用细塔克压脚，配合正确的缝纫线与面线张力。细塔克压脚有很多细槽可以一边车缝一边拉进面料，以此制作细塔克。线的粗细会影响塔克的宽度，不同颜色的缝线会影响塔克的外观。

如何用细塔克替代省

　　在服装的腰线部位可以用细塔克代替省道，并有效地控制好服装的膨胀程度。根据以下步骤用细塔克代替紧身腰省：

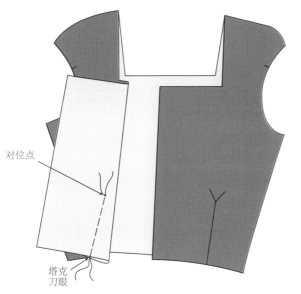

图9.4A 塔克省

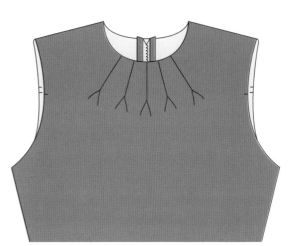

图9.4B 在面料反面制作塔克省

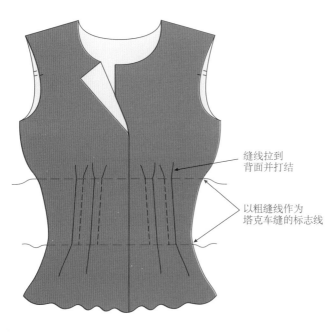

图9.4C 以直线车缝的开花省

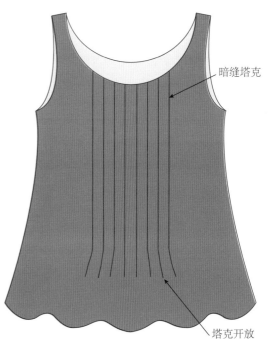

图9.5 暗缝塔克

1. 将省合并折叠，并且测量上衣腰部宽度（见图9.7A）。

2. 打开省，并剪一块与省道打开量大小相当的服装面料样片（见图9.7B）。

3. 标记省的中心线（见图9.7B）。

4. 确定塔克的宽度。不可将整个省都用珠针固定，以免影响廓型。固定一半长度可以创造更柔和的造型（见图9.7C）。

5. 在褶中心线的任意一边开始平行车缝细塔克，直到样品的宽度与合并省上衣的宽度相同（见图9.7C）。

6. 计算代替省需要的细塔克数量。细塔克越大需要的行数越少，细塔克越小需要的行越多。

衬绳芯塔克

衬绳芯塔克（见图9.1B）使用厚实面料，制作时在塔克的折叠线里面放置绳芯，对齐缝纫线，用拉链压脚沿着缝线车缝。衬绳芯塔克看起来很饱满，其饱满程度取决于绳芯的尺寸与塔克的深度。

衬绳芯塔克增加了服装的厚实度，面料选择不当会导致衣服变的过于坚硬。绳芯过粗会使塔克不好看。记住：虽然可以这么做，但最好不要。缝制衬绳芯塔克：

1. 选择合适于塔克宽度的绳芯。

2. 折叠塔克，对齐缝线（见图9.2）。

3. 将绳芯放置在折痕里，手工粗缝面料两侧将绳芯包入（见图9.8A）。

4. 用拉链压脚沿着粗缝线车缝，将绳芯包裹在内（见图9.8B）。

5. 车缝时避免缝到绳芯。

6. 拆除粗缝线。

7. 如果要车缝到服装其他部分，修剪服装缝线的尾端。

十字塔克

十字塔克（见图9.1G）是由横向与纵向排列的塔克组成的装饰塔克。这些塔克在透明面料上会很漂亮，通过选择线的颜色用于塔克的缝制中可以进一步增强效果，创造出类似格子的设计。

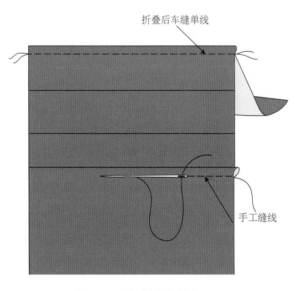

图9.6A 手缝或车缝细塔克

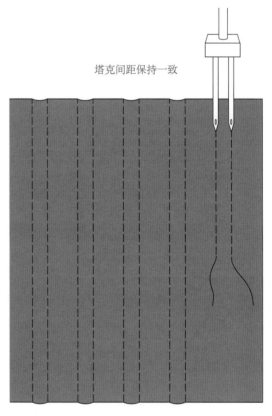

图9.6B 双针车缝细塔克

仔细对齐之前车缝好的水平塔克形成垂直塔克。确定好间隔空隙后，缝制速度将会快很多。考虑先将面料作塔克处理，然后再将样板放在车缝好的面料上，如图9.2C所示方法裁剪。制作十字塔克的步骤：

1. 做标记，粗缝，缝制，按同一个方向整烫所有垂直的塔克（见图9.9）。

2. 做标记、粗缝、缝制、整烫所有水平方向的塔克，并确认垂直的塔克倒向正确的方向（见图9.9）。

3. 整烫并确保所有的塔克倒向正确的方向。

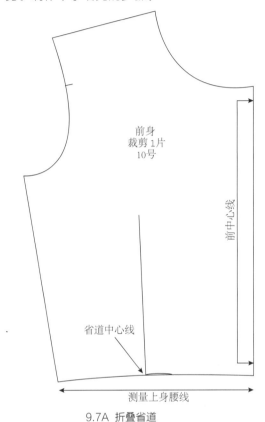

9.7A 折叠省道

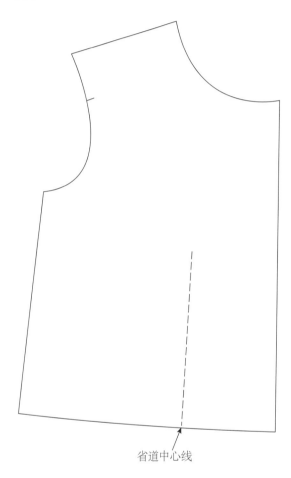

9.7B 测量并准备制作细塔克

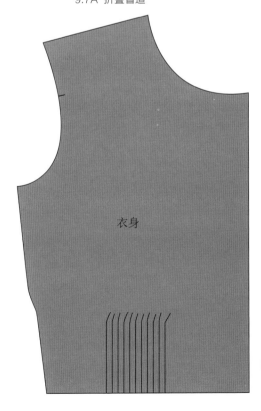

9.7C 细塔克代替省道

贝形塔克

　　贝形塔克是用手缝或车缝方法制作的装饰性塔克（见图9.1F）。贝形塔克可以很窄或很宽，这取决于设计所需的形态与面料。在柔软面料上制作贝形塔克很容易出效果，而用中厚面料制作时，会有很好的纹理感。缝制贝形塔克：

　　1. 用面料标记笔标记塔克的缝制线。

　　2. 不需要烫平，贝形需要有丰满、聚集的形态。

　　3. 粗缝窄的塔克，并用细小的手工平针或机器车缝，针距应调到2.0。

　　4. 按设计间隔，跨越面料折叠缝制出贝壳效果。

　　5. 若塔克是车缝的，手工针线缝制时不要超出塔克车缝线。

　　6. 如果将贝形塔克加入接缝可以产生有趣的设计效果。

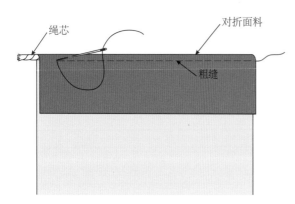

图9.8A　粗缝包绳芯的塔克

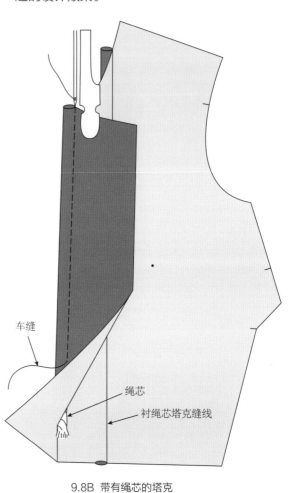

9.8B　带有绳芯的塔克

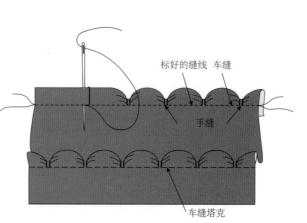

图9.9 十字塔克

图 9.10 贝形塔克

缲缝塔克

　　缲缝塔克是种窄的、装饰性较强的塔克,呈现弧形线状。缲缝塔克的测量与手工缝制必须准确。对于服装而言,它是种非常精巧的细节,对于缝线的控制需要有耐心,以及创造细小弧形塔克的强烈渴望。完成多塔克时应合理地分配时间,所以使用这项技术时应仔细考虑。弧形线可以出现在服装上的不同部位,这需要由设计师来决定在哪个位置能产生最佳效果。

　　手工缲缝塔克:

　　1. 开始时在服装上标记每个弧形塔克的两条线;用记号笔或者手工粗缝——事先应在面料上制作试样(见图9.11A)。

　　2. 同时用小圆点标记每道缝缉线之间的距离。

　　3. 双线打结,开始沿着标好的缝线,用针将缝线从服装的反面穿到正面(见图9.11A)。

　　4. 从线停止的地方算起,每个褶大概0.5cm长,同时在缝缉线反面用小圆点做标记(见图9.11A)。

　　5. 沿着标记线继续缝制,同时拉紧手指间的窄塔克,手工缝制使得塔克的弧形形态很好。

　　6. 保持线呈紧绷状态,塔克应从面料平面上竖立起来。

　　7. 熨烫每个塔克的侧面,使塔克竖直创造质感。

　　8. 色彩对比明显的缝线将会强调塔克这个细节。

　　车缝缲缝塔克:

　　1. 将机器设置成非常窄的锯齿型线迹,针距为1.0长,1.3宽。先在面料上制作试样,确定缝制是否适合面料、效果是否理想。

　　2. 沿着标记的弧线折叠面料,用之前描述的方法做标记;仔细熨烫。

　　3. 仔细地缝纫;锯齿形线迹可能会超出折叠的边缘(见图9.11B)。

　　4. 这种方法产生了一种较平坦的、浅薄的弧线塔克。

　　塔克能增加设计的视觉效果。缝制塔克时准确地测量是非常重要的,缝制时应保持直线。制作时应注重这些细节,使制作更完美。

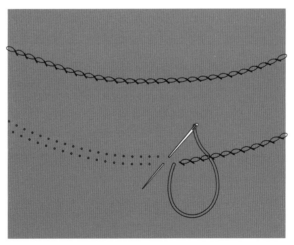

图 9.11A 手工缲缝塔克

锯齿形线迹　　折叠塔克　　用面料记号笔画出塔克弧线

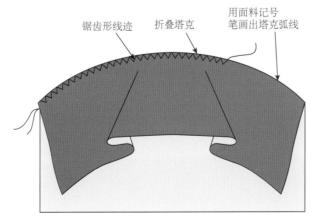

图9.11B 车缝缲缝塔克

褶裥

褶裥是什么？

褶裥通过面料折叠来减少或增加服装的空间。缝制完成后，褶裥可以保持未被压缩的状态，在服装上形成柔软的折叠。或者可以沿着褶裥长度方向稍作熨烫，形成较锋利的边缘。用不同的名字可以区分褶裥的用途与形态，但褶裥分为基本的两类：顺褶（熨烫后也称为剑形褶）与箱形褶。当箱形褶方向相反时，称为反箱形褶。当其嵌入裙子较低边缘时，称为倒褶裥。褶裥可以横跨整个面料，或在局部位置聚集，通常折叠到足够的深度。辐射褶裥，其底部较宽上部较窄，让面料形成完美的圆形。多道褶裥用同样的方法制作，形成面料竖直的纹理。这类褶裥经常用在雪纺绸类礼服上。要将这些褶裥做均匀很难，最好将面料送到专业的褶裥公司处理。

生产中，制造商提供臀部及腰部尺寸，以及不同规格褶裥成品服装的长度，将面料送到专业的褶裥公司比在企业内部完成的效率更高。

褶裥由三部分构成（见图9.12）：

- 褶裥宽度等于裥折叠外缘与内缘间的距离。
- 褶裥底衬等于两倍的褶裥宽度。
- 褶裥间距是两个褶裥之间的宽度。

最常用的褶裥是剑形褶。首先从剑形褶开始理解如何在面料上对褶裥做标记。

在面料上标出剑形褶：

1. 剑形褶开始的地方为缝份（见图9.13）。
2. 用刀眼标记褶裥底衬（见图9.13）。
3. 标记褶裥间距。
4. 标记褶裥宽度与底衬，折叠面料形成褶裥（见图9.13与图9.14）。
5. 根据臀部尺寸重复标记，直至最后一个褶裥宽度与缝份。
6. 手缝固定每个褶裥。
7. 接缝隐藏在褶裥的折叠处。

要点

当短裙或连衣裙需要从育克线以下部位膨胀时，可以压烫一块竖直的面料形成平行的褶裥，使其与服装底部的尺寸匹配。褶裥也可以嵌入服装其他部位，如袖子。在竖直褶裥中，面料的底部与顶部设置为相同的尺寸。可以采用箱形褶、顺褶或者反箱形褶。

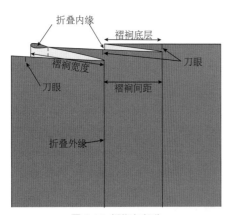

图9.12 褶裥各部分

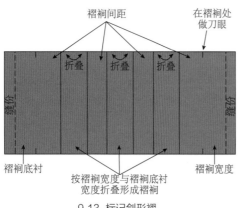

9.13 标记剑形褶

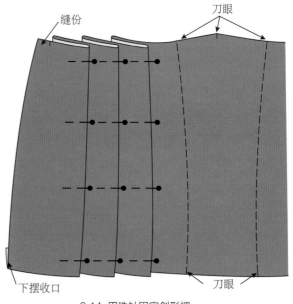

9.14 用珠针固定剑形褶

根据腰围线调整褶裥

制作褶裥时需适合臀部尺寸。为了使褶裥服装合身，应根据腰部尺寸调整褶裥（见图9.14）。

1. 估算腰部与臀部尺寸的差值。

2. 将腰臀差分成褶裥数量的两倍（每个褶裥有两边）。计算结果代表每个褶裥所需折叠的量。

3. 如图9.14所示，从褶裥的每一边测量这个量。

4. 如图9.16所示，在腰部每个标记点下面12~18cm的位置调整弧线，形成新的缝缉线。

5. 腰部下的褶裥可以车缝不同长度。

6. 上边缘用刀眼标记褶裥并用珠针别合（见图9.14）。

缝制剑形褶

1. 嵌入侧拉链（见图9.16）。

2. 制作接缝（平铺进行，不要缝制成圆形）。

3. 修剪缝份减少厚度，并标记衣服的下摆（见图9.15A）。

4. 相应地标记折叠线与位置线，并用珠针钉住。

5. 沿着折叠处手工粗缝褶裥，拆除珠针（见图9.15C）。

6. 按照褶裥应该朝向的方向轻轻地熨烫。

7. 上边缘用固定线车缝褶裥（见图9.15E）。

8. 拼接缝份（缝制成圆形）。

9. 手工缝下摆并熨烫（见图9.15B）。

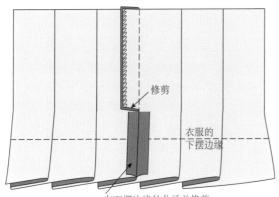

9.15A 缝制褶裥

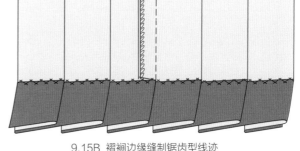

9.15B 褶裥边缘缝制锯齿型线迹

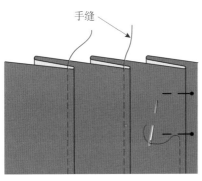

9.15C 手工粗缝褶裥

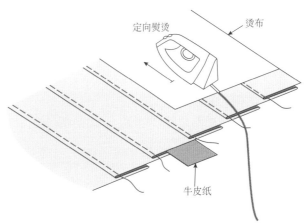

9.15D 熨烫褶裥

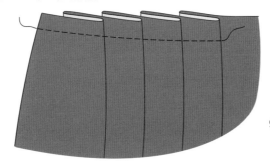

9.15E 固定线车缝褶裥

熨烫褶裥

- 反面向上，用牛皮纸条或薄纱垫放在每个褶裥的下面，防止褶裥正面出现印痕（见图9.15D）。
- 用烫布熨烫褶裥。
- 对于合成面料，可用1：9的醋水混合液来处理褶裥。
- 用混合液湿润的烫布处理褶裥，提高褶裥的稳定性，事先应用面料试样。
- 翻到正面，用蒸汽与烫布处理褶裥。
- 应在褶裥变干并冷却后拿走熨斗。

顺褶/剑形褶

　　常见的褶裥形式为顺褶，由一个折叠线形成。当折叠并放置好后，所有的顺褶将朝向同一个方向（见图9.1I）。紧密熨烫的狭窄顺褶被称为剑形褶，可用同样的方法制作。最完美的褶裥由折叠的帆布与硬纸板排列，像关闭的百叶窗。可以创造不同规格的剑形褶与工字褶，宽度最大可以达到68cm宽。非对称的褶裥可以用同样的方法制作。有些狭窄的褶裥可能需要专业方法制作。缝制一个顺褶：

- 如果在顺褶下面有接缝，不要分烫接缝，可以向一边烫倒（见图9.15A）。
- 顺褶可以设置成各种规格，在全褶裥裙子的顶部有较深的褶裥来适合臀部与腰部线条。
- 从腰线到臀线之间，可以在每个褶裥的折叠处车缝1cm明线（见图9.16）。

两个方向的剑形褶

　　剑形褶由两个部分构成，一边的朝向与另一边相反（见图9.17）。

箱形褶

　　箱形褶每个褶裥前面的两条折叠外缘相互远离（见图9.18）。背面的折叠内缘两两相对，或者可能在中心处相遇，不过这并不重要。箱形褶可以设计成一组或大片。

图 9.16　熨烫好的褶裥车缝明线

图 9.17　两个方向的剑形褶

阴褶裥

　　阴褶裥是由箱型裥反面形成的（见图9.19A）。褶边两侧在服装正面相邻，褶可以沿着折痕缝起来（见图9.19B）。阴褶裥可应用于服装许多部位，如在裙子的前缝与后缝，作为一个或两个褶设置在衬衫育克下面，在公主线接缝，在多片裙上用来增加服装的宽度，在运动服中用来提供手臂运动的松量，在大衣与上衣的后中心线上用以方便坐下。阴褶裥也可以设置在服装的前中心或后中心来设计孕妇装。

单褶裥

　　单褶裥是为了行走与运动方便，在膝部加入宽松量的功能性设计。单褶裥可以保持臀围光滑、无褶。有些裙子的单褶裥在前中或后中部位，有的则在前身与后身，也有的裙子单褶裥在侧缝。没有缝合的单褶裥就形成开衩（见下册图7.30A）。

单褶裥制作

单褶裥制作增加了下摆宽度。

　　1. 车缝褶裥（见图9.20A）。

　　2. 此时应缝入拉链并车缝侧缝。

　　3. 珠针固定褶裥，使其能沿着缝线（见图9.20B）。

　　4. 在褶裥的上方横向车缝固定（见图9.20B）。

　　5. 将缝线拉到裙子的反面打结。

　　6. 在临近下摆的褶裥缝份打剪口，让褶缝可以自由移动（见图9.20C）。

　　7. 将褶缝烫开，让它平贴在下摆内侧（见图9.20C）。

加垫布单褶裥（有底衬）

　　从反面看，加垫布单褶裥像是阴褶裥。裁剪单独的垫布片制作褶裥背面，制作步骤如下：

　　1. 裁剪褶裥、垫布以及带叠门的开衩裙子裁片（见图9.21A与图9.21B）。

　　2. 仔细描出所有的标记与对位点。

　　3. 向下车缝裙片缝份，包括叠门部分直至对位点（见图9.21A）。

　　4. 固定并粗缝垫布到贴边缝份，然后车缝固定；从垫布的对位点开始车缝，直到底部（见图9.21B）。

　　5. 阴褶裥两侧在垫布中心重合；在裙子正面横向车缝褶裥上方（见图9.21C）。

　　6. 将缝线拉至衣服反面打结。

　　7. 完成下摆成为单褶裥（见图9.20C）。

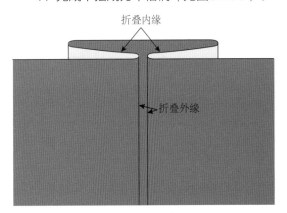

图 9.19A 阴褶裥

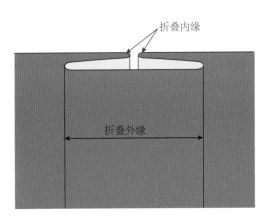

图9.18 箱形裥

图 9.19B 阴褶裥车缝止口线

一片式底衬

一片式底衬是单褶裥在制作样板阶段就设计好的一个整体贴边。整个贴边延伸量取决于开衩宽度，而它可以作为单褶裥（见图9.22A）或双褶裥（见图9.22B）。褶裥宽度与折叠位置会直接影响褶裥外观。

棘手面料的缝制
条纹、格子、印花与循环图案

用均匀的条格制作褶裥时，以条格为参照（垂直对称或水平对称）。

用不均匀的条纹格子制作褶裥时，在前中或背中接缝线处对条对格，使条格图案可以形成连续循环。

利用条纹间隔（可均匀或不均匀、垂直或水平方向）确定一个褶裥或塔克的宽度。

对条对格时，由于面料利用率下降，因此需要购买额外的面料。

对条对格时应手工粗缝，以防止缝合时滑动。

车缝塔克时，缝线颜色应与条格面料的主要颜色相配。

如果条格图案无法对齐，就不要再浪费时间缝制了。

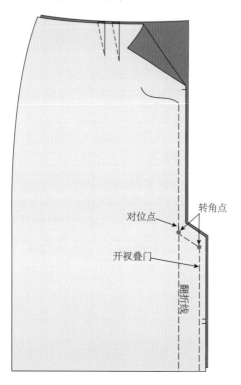

图 9.20A 车缝开衩

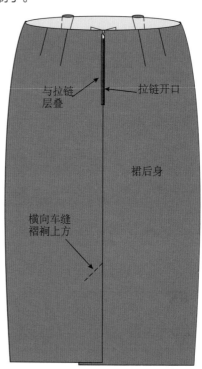

图 9.20B 开衩与裙身固定

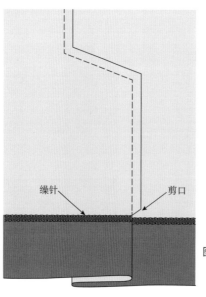

图 9.20C 开衩下摆

纤薄面料

悬垂性面料适用于柔性褶裥。

挺括面料适用于细塔克。

晚装适用于专业风琴褶。

纤薄面料可用底衬来支撑抽褶。

不宜用纯棉面料制作抽褶，因为纯棉无法保持剑形褶或箱形褶的形状。

蕾丝

轻薄蕾丝可在边缘部位车缝保持褶裥形状。

用蒸汽与适当的温度对涤纶蕾丝熨烫褶裥，涤纶含量越高，褶的形态保持越好。

设计褶裥时应考虑蕾丝花型的匹配。

不宜用大量点缀珠片的花边，褶裥不能保持形状。

不宜给蕾丝打褶，除非是非常轻薄的蕾丝。

绸缎

使用专业的褶裥服务处理褶裥，例如用大量的绸缎面料制做长礼服时。

压褶时应用大量蒸汽与适当的温度。

褶裥下垫放薄棉纸或牛皮纸条，避免面料上出现印迹。

中厚型绸缎更易保持褶的形状。

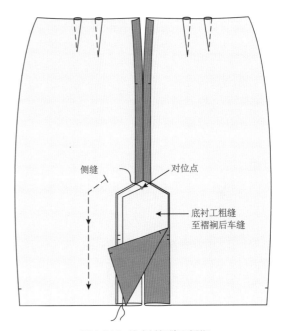

图 9.21B 将底衬粗缝至褶裥

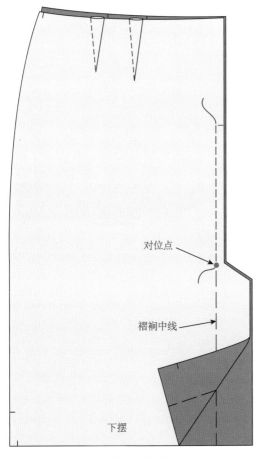

图 9.21A 带叠门单褶裥

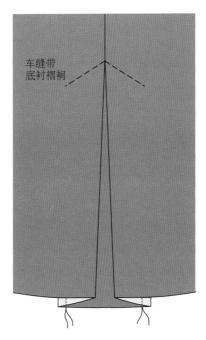

图 9.21C 车缝带底衬褶裥

珠片面料

珠片面料不宜制作褶裥, 因为珠片面料不适合折叠或压褶。

牛仔布

牛仔布打褶前应先做两次预缩。

必须顺丝缕方向处理褶裥, 否则无法烫平也不能保持平整。

用粗号的机针可以穿透多层紧密编织的面料。

修剪褶裥缝份, 减小接缝厚度。

在固定部位做明线褶。

褶不必熨烫过死。

不要在厚重的牛仔布上做褶裥或塔克。

丝绒

丝绒宜制作柔软的, 未压烫过的褶裥。

用丝绒制作褶裥时不宜熨烫, 因为这会损伤绒面。

人造毛

人造毛不宜制作褶裥!

厚重面料

在厚重面料上做褶应用大量的蒸汽、木板加强力。

修剪褶的缝份以减小厚度。

裁剪比臀围线长约2.5cm的里布遮盖所有毛边。

在褶下面垫牛皮纸可避免布料上留下印迹(见图9.15D)。

褶应与布料厚度相匹配: 小型剑形褶在厚重大衣面料上效果不明显。

厚重布料不宜制作褶裥——不起作用的!

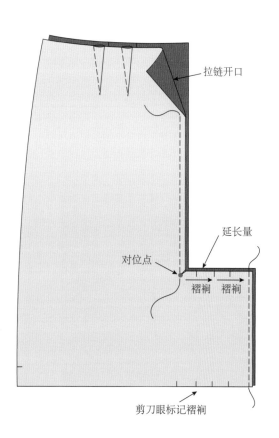

图 9.22A 底部未加衬布的阴褶裥

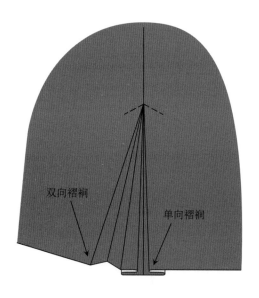

图 9.22B 底部未加衬布的单向阴褶裥

融会贯通

掌握了塔克与褶裥的基本形态，可通过以下这些应用拓展所学的知识：

袖山上做褶裥或塔克。

在裙子的前片与后片省位上车缝塔克。

在口袋上做一个塔克。

缝合一个1cm的塔克，修剪后插入服装表面与服装的边缘。

在带子上做一个塔克，修剪后插入服装表面与边缘。

在裙子的公主线上做剑形褶。

在直身裙的底边或袖口做部分褶。

裙子之类的服装，可以选择不同类型的褶裥。

创新拓展

应用这章所学的技巧创作非传统的设计。

- 塔克与褶裥可以用在服装的各个部位，所以考虑在外面做箱形褶。
- 针织服装的表面可以做满塔克（见图9.23A）。
- 整个裙子与袖子的1/3位置可以重复做塔克（见图9.23B）。
- 将整块塔克插入裙子（见图9.23C）。
- 在裙子上插入褶裥，封闭顶部与底部，裙子下面添加薄纱保持形状（见图9.23D）。
- 裙子上制作箱形褶，在腰围处收紧并缝合（见图9.23E）。

疑难问题

如果褶裥抽歪了怎么办呢？

准确地标记与缝纫是做好抽褶的关键技术。如果服装尚未缝合，可用拆线器拆开做歪的褶裥检查标记。如果大部分塔克都是歪的，整件服装可能要重做。

用塔克代替省道后，不喜欢服装的塔克式样

如果服装已缝合，就拆掉塔克部位的缝线。熨平并且小心地标记省道位置，然后缝合省道与缝份。

衣身的褶裥量不足

褶裥宽度是在结构设计阶段决定的。在褶裥熨烫前应制作试样，确定褶裥需用多少面料，以免制作过程中出现褶裥量不足。如果按之前章节介绍的缝、剪、烫三步完成缝制，将很难拆除褶裥，或从面料上去除褶裥。某种程度上，只能采用重新组合褶裥的方法调整褶裥宽度。否则无法调整褶裥量。

自我评价

看一看制作完成的服装，问一下自己，"我会穿这件衣服，或买这件衣服吗？"如果答案是否定的，则需要问自己，为什么不呢？

如果不穿自己做的衣服，可能是因为不喜欢它的设计、剪裁或面料。通常缝合质量差是不愿穿着或购买服装的主要原因。因此必须评估整个缝制过程。

问一下自己以下关于塔克与褶裥的问题：

√ 塔克车缝是否均匀？

√ 如果使用双针，针迹均衡吗？

√ 如果用塔克代替省道，服装是否合体？

√ 包裹绳芯的面料厚度是否合适？

√ 车缝缝线直吗？

√ 褶裥自然吗？

√ 手缝间距均匀是否平整？

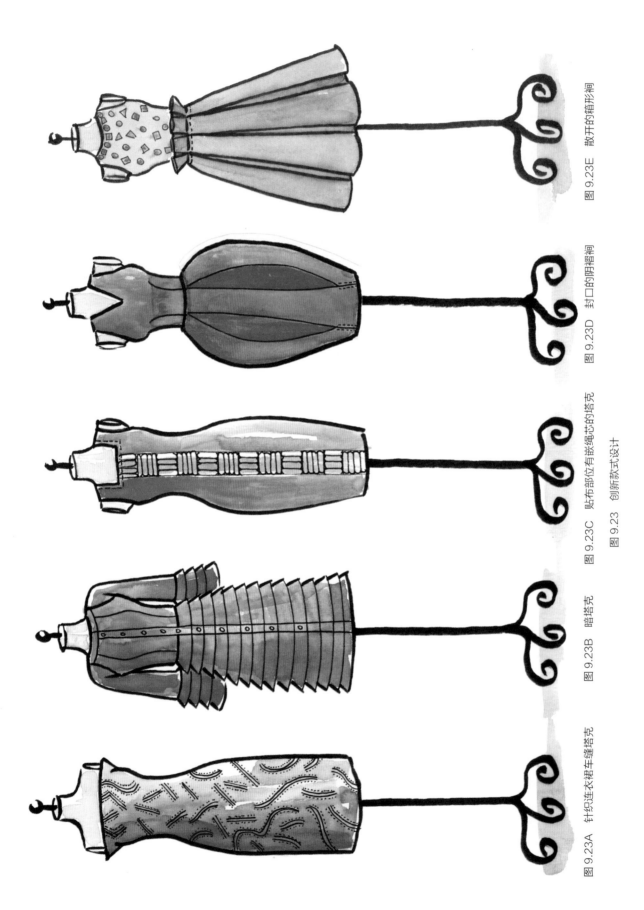

图9.23A　针织连衣裙车缝塔克　　图9.23B　暗塔克　　图9.23C　贴布部位有嵌芯绳芯的塔克　　图9.23D　封口的阴褶裥洞　　图9.23E　散开的箱形洞

图9.23　创新款式设计

√ 缝线是否符合曲线？

√ 褶裥宽度够吗？

√ 褶裥放缝了吗？熨烫得好吗？

√ 褶裥烫的方向对吗？

√ 褶裥在臀围线处松散吗？

√ 褶裥平整吗？

√ 如果要缝合，缝合的长度对吗？

√ 车线的明线直吗？

√ 明线的颜色与面料匹配或对比效果好吗？

复习列表

应不断地提高缝纫技术，并结合制作试样的方法。以下所列内容有助于缝制水平的提高。

√ 是否理解塔克与褶裥的区别？

√ 是否理解怎样在塔克与褶裥上准确做标记？

√ 是否理解在设计塔克与褶裥时布纹线的重要性？

√ 是否掌握了用双针来制作塔克？

√ 是否掌握褶裥的三个部分？

√ 是否掌握在加褶裥或塔克时，如何确定所用的面料？

√ 是否掌握怎样设置褶裥或者塔克？

√ 是否掌握箱型褶与暗褶的区别？

√ 是否掌握如何在结构设计的时候为运动褶裥加余量？

√ 是否明白褶裥的底衬？

√ 是否理解在制作之前修剪褶的边缘的重要性？

塔克与褶裥是重要的设计因素。设计师需要扎实的服装结构知识，掌握测量、缝纫与熨烫技能。切记：设计、制板与工艺是紧密相连的。

第10章

拉链：
服装的关键功能部件

拉链是所有服装构造中非常重要的功能部件。服装有各种不同的拉链绱缝方法。服装尚未缝制成型时绱缝拉链的难度较低。有些设计采用隐形拉链，看起来像条缝合的缝；另一些拉链的拉链齿牙较大。强烈对比的金属链齿可形成服装的设计特色。

服饰的功能与款式两者必须相互协调。如何在服装上合理设置拉链应加以思考。强烈的对比效果是种很好的设计，但是还应思考这样的设计是否适合服装。虽然在技术上成功缝制的拉链，但很有可能由于部位设置不当而破坏整件服装的设计。功能与款式应该实现有机的结合。

学习完这章节关于拉链安装的方法后，在前襟上安装拉链将会成为一种习惯。这种技巧会使得设计专业的学生更容易设计出他们想要的款式。这章同样会介绍不同面料、以及不同设计中拉链的应用。

关键术语

通用拉链

拉链止头

中分式拉链

中芯线

拉链齿牙外露

隐形拉链

隐形拉链压脚

暗拉链

拉链拉头

开尾拉链

码带

码带尾端

上止

拉链线圈

拉链压脚

拉链齿牙

特征款式

图10.1中几款拉链基本款型分别为通用拉链、隐形拉链和开尾拉链。

工具收集与整理

以下工具会让拉链制作变得更便捷：手缝线、手工针、蜂蜡、暂时性双面缝纫黏带、珠针、熨布、面料标记笔、剪刀、拉链压脚与隐形拉链压脚。

拉链压脚

拉链压脚可用来缝制通用拉链与分尾拉链。有的家用缝纫机压脚可调节，有的压脚是固定的，而有的可以通过调节针的位置来调节。工业用缝纫机的压脚是固定的，会在左边或者右边开一个口。有种专用拉链压脚可用来车缝隐形拉链，可以在配件商店里买到多种适合家用缝纫机的压脚。

拉链采购

由于拉链的颜色及型号不够多，许多面料店无法买齐服装的配件。因此在将拉链确定为设计元素后，应好好选择拉链。选择合适的拉链与选择正确面料同样重要。可以在网上调研，找到正确的拉链后应尽快下订单购买。

要点

注意！车缝拉链前必须检查拉链是否好用。

现在开始

回答下列问题能够有助于决定使用哪种款式的拉链：

* 要缝哪种服装？
* 这件服装的用途？
* 服装是水洗的，还是只能干洗？
* 使用面料的类型？
* 拉链重量与面料厚度是否相配？
* 面料是透明的吗？
* 拉链在服装上起到什么功能？
* 拉链是否经得起使用？
* 这件服装的拉链绱缝难不难？
* 拉链会给这个设计加分还是减分？
* 拉链的设计符合潮流吗？

拉链是什么？

如图10.2所示，通用拉链是由附在拉链码带上的齿牙或线圈咬合而构成。齿牙可以是金属的或者塑料的，线圈可以是尼龙或涤纶的。数字3、4、5、8、10是表示线圈或者齿牙的重量，数字越小表示拉链越轻越细。金属齿牙很牢固，但有些不灵活，适用于高强度设计，如：牛仔裤拉链、男裤与钱包的拉链。轻巧灵活的尼龙或涤纶通用拉链或隐形拉链使用非常普遍。

拉头是拉链的扣合部件，兼具装饰性与功能性。上止与下止可以防止拉头从拉链上掉下来。靠近拉链卷边或者齿牙的拉链码带的面料通常是涤纶的，码带可防止拉链出现起皱。分尾拉链末端有个插管与强化止动方块（见图10.2B）。

有些拉链的长度较特殊。如果需要一根很长的拉链，可使用长卷拉链。长卷拉链缠绕成一卷，可以根据不同需要提供各种长度。应先缝上加固套环后，再根据所需长度剪下拉链，以防脱开。也可购买拉链零件（卷边或齿牙，拉链拉头既有装饰性又有实用性）然后组合构成所需长度的拉链。拉链有各种颜色，金属拉链可以搭配金属、人造钻石、水晶，还有彩色塑料齿牙。维修拉链时，所需的替换部分可以从网上购买。

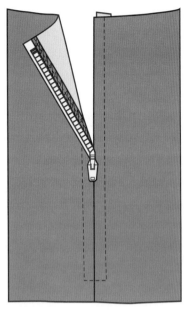

图10.1A 通用拉链：中分式拉链

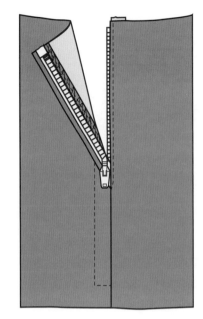

图10.1B 通用拉链：暗拉链

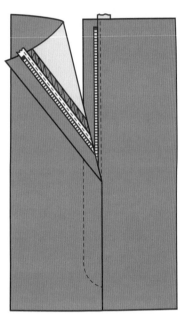

图10.1C 通用拉链：带里襟式拉链

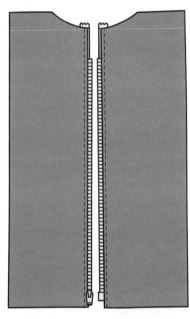

图10.1D 开尾拉链

拉链尺寸

　　拉链有许多尺寸，从5cm到92m不等。在生产中，拉链可以选择不同的尺寸，拉链颜色应与服装颜色相配，这就是为什么许多拉链不提供零售的原因。定做拉链可用于家庭装饰、装潢、露营设备与体育装备。常规用于服装的拉链规格：裙子与裤子的拉链长度为18~23cm，礼服约为50~60cm，上衣为45~60cm。外套使用拉链长度应根据服装成品长度决定。任何尺寸的拉链都可以根据服装开口部位大小加以调整。准确测量是确定拉链规格的关键因素。

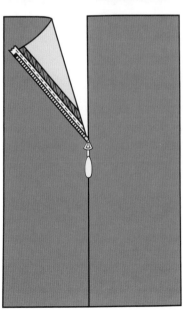

图10.1E 隐形拉链

1. 使用卷尺，将拉链放平，如果拉链是刚从包装里拿出来有褶皱的，应先熨烫一下。

2. 确定拉锁的顶部，然后测量至下止，这样测量出来的长度就是拉链长度（见图10.3）。

3. 拉链码带的顶部与底部应单独测量，这部分不可计入服装拉链长度。

剪短拉链

如果拉链过长，可以剪短拉链。

- 大多数拉链都可以从顶部或底部缩短，分尾拉链则必须从顶部缩短。

- 从底部缩短拉链，标出新的长度打套结，在齿牙或线圈上形成一个新下止。在该针迹位置下1.5cm处开始车缝，然后按常规方式装拉链。

- 从顶部缩短拉链，测量并标记新的长度。打开拉链，使拉链拉头下滑，至少超过标记以下2.5cm。在左右齿牙或线圈拉链位置打套结，做成新上止（见图10.18）。

- 拉链可从顶部缩短，将腰身或服装贴边作为上止。将多余长度的拉链插入顶部。打开拉链，靠近腰身或服装贴边，车缝在牙齿或卷边上；修剪拉链多余的码带，将修剪过的开口端缝入服装腰身或服装贴边。对于牛仔裤所用的金属拉链可用专用工具，如尖嘴钳拆除金属齿牙。拆除齿牙并修剪码带后，放在服装绱缝拉链的部位（见图10.23A与图10.23B）。

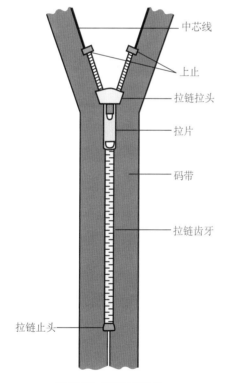

中芯线

上止

拉链拉头

拉片

码带

拉链齿牙

拉链止头

图10.2A 通用拉链结构

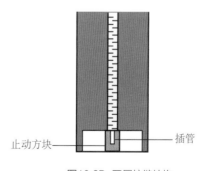

止动方块 —— 插管

图10.2B 开尾拉链结构

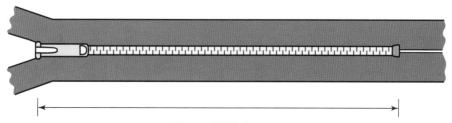

图10.3 拉链长度

拉链类型

拉链有三种式样：通用拉链、隐形拉链与分尾拉链。

通用拉链

通用拉链也叫传统拉链，通用拉链是从底部开始闭合的。拉链也可以两头闭合，通常用于连衣裙腋下部位。用在口袋部位时既可以发挥功能，也可作为装饰设计。通用拉链常用于裙子、裤子或领子开口部位。

线圈与齿牙通常是涤纶的、尼龙的、或者金属的，拉链重量各不相同。有些特殊拉链可用水晶做齿牙，其周围的布料必须能支撑拉链重量，包括表面的贴片与布料本身的重量。

拉链的长度与色彩是另一重要因素。长度是不是合适，是否方便穿脱？拉链长度与应用是否符合服装风格？如果需要较长的拉链，其接入部位是否适合？拉链颜色是否与服装符合？如果不是，是否应该盖住拉链？在绱缝拉链前，必须确定以上这些因素，这样服装的缝制才能达到专业品质。

要点

拉链应与布料厚度相配，选择满足设计意图的拉链是十分重要的。

通用拉链的应用

通用拉链常用的类型就是中分式（见图10.1A）、暗拉链（见图10.1B）、加里襟（见图10.1C）、假门襟明拉链（见图10.1D 开尾明拉链）。通用拉链置于覆盖拉链的缝份下，或是拉链齿牙呈暴露状态。

缝制拉链时必须制作试样，尤其面对复杂的面料时：如有循环图案，或需要定型处理。使用新工艺制作服装前，应事先制作试样。

如果拉链是棉质码带，用蒸汽熨压可以去除任何因包装产生的褶皱，或消除码带的收缩。没有什么比服装上皱巴巴的拉链更糟了。然后就可以开始制作中分式拉链。

要点

中分式拉链、暗拉链或隐形拉链的缝份宽度均为2cm，开始制作拉链前，应对缝份作定型处理。

中分式拉链绱缝

中分式链常用于中档服装，也可用于连衣裙、裤子或裙子的背中线部位。它同样可以装在袖子边缘与袖子内部，或家居装饰设计上。拉链缝制应精致细腻，缝份宽度应测量准确，粗缝应平整，车缝必须平直。所有拉链可用手工粗缝的方法定位。对于一些特殊面料，手缝拉链是唯一可在车缝前定位拉链的好方法。也可在缝拉链时用双面黏合带固定拉链，以此消除用珠针固定拉链，尤其是很长的拉链，产生的褶皱（见图10.4）。这是快速定位拉链的方法，而且大多数双面黏合带可水洗或干洗。所以用双面黏合带前，应对面料样品进行测试，确保它不会透出面料正面或留下痕迹，这点十分重要。生产过程中，有经验的技工不会使用任何粗缝。对于流水线生产而言，这种方法并不常用。

服装过面制作完成后，拉链的上止应放在腰线与领围线以下1.5cm的位置。如果服装有腰身可将拉链缝在缝线下面。

1. 用粗缝将服装上部边缘至拉链刀眼处缝合。然后用常规针距车缝刀眼至下摆之间部分，起针与收针应回针。再分烫缝份。

2. 撕下固定胶带的纸，将双面黏合带贴在拉链布带上，然后将拉链齿面朝下贴到服装缝份上，确保拉链对齐接缝中心（见图10.4）。

3. 在服装正面用面料记号笔画出缝线，或离中心1cm处手工粗缝。拆掉粗缝线后，面料边缘的宽度应足够覆盖住拉链齿，如果用非常厚重的面料，那么重叠的部位应加宽至1.2cm，形成足够的空间覆盖住拉链。

4. 使用拉链压脚，从拉链的顶端开始缝制。选用与面料及拉链重量相适的针距，避免车缝时面料起皱。车缝至拉链底部。在下端转角后，继续车缝回拉链上端（见图10.5）。

要点

如果服装面料上有重复循环的花型、条格等不太好处理的图案，拉链两边的车缝方向应一致。

要点

拆拉链时，应每隔8~10cm剪断线。否则可能会扯坏拉链，一旦扯坏就只能将拉链拆下来，改变门襟位置，或重新裁剪面料。

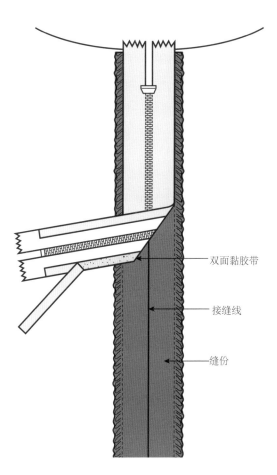

双面黏胶带

接缝线

缝份

图 10.4 中分式拉链

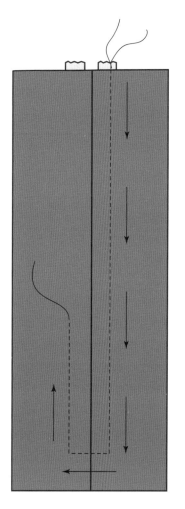

图10.5 车缝中分式拉链

5. 用烫布熨烫。

6. 拆拉链应使用拆线刀（见图2.27），每间隔8~10cm剪断缝线一次，并小心拉出粗缝线。

中分嵌入式拉链做法

这类拉链做法常见于运动服，如风雪大衣、滑雪衫、船服、大衣与夹克的防风外套、皮衣、麂皮衣，或者合成纤维服装。拉链两端与缝份处很像双嵌线。拉链车缝线迹距离中心1~1.5cm，并与其平行。

腰后中收口做法

在处理裤装与连衣裙的腰线收口时，设计者可用多种方法，比如制作腰身，腰身有多种不同的类型，或做贴边。腰身宽度可以任意取，通常会加衬里，车缝至服装腰部的缝份，可有几种不同的扣合类型。贴边应根据形状裁剪，拉链上端开口有一个搭钩与扣眼。拉链拉起后，服装开口可以合在一起。详细内容可见下册第1章与第4章的介绍。

暗拉链

暗拉链缝合在服装两侧。服装左侧覆盖在拉链上，拉链颜色可能与服装颜色并不相配。暗拉链的位置在裙子、连衣裙或者裤装后中线位置，从左向右折叠。当它用于服装侧缝时称作袋口拉链，拉链开口方向是从前面向后面的。缝暗拉链：

1. 保持拉链打开。

2. 用黏合带贴在拉链右侧码带的正面。右侧缝份宽度为0.5cm，将拉链齿朝下。撕去黏合带上的纸，用手指将拉链按压在缝份上。

3. 将拉链翻过来，面朝上，将缝份折叠。将0.5cm的折叠边缘贴近拉链齿，但是不可盖过它。沿着边缘折叠，将所有层车缝在一起。

4. 服装翻到正面，将未装拉链一侧的布料尽量捋顺。在拉链上贴黏合带，然后用手指按压贴在缝份上的位置。

5. 在服装正面从底部开始车缝，线迹跨过拉链后转角，继续车缝到服装顶端（见图10.7）。然后小心地回针，将缝线拉到面料反面后打结。

6. 整烫。

7. 继续制作腰身或者贴边。

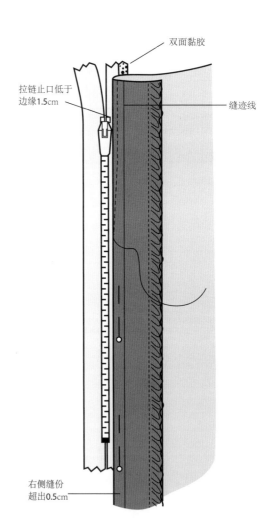

双面黏胶

拉链止口低于边缘1.5cm

缝迹线

右侧缝份超出0.5cm

图10.6 暗拉链：车缝右侧

侧缝暗拉链制作方法

服装侧缝绱缝好通用拉链后，可使两端闭合，这经常用于服装收腰。若将开口位置设置在领圈部位，会使得整个设计变得逊色（见图2.11）。拉链通常是从腋下延伸至腰线下18cm处，隐形拉链也可以这样制作。

按以下步骤缝制暗拉链：

1. 装侧缝开口拉链需要在拉链顶部及底部粗缝，为了将其固定在合适位置，拉链的上下两端都必须缝合。

2. 从侧缝左边顶部缝到拉链底部，将面料转角后缝制拉链底部，再在侧缝另一侧旋转面料，从底部缝制到拉链头，一直车缝到起针位置（见图10.8）。

绱缝前襟拉链

要点 ✂

长拉链可以剪短。大部分拉链在两端都可剪短，但是开尾式拉链只可剪短拉链顶部。详见本章中拉链修剪相关内容（见图10.24A与图10.24B）。

对于学生而言，拉链绱缝是最具挑战性的技术——制作前襟拉链要求准确地标记与熟练的缝制技术。裤装或裙装常用通用拉链。金属拉链如自带锁扣则能防止拉链被轻易扯开，这种拉链一般用于牛仔裤与男式长裤。塑料拉链常用于夹克、外套、雨衣以及滑雪衫。

前襟拉链绱缝有两种方法。第一种是将服装门襟贴边裁剪成一片式，也叫"假门襟"（见图10.9A），第二种有一片单独的拉链贴边。女裤拉链，就商务装而言是右搭左，而牛仔或日常装则为左搭右，这关键取决于设计。

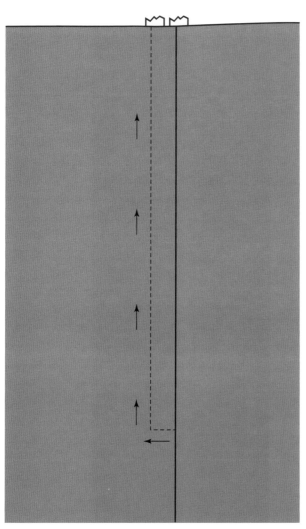

图 10.7 暗拉链：车缝在左侧

图10.8 侧缝腋下开衩拉链

一片式前襟

薄料在门襟贴边部位可加衬布定型。缝制女裤假门襟。

1. 剪去左门襟延长部分，留1.5cm缝份，包缝裤裆及门襟部位（见图10.9B）。用单边拉链压脚进行缝制。

2. 将裤子正面朝上，将拉链固定在前片左侧、腰线向下1.5cm部位。将前中线向前移动1cm，尽量靠着拉链边缝合，缝份大约为0.25cm。压住右侧前中折边线，对准腰线上的刀眼缝合裤裆（见图10.9C）。

3. 将前中心刀眼对齐，并用珠针别住，裤裆前襟缝合好之前不可移动珠针（见图10.9D）。

4. 将裤子从里往外翻，将拉链码带压在右前襟上，并确保平服。将拉链与贴边缝合，并尽可能靠近拉链齿牙，不要剪去拉链长出来的部分（见图10.9E）。

5. 将裤子翻到正面，在右前襟上用手工粗缝标记前襟缝合线，从腰线一直缝到裤裆底部，最后回针加固。这时才可拆除前中的珠针（见图10.9F）。

制板提示

裤裆前襟贴边宽度应能盖住缝合线，这需要在制板时多加注意。记住：应加1.5cm的缝份量。

带单独里襟的前襟拉链

缝合单独里襟的前襟拉链：

1. 里襟的一半加衬（见图10.10A）。

2. 将里襟正面相对折叠起来，沿着较短一侧布边弧线车缝1cm缝份量（见图10.10B），将里襟正面翻出熨烫，毛边粗缝并包缝（见图10.10C）。里襟的腰线部分不包缝。

3. 将裤子正面朝上，将里襟置于右侧拉链之下并与腰线对齐，在合适部位用珠针固定，尽可能贴近之前的缝线车缝，直到拉链底部，如有需要可剪去拉链多余部分（见图10.11）。

4. 翻出裤子反面，将裤裆前襟与里襟底部缝合到一起，车缝1.5cm的固定线迹（见图10.12）。

明拉链

服装没有接缝线时，明拉链就可用于嵌线式开口，可以在反面用衬布加以定型与加固。明拉链可嵌入领口或针织面料中，也可用于服装口袋上或其他部位，这取决于设计，如高领毛衣、摇粒绒运动服、夹克的手机袋等，这种拉链兼具实用性及装饰性。金属或塑料拉链会成为整件服装的设计焦点，如用水晶、莱茵石做的拉链，或是那种五颜六色的金属拉链齿设计，都可为整件服装增添设计感。如今各种拉链已成为设计素材。

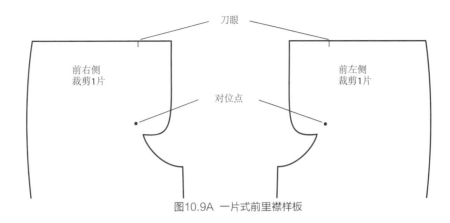

图10.9A 一片式前里襟样板

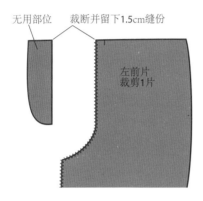

图10.9B 裁断左前片的贴边部位

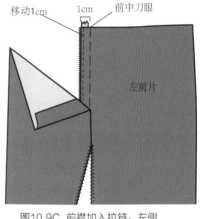

图10.9C 前襟加入拉链：左侧

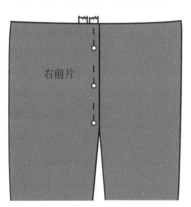

图10.9D 珠针固定前中

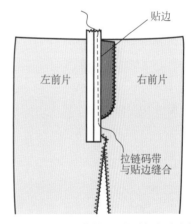

图10.9E 前襟拉链：拉链与右侧贴边缝合

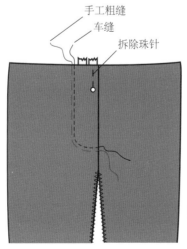

图10.9F 粗缝并明线车缝门襟右侧

准备好缝合拉链的部分，最重要的是选择正确的定型料。详见第3章相关内容。

1. 服装剪开的开口部位可缝上贴边加固。贴边应比拉链长5cm、宽7.5cm（见图10.13A）。面料正面相对，标出贴边的中心线并粗缝。开口大小应足以露出拉链齿，大约1~1.2cm宽（见图10.13A），开口宽度取决于拉链露出的多少。

2. 缝合贴边，离中心线0.5cm车缝至贴边底部，转角后继续车缝，跨过底部再转角并缝至顶部。沿所标出的中心线剪开，在底部剪出三角（见图10.13B）。

3. 将贴边翻到服装反面熨烫，正面不可外露贴边，底角不毛边。

4. 将拉链置于开口下面，沿着拉链齿将拉链手工粗缝到服装上（见图10.14）。

5. 将服装掀起露出拉链底部，用拉链压脚将贴边的三角部位与拉链缝合（见图10.15）。

6. 将服装翻到反面露出缝线，将拉链从下到上车缝到服装上，另一侧也用同样的方法操作（见图10.16）。

7. 拆掉粗缝线，并将拉链整烫平整。

8. 最后应强调的是：在不影响设计美观的前提下，嵌线开口应再加缝一道明线。

制作明拉链时，服装表面可以不车缝明线。比如：在领口或是高领部位安装轻巧柔软的尼龙拉链时，加缝明线会使得其过于硬挺。很重要的一点是，贴边应与面料相配，并且尺寸应与拉链缝合部位相配。贴边要至少比拉链宽7.5cm、长5cm，这样才能缝好服装明拉链。

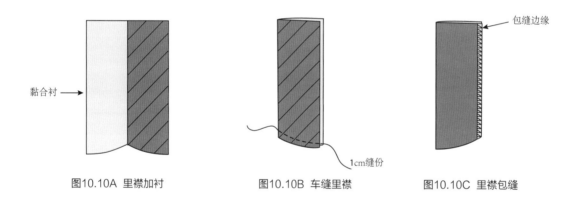

图10.10A 里襟加衬　　　　　图10.10B 车缝里襟　　　　　图10.10C 里襟包缝

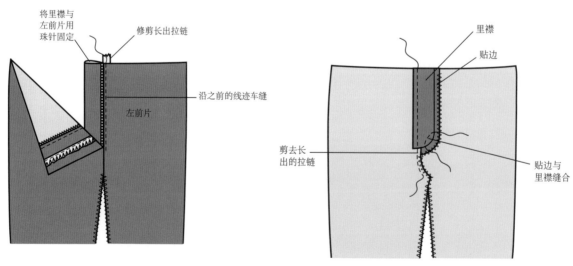

图10.11 车缝里襟：修剪长出的拉链　　　　　图10.12 贴边与里襟缝合

1. 准备好贴边、缝合线、中心开口。服装正面相对，沿着标记线以小针距车缝，然后在开口部位的底部剪出三角。

2. 将拉链翻到背面，将贴边向反面稍稍卷起，这样服装正面看不到贴边。

3. 在服装正面沿拉链齿将拉链用手工粗缝固定。

4. 将贴边的底部与拉链缝合。

5. 将服装翻到另一边，露出拉链条，将拉链与贴边缝合。

6. 另一侧重复上述操作（见图10.16）。

当需要将拉链装在平服部位，如口袋时，应按以下步骤制作：

1. 用合适的衬布对缝合部位的面料作定型处理。

2. 根据拉链露出的尺寸大小标好适合的车缝线。以短针距沿标记线缝合。

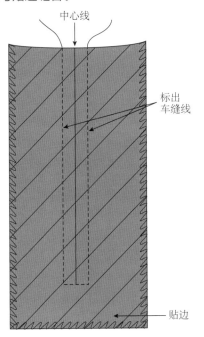

图 10.13A 准备贴边

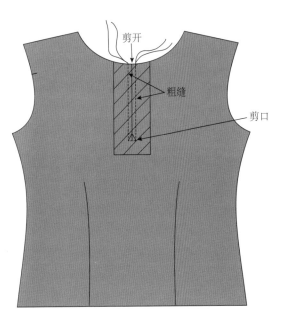

图 10.13B 明拉链：贴边粗缝至服装

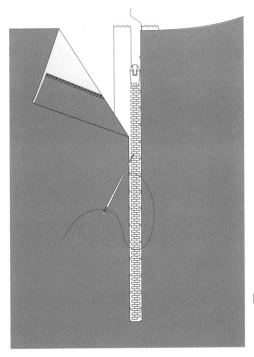

图 10.14 明拉链：拉链与开口粗缝缝合

3. 剪开开口，并在底角剪刀口。

4. 开口翻到的背面后烫平。

5. 小心缝合开口线（见图10.17A）。

6. 将拉链放好，确保开口大小包括了拉链头的长度，离之前缝好的开口线0.5cm宽处缝合固定拉链（见图10.17B）。

要点

明拉链的绷缝应线迹笔直，事先应用服装面料做试样练习，确保缝合技术能够达到明拉链缝制要求，否则将适得其反。

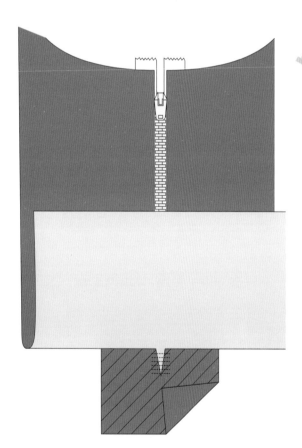

图 10.15 明拉链：将贴边三角部位与拉链缝合

隐形拉链

隐形拉链的适用性最强，几乎适用于各种服装及面料。隐形拉链可以是开尾式拉链或是细牙拉链，适合用于精细面料以及睡衣产品。这种拉链本身是看不到的，表面像条接缝，唯一能看到的是拉链头，当然拉链头的颜色应与服装面料颜色相匹配。如果颜色不一致，可用指甲油或颜料染色。

不像其他拉链，隐形拉链可车缝在平面构造上，这让学生可自由设计装拉链的位置，贴边也可在拉链缝好后固定。如果服装有特殊构造，隐形拉链可装在开口线下5cm处的分割线内。以下是隐形拉链的制作步骤：

1. 买一条比接缝长至少1~1.5cm的隐形拉链，确保拉链能以合适的长度拉开。（装拉链时，若长度不够，压脚会压到拉链头而无法完全缝合拉链）。长出的部分可以在拉链装好后剪去（见图10.18）。

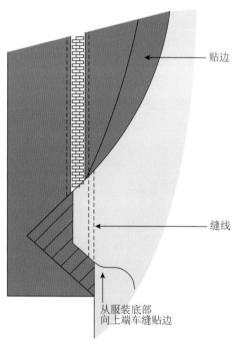

贴边

缝线

从服装底部
向上端车缝贴边

图 10.16 明拉链：拉链与服装缝合

2. 装拉链前将缝份边缘包缝（见图10.19）。

3. 拉开拉链，翻到背面，将拉链齿与码带烫平，整烫时熨斗应加护套，烫好后不需要拉上拉链，以防止拉链码带再度卷曲。

4. 缝纫机上装好拉链压脚，缝制隐形拉链的专用压脚适用于任何缝纫机，其左右压脚很窄，因此可以使车缝线尽量靠近拉链齿牙。

5. 将拉链正面与面料正面相对，缝合左侧。以珠针固定、粗缝或使用双面胶带将拉链右边与服装左侧黏合在一起。拉链上止距离布边1.5cm，将拉链齿置于缝合线上（见图10.20），拉链码带正面与布边对齐。

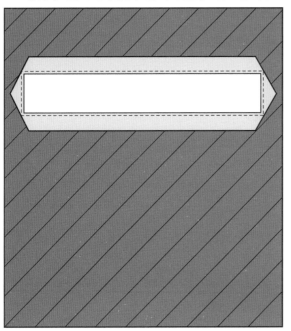

图 10.17A 明拉链开口车缝一圈止口线

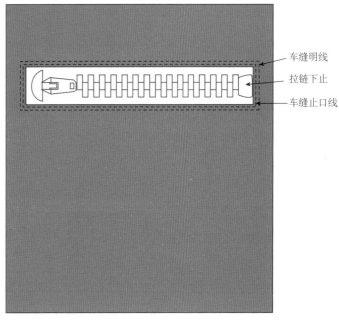

图 10.17B 车缝明线固定拉链

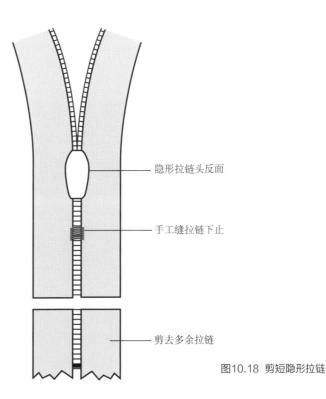

图10.18 剪短隐形拉链

6. 慢慢将拉链装到服装上，针距应尽量小。如果车缝到拉链齿部位，拉链就会拉不开。薄料缝份应尽量靠近拉链齿，厚料则可以缝得稍宽一些。如果缝得太宽，服装表面会露出拉链码带，影响美观。一直缝合到拉链头后回针（见图10.20）。

7. 接下来缝合拉链的剩余部分，用珠针固定或手工粗缝，或用双面胶固定拉链。应慢慢地车缝，以免缝到拉链齿。保持线迹笔直，一直缝到拉链头后回针。

8. 服装翻到背面，拉合拉链，将拉链尾部码带拉出（见图10.21）。

9. 从原来的拉链缝合线开始，将后中缝缝好。如果先缝合侧缝后再装拉链则容易起皱，而从拉链尾缝合拉链可以有效避免这个问题（见图10.21）。

10. 为了缝好拉链，保持平整不突起，只将拉链码带两端与缝份缝合。

11. 少量蒸汽处理，并用手将拉链压平，不要烫平，这会使得拉链卷曲。

要点

隐形拉链应与缝份平行，否则拉链就会弯曲不平整。因此必须标记缝份，保持线迹平行。

要点

当缝制隐形拉链的时候，记得起针时车缝回针。

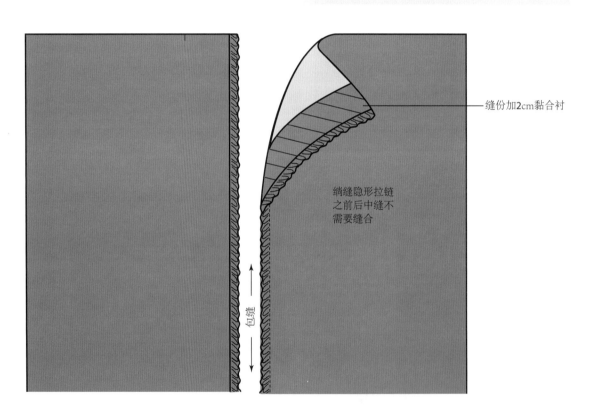

缝份加2cm黏合衬

绱缝隐形拉链之前后中缝不需要缝合

包缝

图 10.19　包缝缝份边缘

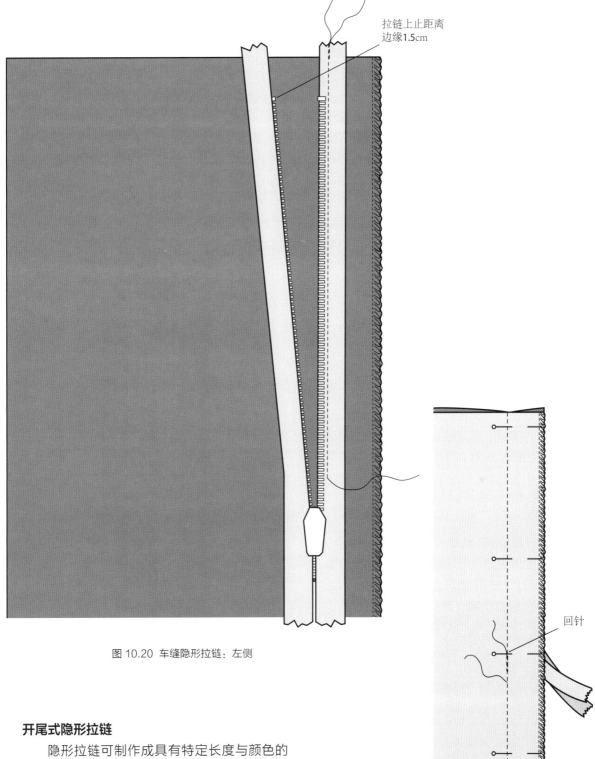

图 10.20 车缝隐形拉链：左侧

图 10.21 缝合后中缝

开尾式隐形拉链

隐形拉链可制作成具有特定长度与颜色的开尾拉链。开尾式隐形拉链常用于毛衣与夹克。事实上，开尾式隐形拉链虽然属于开尾拉链一类，但其制作方法与隐形拉链一致——缝制不会在拉链下端停止。通常，隐形拉链的下端应与已做标记的服装底边或布边平齐。

开尾拉链

开尾拉链常用于毛衣、夹克与运动服。两头开尾拉链常用于羊毛衫、运动服与滑雪服等产品。为了穿脱更加方便，有时拉链只需打开一半。这可以缓解拉链承受的张力，尽量避免拉脱拉链齿牙。因为两头开尾拉链有两个拉头，安装在口袋部位时，可以打开半边的拉链使用半边口袋。开尾拉链可以作为中分式拉链、暗拉链或明拉链。绱缝好拉链的服装边缘有多种处理方式，包括贴边、镶边与其他装饰技法。具体方法详见第14章相关内容。

拉链应配合服装的整体设计。拉链可为服装的设计增色或使其黯然失色。有些学生不会根据面料或服装款式挑选拉链。如果在真丝或绸缎服装上使用塑料齿的运动型拉链，这根本不是设计表达、而是场技术事故。即使在追求非同一般的反差时，拉链与服装间也应保持和谐关系：皮衣上缝制细小有弹性的环扣拉链，并露出环扣，看上去简直糟糕透顶。而塑料齿牙的运动服拉链与金属齿牙的牛仔裤或休闲裤拉链，却能在形成反差的同时，更好地搭配皮衣。另外，尽管开尾拉链有许多颜色，但并非所有的颜色都能找到。因此可以使用相近的颜色或者使用强烈的对比色作为一种视觉效果强烈的设计元素。

缩短开尾拉链的长度

开尾拉链只提供特定的长度，因此经常发生拉链过短或过长的情况。为了避免这种尴尬的情况，请购买比服装开口长10cm左右的拉链。

要点
开尾拉链通常会从上端开始缩短。

1. 选择超过开口上方过量长度的拉链，在适当的位置缝上拉链，并车缝回针确保缝合牢固（见图10.23A）。

2. 打开拉链。

3. 剪掉回针缝线上方2.5cm左右的塑料齿，以及超出拉链码带部分的拉链齿（见图10.23A）。进行以上操作时，应使用尖嘴钢丝钳，或者使用尖嘴珠宝钳（见图10.23B）。常规的钢丝钳太大，无法做到每次仅剪去一个齿牙。

4. 使用钢丝钳的尖嘴拔除仍留在拉链码带上的塑料部分，留下光滑无齿的拉链码带。

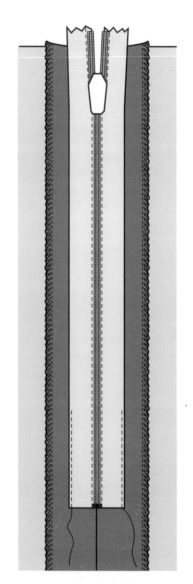

图 10.22 将拉链码带与缝份缝合

5. 剪去在无齿拉链码带上方2.5cm以上的码带。

6. 将光滑无齿的码带对叠，做成拉链上止，或者手缝或车缝作为加固线迹。

在袖子或衣领装到服装上或卷边完成前绱缝拉链会更方便。

要点

在确保拉链已缝纫牢固或者拉链带已向下折叠形成拉链前止前，不可拉上拉链。否则拉链将会被拉脱，这将是个灾难。

中分式开尾拉链

制作拉链前，应先确定缝份是否需要加固。详见第3章（见图10.24A）

1. 如果贴边无法覆盖拉链，应对边缘部位作收口处理或做包边。更多内容见第4章。

2. 在需要安装拉链的部位，如夹克或毛衣的前中位置用缝纫机粗缝（见图10.24A）。

3. 分烫缝份。

4. 将拉链中心置于缝线上方，并手工粗缝或用双面胶带将码带固定到拉链指定的位置上。

5. 翻转拉链码带尾端成一个角度，不可卷入拉链齿。在中心缝线两侧，距离中心缝线0.5~1cm(如果拉链尺寸大且面料厚)部位处，将拉链两侧车缝到布料上（见图10.24B）。

6. 折叠并熨烫贴边、下摆部位，车缝拉链边缘（见图10.25），起针收针不必回针。留下足够长的线头，并将其拉到面料反面后打结。然后从中心缝线中小心地拆除粗缝线。

7. 或者翻转下摆，用暗缝线在恰当的位置将翻角固定，不可卷入拉链齿。然后用暗缝针或车缝对卷边进行最后处理。更多详情可见下册第4章与第7章。

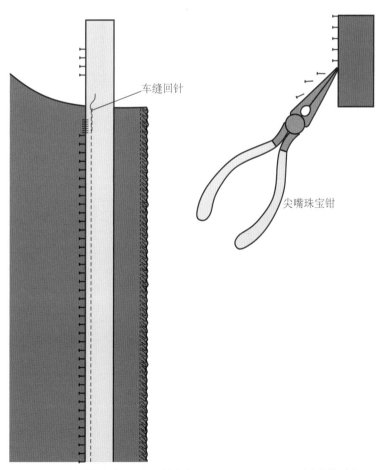

车缝回针

尖嘴珠宝钳

图 10.23A 拉链拆除齿牙后与服装缝合　　　图10.23B 用珠宝钳拔除齿牙

开尾式暗拉链

无论缝制用的是通用拉链还是开尾拉链，暗拉链的缝制步骤相同。除了下端部分打开，上下端位置，如贴边与下摆，都应做收口处理。如果上下端都可以打开，缝制暗拉链会更加简单。更多关于暗拉链的介绍可见图10.6与图10.7。

- 用合适的贴边、下摆或滚边对服装进行收口处理。将贴边或下摆边缘折成个小角使其避开拉链齿，但可以用缝纫机轻松缝纫。
- 将下摆或贴边车缝到服装上完成服装。

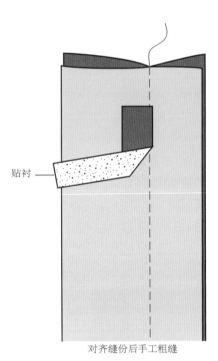

图10.24A 手工粗缝

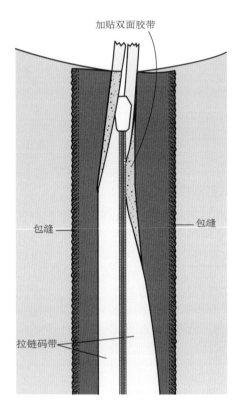

图 10.24B 开尾拉链定位

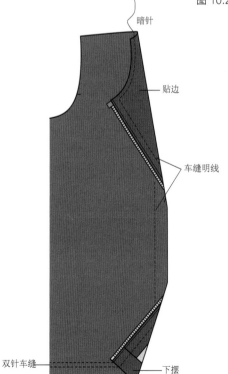

图10.25 中分拉链的收口处理

手缝拉链

手工缝制一条精挑细选的拉链，既美丽又实用。这种方法适用于精致华丽的面料。因为这种技术突出了手工的重要性，针距必须均匀精确。采用这种方法，无论是中分式拉链还是暗拉链，都会令服装锦上添花。

要点

绱缝所有拉链时应仔细，尤其在缝纫过程中。如果缝线不直，则安装的拉链就不直。拉链不直，其表面缝线就会不直。每一步确保线迹笔直至关重要。因此，在缝制拉链过程中，必须投入时间和保持耐心，而非不断地拆线与重做。

手工缝制拉链的步骤：

1. 在绱缝拉链部位贴衬（见图10.24A）。在娇贵华丽的面料上可用真丝欧根纱，这样可以避免手工缝制过程中面料产生褶皱与变形。制作者可通过制作各种牵带与内衬的试样挑选适合该面料的产品。更多详情见第3章。

2. 将拉链置于服装开口右侧顶端，应确保接折边位于拉链正上方（见图10.26）。然后在服装正面合适位置，用珠针固定闭合的拉链。优质的珠针可以避免在面料上留下小洞。如果安装拉链的位置拉力较大，接搭处可增加大约0.25cm，确保布料能覆盖拉链。然后在适当位置手工粗缝拉链。

要点

手工粗缝时，如果采用普通缝线，可能会在丝缎这类娇贵面料上留下痕迹。应事先用丝线制作试样，或将拉链缝在缝份上。注意：使用双面黏合带时，应先制作试样，观察是否能暂时黏住拉链。正面可能渗出黏合剂，留下难看的痕迹，或者对面料而言太硬与太闷。

3. 两侧缝线距离接搭处边缘一致的服装将十分赏心悦目。关于精巧针法的信息见第4章图4.26B。如果使用陌生的缝法，切记事先应制作试样。

4. 打开拉链。将拉链上端缝合，面料上应尽量少的露出缝线（见图10.26）。

5. 将衣物开口的末端缝合。切记：缝合时不可超出拉链下端，这会导致起皱与拉扯变形。

6. 自下而上从拉链下端开始缝拉链左侧。因为两个缝制方向相反，所以当缝到左侧拉链顶端时，拉链左右两侧可能会有错位。如果没有错位或者错位情况不严重（小于0.25cm，且无明显扭曲），那可用贴边或腰身做轻微调整。但如果错位严重、有明显扭曲，那就只能拆线重做了。

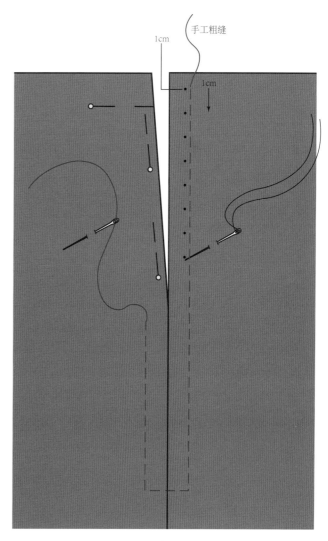

手工粗缝

1cm

1cm

图 10.26 手工缝制

要点

手工缝制拉链时应使用双线，纱线须抹上蜂蜡避免打结。因为打结会严重影响手缝效果。

棘手面料的缝制

在苏格兰呢、格子布、循环图案或横条纹图案面料上装拉链。

用以上任何一种面料制作服装时，事前计划比裁剪更为重要。如果两侧格子或条纹图案未对齐，看上去会非常糟糕，设计不容许这样的事情发生。

要点

"循环"：某种设计元素在面料上反复出现，如繁花图案、格子图案等。

装拉链时有两个重要步骤，可以对齐两侧的条格图案：仔细手缝与精确标记。这没有捷径。插入的拉链会破坏面料图案的整体性，因此必须加倍小心，不断检查整件服装，确保拉链两边的图案能对齐。以下是隐形拉链的缝制方法：

- 将隐形拉链烫平，将拉链左侧手缝到服装上。
- 缝拉链时应靠近齿牙，以防服装正面出现拉链码带。
- 将左侧拉链放到服装开口右侧，使两侧图案相匹配，并在拉链带上做好标记（见图10.27）。
- 将右侧拉链置于开口右侧，使标记点与右侧服装的图案对齐并粗缝。粗缝可以控制面料，避免缝纫过程中发生滑动。然后拉上拉链，在车缝前必须检验图案。
- 缝制拉链右侧（见图10.27）。最后拉上拉链，欣赏一下服装图案完美对齐的杰作（见图10.28）。

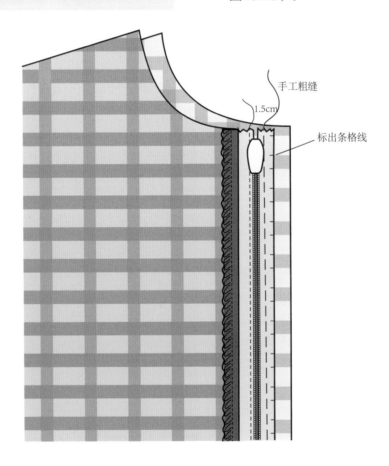

手工粗缝

1.5cm

标出条格线

图 10.27 根据条格线手工粗缝隐形拉链

斜料

　　对面料而言，处理斜料的关键是根据面料丝缕，确定斜丝缕方向。背中线处的隐形拉链是最常见的做法，但不是所有的设计都有背中线。由于侧缝线部位易出现歪斜，事先应制作试样。

　　在斜裁缝部位插入拉链可用以下方法：

方法1：缝份黏衬

　　1. 剪出4cm宽的缝份以便准确缝纫。如果缝份过窄将难以控制好斜料，而每块斜料缝份的拉伸量又不完全一致。

　　2. 加固拉链缝纫部位时，可选择将真丝欧根纱沿布纹方向裁剪并手缝上去，或选择轻薄黏合衬，详见第3章。

　　3. 清晰地标记拉链的缝线，斜料在水平方向上会表现得更窄。

　　4. 将拉链粗缝到指定位置。

　　5. 缝纫几厘米后停下，并保持机针插入面料。然后抬起压脚，略微调整布纹的方向。

　　6. 放下压脚继续缝纫，直到完成缝线。18cm长的拉链可将斜料拉长约1cm（具体数据视面料而定）以防止起褶。

　　7. 必要时可去掉多余的黏衬与缝份。

　　8. 处理薄料时，可选择手工缝纫拉链。

方法2：在斜料的缝份上加衬

　　在斜料中插入拉链时，可沿斜丝缕方向裁剪衬布，在缝制过程中将其轻轻拉长2.5cm，直至与拉链等长。

　　1. 在衬布上标出比拉链总长短2.5cm的长度。

　　2. 剪一条7.5cm宽且比拉链开口长7.5cm的真丝欧根纱。米色的欧根纱可与很多薄料相搭配，且比白色更不引人注意。

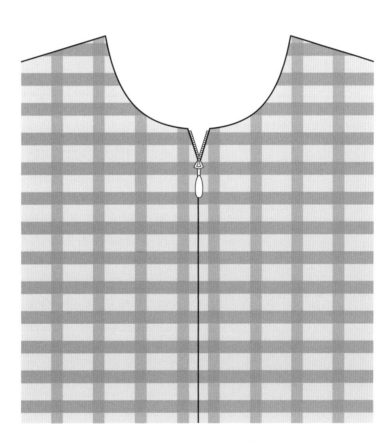

图 10.28 对格子：隐形拉链

3. 将真丝欧根纱手工粗缝到服装上，将其拉紧以减少起褶。

4. 将拉链粗缝到真丝欧根纱上，再将它拉紧并匹配服装开口。

5. 车缝线位置应靠近齿牙，以防服装正面露出拉链。缝制过程中间隔性停车，保持机针插入面料，调整真丝欧根纱，使其保持平整无皱。因为斜料与真丝欧根纱都十分光滑，它们组合后易缩成一团产生褶皱。

6. 打开拉链。用又密又小的锯齿线迹将衬布与缝份缝至拉链码带上。这种方法可使拉链受到拉扯的部位更加牢固，也可以干净利落地处理好薄料的缝份。缝纫完成后，修剪多余的欧根纱与缝份。

纤薄面料

雪纺、真丝、薄纱、欧根纱、巴厘纱等面料常用于礼服、短裙、宽腿女裤。这些服装通常都会装拉链。对于这些面料而言，即使是轻质拉链也会下垂。因此在制作服装前制作试样是非常重要的。通常可选择较轻的拉链，比如码带是轻质网状面料的拉链。在如此脆弱的面料上拆线重做是根本不可能的。所以，应将以下几点牢记在心：

- 这件服装可以加衬或里布吗？如果可以，将拉链缝到里布上，远离面料。
- 这些部位会受拉扯吗？对缝份定型加固的方法可见第3章相关内容。
- 隐形拉链、暗拉链与中分式拉链都可根据服装的部位安装在这类面料上。
- 手缝隐形拉链可使拉链更灵活与柔软。
- 可为薄料选择一些服装扣合部件，比如风钩、扣眼、钮袢、钮扣。详细内容可见下册第9章相关内容。

绸缎

在婚纱中，钮扣与带松紧带的环扣是一种选择。使用拉链、钮扣与扣袢的组合最适合婚礼长裙。绡缝拉链必须一次完成，因为拆线重装的痕迹会永久遗留在服装上。

- 应使用质量最轻的环扣拉链，这是最好的选择。
- 拉链应手工缝制。
- 在婚纱与礼服的背部必须用暗拉链。为了确保美观，在钉钮扣与制作扣袢时应尽量靠近拉链缝线。
- 日常服装及可水洗的服装拉链应车缝。
- 务必使用质量优良的机针，以免跳针或在缎面发生勾丝。

要点

蕾丝厚度与面料的装饰物决定了拉链的制作方法。处理昂贵面料时，花费时间与精力去确定选择的正确性是最恰当的。

蕾丝

- 表面有凸起或有钉珠装饰的蕾丝面料请选择暗拉链。
- 平滑的蕾丝应使用隐形拉链。否则当拉链闭合时，拉链的突起将无处可藏。
- 如果蕾丝是单独作为面料层，服装没有内衬与里布，应选择其他扣合部件，如风钩、扣眼、带有松紧扣袢的钮扣等。
- 应使用精致的拉链为服装增色（见图10.27）。
- 应考虑到蕾丝单元会循环出现，为了对齐这些循环单元，必须十分留意。绡缝拉链与处理条格面料相似，应做对位标记。

- 用真丝欧根纱或薄纱面料对拉链开口作定型处理。薄纱有各种颜色可选。
- 车缝前可用手工粗缝。
- 缝制前应在合适位置用手工粗缝固定拉链。当蕾丝面料表面有凸起设计时，手工缝制可以避免因车缝产生的勾丝现象，如果蕾丝面料没有那么厚重，隐形拉链就会很顺直。

带亮片面料

手缝安装拉链。暗拉链与隐形拉链都可用于带亮片面料。对于要装拉链的缝份部位，要拆除亮片。

应采用缝入式衬布定型绱缝拉链部位。

隐形拉链可用手工粗缝的方法绱缝。手工缝上拉链并回针，并且保证拉链没有使亮片随其拱起。小心翼翼地在珠片间用手工缝拉链，可使针迹平整不变形。

不可用蒸汽熨烫，这会让金属片褪色或者让塑料片熔化。

珠片面料

珠片面料会布满整个面料，形成错综复杂的设计图案。

在珠片面料上手工安装拉链。当珠片不是特别密集时，应安装隐形拉链。这里是具体做法：

- 用锤子或者钳子将珠子打碎后从缝份处除掉，应佩戴护目镜。
- 使用拉链压脚。从珠子被移除的部位沿缝份定向缝制。这会使珠片线头固定在适当地方并且防止它变松动。用薄纱或者银色欧根纱将该部位定型，并手缝。
- 手工将拉链粗缝在适当位置。使用隐形拉链时，应闭合拉链并检查拉链码带是否在面料表面外露。
- 用手工回针将拉链固定到位。

要点

如果从来没在丝绒面料上制作过隐形拉链，可尝试在这种面料上手缝或机缝。在服装上绱缝拉链需要投入时间与经费，并加以练习，从而使缝制技术趋于完美。

丝绒面料

在丝绒面料上装拉链时，最重要的是应避免烫倒短绒毛。必须选择正确的针距并缝制均匀。如果缝份撕裂，就会留下针孔或者不美观的标记。在丝绒上安装拉链应一次完成。在丝绒上安装隐形拉链是最好的选择，丝绒不能车缝明线。

要点

整烫那些具有短绒毛或绒头的面料，丝绒板是种不可缺少的工具，其基板上的短金属丝可防止绒毛或绒头被熨烫变形。这并不是唯一可行的方式，有规律地按压会使绒头挤压变形从而形成发亮的不会消失的印记，这叫做极光。使用丝绒板时，可以结合使用薄型黏合衬。

安装拉链的部位应定型。详细内容见第3章相关信息。

嵌入拉链的部位应留出更宽的缝份，当缝制较为厚重的面料时，应留更宽的缝份以便于操作。安装拉链前应将缝份边缘包缝或者卷边处理。即使是带里布的服装，减少散乱的毛边可使拉链制作更方便。

将拉链手工粗缝到位，确保拉链在缝制的过程中不会脱离丝绒面料。别针会在这种面料上留下痕迹。拉链安装好后，应留出更多的空间抒顺丝绒的绒毛。

必须贴近拉链的齿牙车缝，避免服装前片露出窄布条。

将针距加长到3，不要用小针距缝制带绒毛或有凸起的面料，以免产生变形与滑移。

缓慢缝制并且让针落下到面料里，时常抬起压脚，使服装处于合适的状态。这样可以避免褶皱与滑移，并可以更好地控制缝制。

将服装反面放置在丝绒板上铺平。

轻轻熨烫已经缝好的拉链码带，从而压平针迹。千万不可熨烫拉链，即使使用了丝绒板，如果压力太大或者熨斗温度太高，服装前片还是会出现痕迹。

牛仔布

牛仔裤前门襟拉链使用能自动上锁的金属拉链。这种拉链是专为长裤与牛仔裤设计的。金属拉链通常用于牛仔裤并可以剪短与服装的开口相匹配，正如之前介绍过的。

网上可以购买不同尺寸的牛仔裤拉链，有些可以短到6cm。牛仔裤或者牛仔裙适用暗拉链或隐形拉链。

牛仔裤、牛仔裙可使用前门襟拉链、暗拉链或隐形拉链。

可以用锤子减少接缝或卷边处的厚度，以便将纤维压紧使缝制更顺畅。

要点

牛仔布厚度决定了拉链的应用方式，比如隐形拉链。通常，如果没有在牛仔上尝试过制作拉链，应事先制作试样。尝试后你会发现：拆除不理想的针迹是否会留下缝制痕迹。

要点

皮革与人造革都是一次性的缝制面料，这就意味着任何针迹的拆除都会留下痕迹。

可以考虑包边缝，然后用明线缝制以减少接缝厚度，见第4章节接缝部分内容。

缝制隐形拉链时注意：应在码带与线圈间留出足够空间。这样牛仔布在拉链闭合时就有足够的空间翻折。斜纹布很牢固，即使是轻薄型牛仔布。

应避免太贴近拉链齿缝或缝穿拉链齿，这样会导致拉链拉不上，而且拉链会被拆散，看起来像坏掉一样，这样就需要重新缝。

皮革，人造毛，麂皮

皮革适用隐形拉链、窄缝拉链、暗拉链、装饰性拉链。隐形拉链、门襟拉链、暗拉链、窄缝拉链、明拉链都可用于人造麂皮。拉链的重量与功能应与服装相匹配。因为这些面料边缘不会脱散。制作拉链时，车缝明线与止口线的效果都很好。在这些面料上制作拉链，无论是传统或者创新的方法都适用。

皮革

对皮革作定型处理。见第3章内容，在小牛皮裙的后中线上制作隐形拉链时，应在小牛皮上使用斜丝缕黏合牵带。

在较厚的皮革上制作拉链时，可用相配的衬布制成绱缝拉链的基础面。

熨烫热熔定型料时，应垫放牛皮纸条，避免喷蒸汽以保护皮革表面。

选用合适尺寸与号型的机针，防止缉线跳针。可尝试不同规格的机针，找到最小号的机针，这可以产生最佳缝制质量。

缝制时用双面黏合带将拉链固定。特别是在装里布时，还可以使用黏合衬。

缝制窄缝拉链、暗拉链前，可以用工艺胶水将缝份固定。用锤子敲打使缝份变平整，用双面黏合带将拉链固定到位，然后明线车缝拉链。

绱缝明拉链时，先用割刀割出一个1.5cm宽、与拉链等长的长方形的拉链开口。用胶水或双面黏合带将拉链固定到位后车缝。

从配件商店可以买到尼龙拉链压脚以及带背胶的尼龙片（其尺寸可根据拉链压脚的规格切割），这些尼龙压脚使得在皮革与麂皮上安装拉链更容易。

避免在皮革或人造麂皮上车回针，这样容易打结。

人造麂皮

人造麂皮的外观与真皮基本相同，人造麂皮防水，遇潮不会僵硬，重量轻，抗皱且不易褪色。人造麂皮耐磨损，边缘不易脱散。可以用蒸汽熨斗加垫布在其反面进行熨烫。人造麂皮适合车缝明线，这既可以加强接缝强度，又看起来做工考究。

应使用带绒面的裁剪样板。

人造麂皮抗松弛性良好，可以防止服装变得松弛。

人造麂皮可机洗与干燥，且清洗与干燥的次数越多越柔软。

在拉链缝份处使用定型料以免车缝时产生折皱，详见第3章内容。

在人造麂皮上制作拉链应避免跳针，这会在面料上留下小孔。

人造麂皮适用中分式拉链、暗拉链、明拉链。

应避免在人造麂皮上使用侧缝拉链，这会导致面料放不平。

人造毛

人造毛体积蓬松，装中分式拉链、暗拉链、明拉链时，可以加缝风格对比鲜明的材料，如皮革、麂皮、人造麂皮或罗纹面料。这样在制作拉链的同时还可起到装饰作用。

对于长毛皮草，可以考虑用新颖的服装扣合部件。详见下册第9章内容。

绱缝拉链前，可以用剃须刀、面料去毛刀或者割刀去掉缝份部位的皮毛。这个过程很费时间，而且会很混乱。可尝试用绣花剪刀，按一定倾斜角度，顺着短绒方向去除绒头。尽量贴近皮底修剪多余的绒头，但是必须避免剪穿底布。应留意绒头去除量的多少。如果修剪得太多会使边缘看起来突兀笨钝，并且边缘的绒头会很不平服。任何一种方法都可除去绒头减少臃起，以便于精确地绱缝拉链。见第4章内容。

如遇针织布底，拉链绱缝部位需作定型处理。见第3章内容。

粗缝固定拉链时，应确定拉链码带露出量。

在拉链齿与毛皮长绒间，应留出足够的空间。

- 车缝宜平缓，保持皮毛绒头避开拉链齿。
- 车缝过程中，用拆线器或镊子按倒绒头，消除其对缝制的阻碍。

绱缝明拉链、暗拉链、中分式拉链时，可用皮革、麂皮、人造毛制作嵌条。这些材料不易脱散，因此不需要特别处理。这种缝制技术强调极好的直线迹。

- 设计师应确定嵌条宽度，使该设计元素兼具功能性与装饰性。
- 拉链两侧的嵌条可用平接的方法。修剪皮毛的缝份，将拉链用车缝明线的方法直接做在毛边上。

另外一种装拉链的方法是有嵌条或者开袋的暗拉链或者中分式拉链。准备工作先修剪皮毛做成缝份。

- 确定开袋的宽度。剪两条宽度相等的嵌条在拉链的两边。如果用的是人造麂皮，应先对每条嵌条作定型处理，这样可以避免袋口缝合时出现拉伸变形。如果可能，可以根据缝纫厚度调节放松压脚压力。
- 使用人造麂皮时，可将两条嵌条中心的下端粗缝在一起。粗缝线拆除后，人造麂皮表面看不到到针迹。
- 将服装的边缘置于粗缝的开袋嵌条里。在拉链码带上使用双面黏合带。将拉链放置在开袋中心下面。用手指将服装反面按压在合适位置。
- 在服装正面，用珠针小心地固定好所有层。
- 用拉链压脚贴近服装边缘车缝嵌条。将针距加长到3，然后慢慢均匀地车缝到拉链的底部。皮毛绒头会覆盖住边缘。
- 从0.5cm移到1cm处，再车缝另一行，用这条缝线车缝住拉链码带。
- 在另一侧重复上述过程。

融会贯通

本章学习了许多与拉链相关的知识。本章解释了：

- 多种不同类型的拉链。
- 绱缝技术。
- 准确标记、粗缝、车缝止口线、明线的重要性。
- 怎么样为所用面料选择正确的拉链。
- 拉链的装饰性与功能性。
- 如何在特殊面料上有效使用拉链。

拉链可以成为吸引人的设计元素。在学习比较困难的工艺，如斜料，或用薄纱、绸缎这类特殊面料制作拉链前，应充分掌握好拉链的基本制作技术。

在设计中加入拉链这样的设计元素时，选用什么拉链，拉链安装在哪个部位，怎样将拉链绱缝在服装上都是很难确定的问题。比如：设计时需要在背中线上装一条中分式拉链。设计师更偏爱隐形拉链，更顺滑、开口小的拉链。即便之前从未做过隐形拉链，但是你知道怎样准确测量拉链开口、准确标记、手工粗缝，准确剪切、有规律的缝制。以下是需要灵活应用知识：

- 根据需要可将缝份固定。
- 准确标记开口。
- 熨烫拉链码带，消除包装产生的褶痕，将拉链齿分开。
- 依次将拉链粗缝在两边缝份位置。
- 贴着拉链齿，缓慢均匀地车缝。

即使这些不是生产上使用的工艺，但知道这些工艺可以让你开始起步。然后在导师的带领下，遵循关于隐形拉链的制作方法，你将学会怎样制作隐形拉链而非中分式拉链。当你掌握了第一种隐形拉链的绱缝方法，将会更加灵活地将所学的相关知识应用到其他服装与面料上。

创新拓展

- 在服装表面各处使用不同尺寸与颜色的拉链作为一种装饰元素（见图10.29A）。
- 在形状不对称的开口上安装隐形拉链。
- 在夹克的领口部位，可用大量的金属齿装饰拉链或者通用拉链作为滚边（见图10.29B）。
- 在裙子上安装开尾式拉链，连接可拆除的裙边（见图10.29C）。
- 使用丝绒，绸缎或者刺绣作为装饰带遮盖中分式拉链。
- 接缝处装明拉链，比如连袖上衣（见图10.29D）。
- 在每条袖中线的下端安装金属齿明拉链。
- 在服装后中心下摆全部安装金属齿明拉链。
- 在裙子侧缝处安装装饰性金属齿明拉链。

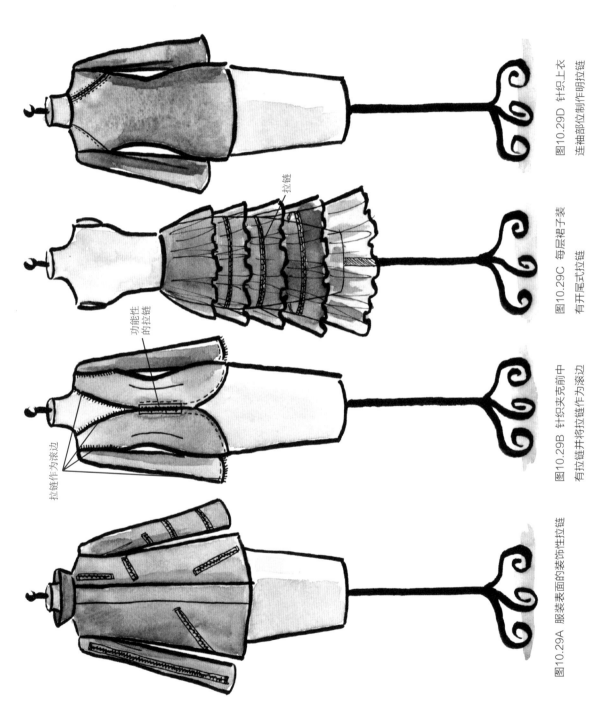

图10.29D 针织上衣
连袖部位制作明拉链

图10.29C 每层裙子装
有开尾式拉链

图10.29B 针织夹克前中
有拉链并将拉链作为滚边

图10.29A 服装表面的装饰性拉链

图10.29 创意款式设计

拉链

功能性
的拉链

拉链作为滚边

疑难问题

隐形拉链的底部出现折皱或者褶裥

将拉链底部的线迹拆除，将缝线调松使该部位平整，并用手工缝合。只需小心熨烫缝份即可。

尽管尽力缝制，可线迹还是不规律

制作拉链时，有很多标记缝制线的方法。拉链码带上通常会有纹理线可参考，或者可以用面料记号笔在拉链码带上画一条参考直线。也可在面料正面贴一条1.5cm宽的暂时性黏胶带作为缝制时的指引线。首先应在这种面料的废布条上进行试验。黏胶带有轻微的黏性，但可以去除，然而它在某些特殊面料上的功效并不是那么好。

拉链很僵硬，难于打开或闭合

尝试在拉链齿上滴些机油，然后重复打开闭合拉链几次，使这种液体均匀分散。使用应小心，不可让它脱离拉链渗入面料纤维。微量机油的功效就可以维持很长时间。

设计中的拉链看起来不美观

只要拆卸拉链，通常会留下不美观的印记。服装上没有其他地方可供再次设计服装的扣合部件。切记下次设计时，应事先在面料上尝试各种不同的工艺方法。且你会意识到：有时候无论设计看起来有多么美观，最后一个微小的细节就会使它看起来没那么好。完美的工艺需要投入时间与精力。服装设计中使用的各种面料对于缝纫技术都是种考验。制作完美的拉链是耐心与坚韧不屈的结果。

自我评价

√ 绱缝拉链部位的缝份、丝缕线是否正确？

√ 线迹的长度以及张力是否与面料的类型与厚度匹配？

√ 线的配色是否理想？

√ 线迹是否均匀顺直？

√ 线迹间或拉链底部是否存在折皱？

√ 中分式拉链的拉链齿是否均匀处于中间位置？

√ 隐形拉链的拉链齿情况是否理想，其码带是否未显露？

√ 隐形拉链能否顺滑容易地拉开？

√ 暗拉链的缝缉线是否从上到下都保持相同宽度，是否将拉链齿覆盖住？

√ 明拉链是否显露出均匀的拉链齿，两侧码带露出量是否一致？

复习列表

是否理解中分式拉链、暗拉链、隐形拉链或开尾式拉链的区别？看看你制作的拉链，然后问自己以下几个问题：

√ 对于这件服装，是否选择了重量合适的拉链？

√ 无论是中分式拉链、暗拉链、隐形拉链或者是开尾式拉链，看起来是否与设计贴合？

√ 线迹缝制是否均匀顺直？

√ 是否存在折皱？

√ 做完隐形、中分式或者暗拉链后，拉链码带是否外露？

√ 是否可以看见拉链齿牙？

√ 拉链是否可以充分夯实整体的设计，以及是否能对所付出的时间与精力作出解释？

附录《服装制作工艺：服装专业技能全书（下）》目录

译后记

　　经过一年多的努力，终于完成了此书的翻译。本书中文版分上下两册，内容丰富。在翻译过程中，译者深感这是一项充满挑战的工作，在尊重原著的同时又要表达清晰、文字准确，这与设计创作有着异曲同工之妙。

　　本书得以出版，归功于东华大学出版社徐建红老师的信任与支持。此书出版之际还特别感谢参与本书翻译工作的教师、专业人士与研究生，他们是东华大学服装学院朱奕副教授，专家吴培玲女士，研究生刘巧丽同学。

　　在此，对所有为此书出版作出贡献的人们表示由衷感谢！